prépabac **T^{le} S**

Cours & entraînement

Sciences de la vie et de la Terre

Enseignement obligatoire et de spécialité

Jacques Bergeron
Professeur agrégé

Jean-Claude Hervé
Professeur agrégé

HATIER

Notez bien !

■ L'ensemble de la collection Prépabac en terminale est associé à des compléments numériques pour vous aider dans la phase finale de vos révisions :
- des **quiz audio** en mathématiques, physique-chimie et SVT ;
- des **cours audio** en philosophie, histoire-géographie et SES ;
- des **documents sonores**, supports d'exercices oraux, en langues.

■ Pour y **accéder gratuitement** dans la matière de votre choix, connectez-vous au site **www.prepabac.com** et inscrivez-vous en sélectionnant le titre de votre ouvrage. Vous voyez s'afficher le sommaire des compléments numériques correspondant à cette matière. Vous pouvez les télécharger sur votre lecteur mp3.

Maquette de principe : Frédéric Jély
Mise en page : Ici & ailleurs
Schémas : Corédoc – Studio Franck Dubiez – Ici & ailleurs – Domino
Iconographie : Hatier Illustration

 978-2-218-93583-1

SOMMAIRE

ENSEIGNEMENT OBLIGATOIRE

TEMPS, ÉVOLUTION ET GÉNÉTIQUE

SOMMAIRE

ÉVOLUTION MORPHOLOGIQUE ET PHYSIOLOGIQUE DE L'INDIVIDU : IMMUNOLOGIE ET PROCRÉATION

SOMMAIRE

SOMMAIRE

ENSEIGNEMENT DE SPÉCIALITÉ

MODE D'EMPLOI

Cet ouvrage a pour objectif de vous aider à bien assimiler les connaissances essentielles du programme commun à tous les élèves ainsi que celui de l'enseignement de spécialité. L'évaluation de ce dernier ne comporte pas de restitution de connaissances, néanmoins, la maîtrise des notions essentielles est indispensable pour tirer des informations pertinentes des documents proposés dans une question de type 2B. Le cours et les exercices correspondants ciblent donc sur ces connaissances principales, tout en respectant l'esprit des thèmes abordés.

Chaque chapitre comporte plusieurs rubriques :

- « Pour commencer » est un rappel des connaissances de Seconde, de Première et éventuellement du Collège, indispensables pour bien aborder le thème du chapitre.

- Le « Cours » est centré sur l'essentiel à retenir, mais présente aussi les raisonnements qui facilitent la compréhension des notions de base.

- Dans les « Méthodes », vous trouverez des rappels destinés à attirer votre attention sur les points délicats, les erreurs à ne pas commettre et certaines questions qui peuvent vous être posées à l'examen.

- Les rubriques « Vérifier ses connaissances » et « S'entraîner » rassemblent des exercices courts permettant de vous entraîner à mobiliser, sous des facettes diverses, les connaissances essentielles.

- Une correction détaillée de ces exercices figure en fin de chaque chapitre. **Lorsque la question porte sur la sélection d'affirmations exactes ou fausses, seules ces dernières sont relevées et rectifiées.** Ces « Corrigés » développent particulièrement les commentaires autour des erreurs possibles, et rendent cet ouvrage utile tout au long de l'année, ainsi que pour vos révisions.

Ce Prépabac est associé à des compléments numériques : pour tous les chapitres signalés par ce pictogramme ont été élaborés des **quiz audio** pour vous aider dans la phase finale de vos révisions.
Connectez-vous au site www.prepabac.com et inscrivez-vous en sélectionnant le titre de votre ouvrage. Vous pouvez télécharger tous les quiz sur votre lecteur mp3 !

Les auteurs

Quelques repères de l'histoire de la vie

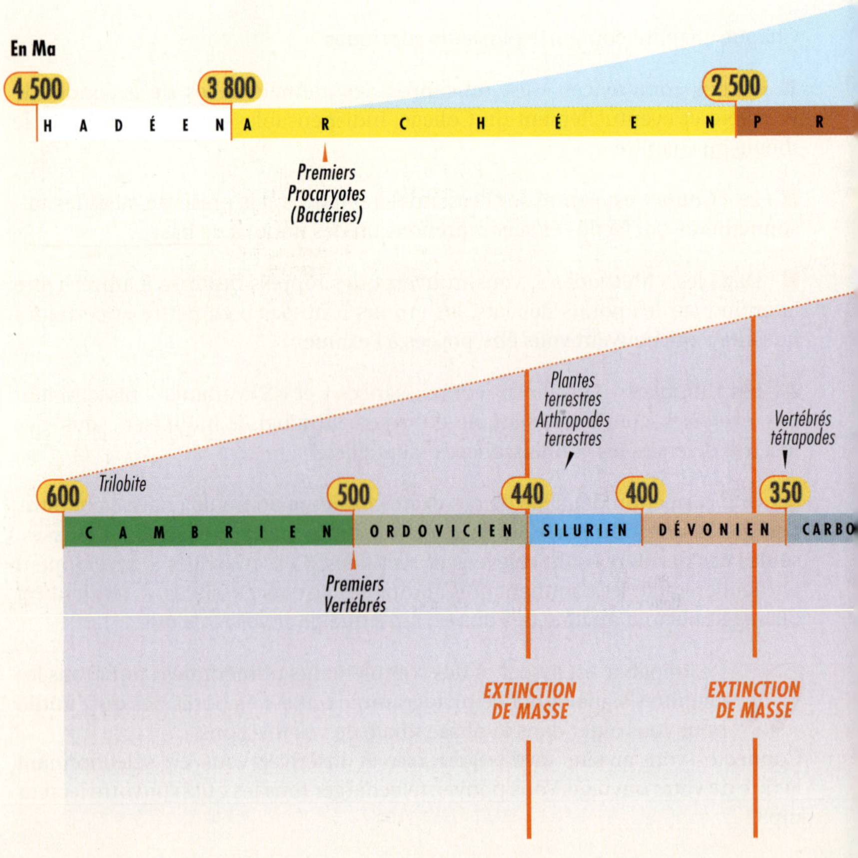

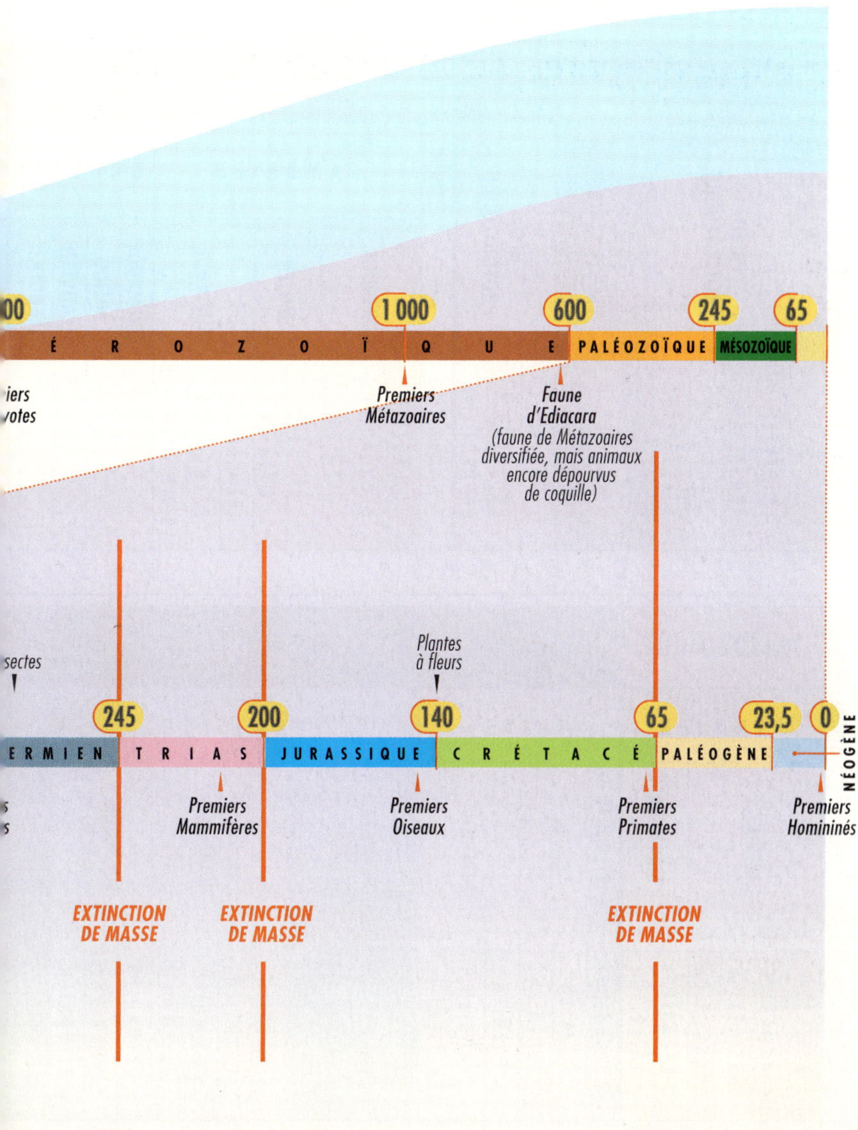

1 000
600
245
65
É R O Z O Ï Q U E
PALÉOZOÏQUE
MÉSOZOÏQUE
Premiers Métazoaires
Faune d'Ediacara
(faune de Métazoaires diversifiée, mais animaux encore dépourvus de coquille)
Plantes à fleurs
245
200
140
65
23,5
0
ERMIEN
T R I A S
JURASSIQUE
C R É T A C É
PALÉOGÈNE
NÉOGÈNE
Premiers Mammifères
Premiers Oiseaux
Premiers Primates
Premiers Homininés
EXTINCTION DE MASSE
EXTINCTION DE MASSE
EXTINCTION DE MASSE

Échelle numérique des temps géologiques

Ma	Système	Érathème	Éonothème
2500			ARCHÉEN
2300	SIDÉRIEN	PALÉO-PROTÉROZOÏQUE	PROTÉROZOÏQUE
2050	RHYACIEN		
1800	OROSIRIEN		
1600	STATHÉRIEN		
1400	CALYMMIEN	MÉSO-PROTÉROZOÏQUE	
1200	ECTASIEN		
1000	STÉNIEN		
850	TONIEN	NÉO-PROTÉROZOÏQUE	
650	CRYOGÉNIEN		
540	NÉOPROT. III		

Ma	Étage	Série	Système	Érathème
540	TOMMOTIEN	INFÉRIEUR	CAMBRIEN	PA…
530	ATDABANIEN			
	LÉNIEN			
	AMGAIEN	MOYEN		
	MAYAIEN			
	DRESBACHIEN	SUPÉRIEUR		
	FRANCONIEN			
500	TREMPÉALÉAUIEN			
485		TRÉMADOC	ORDOVIC…	
470		ARÉNIG		
		LLANVIRN		
455		LLANDEILO		
		CARADOC…		

Ma	Étage	Série	Système	Érathème
295	ASSÉLIEN	INFÉRIEUR (AUTUNIEN)	PERMIEN	PALÉOZOÏQUE
285	SAKMARIEN			
275	ARTINSKIEN	(SAXONIEN)		
265	KUNGURIEN			
258	KAZANIEN	SUPÉRIEUR (THURINGIEN)		
250	TATARIEN			
245	SCYTHIEN	INFÉRIEUR	TRIAS	MÉSOZOÏ…
240	ANISIEN	MOYEN		
235	LADINIEN			
230	CARNIEN	SUPÉRIEUR		
220	NORIEN (RHÉTIEN)			
205	HETTANGIEN	INFÉRIEUR (LIAS)	JURASSIQUE	
201	SINÉMURIEN			
194	PLIENSBACHIEN			
187	TOARCIEN			
180	AALÉNIEN	MOYEN (DOGGER)		
176	BAJOCIEN			
167	BATHONIEN			
160	CALLOVIEN			
154	OXFORDIEN	SUPÉRIEUR (MALM)		
146	KIMMÉRIDGIEN			
141	TITHONIEN			
135	BERRIASIEN			
130	VALANGINIEN…			

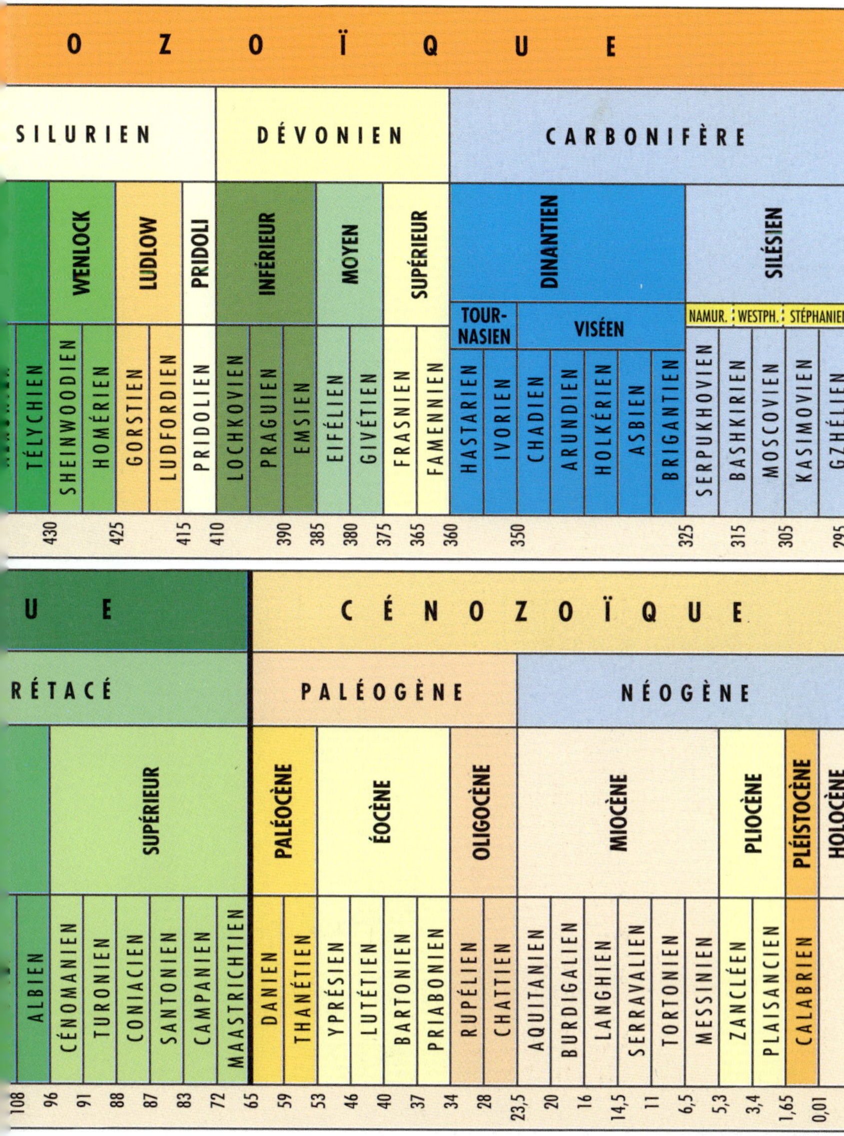

Ère	Période	Série	Étage	Âge (limite supérieure, Ma)
OZOÏQUE	SILURIEN			
OZOÏQUE	SILURIEN		TÉLYCHIEN	430
OZOÏQUE	SILURIEN	WENLOCK	SHEINWOODIEN	
OZOÏQUE	SILURIEN	WENLOCK	HOMÉRIEN	425
OZOÏQUE	SILURIEN	LUDLOW	GORSTIEN	
OZOÏQUE	SILURIEN	LUDLOW	LUDFORDIEN	415
OZOÏQUE	SILURIEN	PRIDOLI	PRIDOLIEN	410
OZOÏQUE	DÉVONIEN	INFÉRIEUR	LOCHKOVIEN	
OZOÏQUE	DÉVONIEN	INFÉRIEUR	PRAGUIEN	390
OZOÏQUE	DÉVONIEN	INFÉRIEUR	EMSIEN	385
OZOÏQUE	DÉVONIEN	MOYEN	EIFÉLIEN	380
OZOÏQUE	DÉVONIEN	MOYEN	GIVÉTIEN	375
OZOÏQUE	DÉVONIEN	SUPÉRIEUR	FRASNIEN	365
OZOÏQUE	DÉVONIEN	SUPÉRIEUR	FAMENNIEN	360
OZOÏQUE	CARBONIFÈRE	DINANTIEN – TOURNASIEN	HASTARIEN	
OZOÏQUE	CARBONIFÈRE	DINANTIEN – TOURNASIEN	IVORIEN	350
OZOÏQUE	CARBONIFÈRE	DINANTIEN – VISÉEN	CHADIEN	
OZOÏQUE	CARBONIFÈRE	DINANTIEN – VISÉEN	ARUNDIEN	
OZOÏQUE	CARBONIFÈRE	DINANTIEN – VISÉEN	HOLKÉRIEN	
OZOÏQUE	CARBONIFÈRE	DINANTIEN – VISÉEN	ASBIEN	
OZOÏQUE	CARBONIFÈRE	DINANTIEN – VISÉEN	BRIGANTIEN	325
OZOÏQUE	CARBONIFÈRE	SILÉSIEN – NAMUR.	SERPUKHOVIEN	
OZOÏQUE	CARBONIFÈRE	SILÉSIEN – WESTPH.	BASHKIRIEN	315
OZOÏQUE	CARBONIFÈRE	SILÉSIEN – WESTPH.	MOSCOVIEN	305
OZOÏQUE	CARBONIFÈRE	SILÉSIEN – STÉPHANIEN	KASIMOVIEN	
OZOÏQUE	CARBONIFÈRE	SILÉSIEN – STÉPHANIEN	GZHÉLIEN	295

Ère	Période	Série	Étage	Âge (limite supérieure, Ma)
UE	RÉTACÉ			108
UE	RÉTACÉ		ALBIEN	96
UE	RÉTACÉ	SUPÉRIEUR	CÉNOMANIEN	91
UE	RÉTACÉ	SUPÉRIEUR	TURONIEN	88
UE	RÉTACÉ	SUPÉRIEUR	CONIACIEN	87
UE	RÉTACÉ	SUPÉRIEUR	SANTONIEN	83
UE	RÉTACÉ	SUPÉRIEUR	CAMPANIEN	72
UE	RÉTACÉ	SUPÉRIEUR	MAASTRICHTIEN	65
CÉNOZOÏQUE	PALÉOGÈNE	PALÉOCÈNE	DANIEN	59
CÉNOZOÏQUE	PALÉOGÈNE	PALÉOCÈNE	THANÉTIEN	53
CÉNOZOÏQUE	PALÉOGÈNE	ÉOCÈNE	YPRÉSIEN	46
CÉNOZOÏQUE	PALÉOGÈNE	ÉOCÈNE	LUTÉTIEN	40
CÉNOZOÏQUE	PALÉOGÈNE	ÉOCÈNE	BARTONIEN	37
CÉNOZOÏQUE	PALÉOGÈNE	ÉOCÈNE	PRIABONIEN	34
CÉNOZOÏQUE	PALÉOGÈNE	OLIGOCÈNE	RUPÉLIEN	28
CÉNOZOÏQUE	PALÉOGÈNE	OLIGOCÈNE	CHATTIEN	23,5
CÉNOZOÏQUE	NÉOGÈNE	MIOCÈNE	AQUITANIEN	20
CÉNOZOÏQUE	NÉOGÈNE	MIOCÈNE	BURDIGALIEN	16
CÉNOZOÏQUE	NÉOGÈNE	MIOCÈNE	LANGHIEN	14,5
CÉNOZOÏQUE	NÉOGÈNE	MIOCÈNE	SERRAVALIEN	11
CÉNOZOÏQUE	NÉOGÈNE	MIOCÈNE	TORTONIEN	6,5
CÉNOZOÏQUE	NÉOGÈNE	MIOCÈNE	MESSINIEN	5,3
CÉNOZOÏQUE	NÉOGÈNE	PLIOCÈNE	ZANCLÉEN	3,4
CÉNOZOÏQUE	NÉOGÈNE	PLIOCÈNE	PLAISANCIEN	1,65
CÉNOZOÏQUE	NÉOGÈNE	PLÉISTOCÈNE	CALABRIEN	0,01
CÉNOZOÏQUE	NÉOGÈNE	HOLOCÈNE		

TEMPS, ÉVOLUTION ET GÉNÉTIQUE

1 Parenté des Vertébrés et place de l'Homme dans le règne animal

POUR COMMENCER

▶ La cellule est **l'unité structurale et fonctionnelle** de tous les êtres vivants. Elle est douée, en particulier, des propriétés de croissance et de reproduction. Son activité repose sur un ensemble d'informations dont le support est, dans tous les cas, **l'ADN**.

▶ Sa structure en double hélice confère à la molécule d'ADN la propriété d'autoreproduction.

▶ **Les gènes**, fragments d'ADN, supports d'information, s'expriment dans toutes les cellules à travers la **synthèse des protéines**. La séquence des nucléotides du gène détermine la séquence des acides aminés de la protéine, suivant le principe universel de correspondance, appelé **code génétique**, qui est le même pour toutes les cellules de tous les êtres vivants.

▶ Cette unité fonctionnelle fondamentale des êtres vivants traduit une **origine commune**. Unicellulaires ou pluricellulaires, ils dérivent tous des premières formes de vie apparues sur Terre il y a 3,5 à 4 milliards d'années. À cet ancêtre commun unicellulaire hypothétique, on donne le nom de **Luca** (Last Universal Common Ancestor).

▶ Du point de vue structural, on reconnaît deux grands types de cellules : les cellules **eucaryotes** et les cellules **procaryotes** (*document 1*). Les organismes procaryotes unicellulaires sont apparus il y a environ 3,5 milliards d'années, et se sont maintenus en se diversifiant considérablement. Les organismes eucaryotes sont apparus beaucoup plus tard, il y a environ 2 milliards d'années (voir le document « Quelques repères de l'histoire de la vie » p. 8-9).

▶ Les cellules eucaryotes sont caractérisées par l'existence d'une enveloppe nucléaire qui délimite deux compartiments : le noyau, où se trouvent les molécules d'ADN associées à des protéines pour former les chromosomes, et le compartiment cytoplasmique, où a notamment lieu la synthèse des protéines. Les cellules procaryotes sont dépourvues d'enveloppe nucléaire. Il n'y a donc pas chez elles dissociation dans l'espace entre le territoire où se fait la transcription d'un gène en ARNm et celui où a lieu la traduction de l'ARNm en polypeptide. En outre, les cellules eucaryotes, au contraire des procaryotes, possèdent un système membranaire interne complexe (mitochondries, réticulum endoplasmique, etc.).

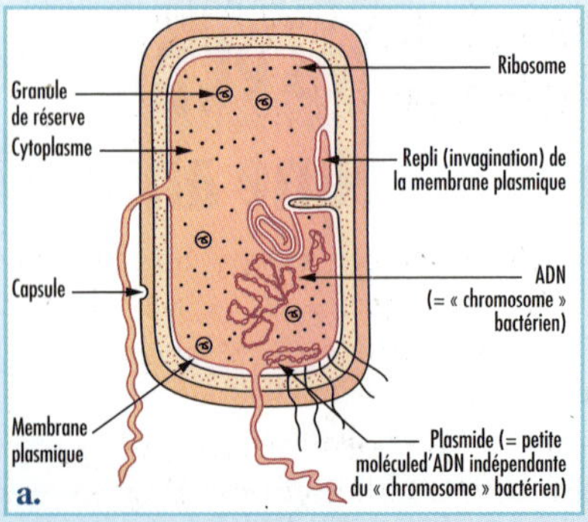

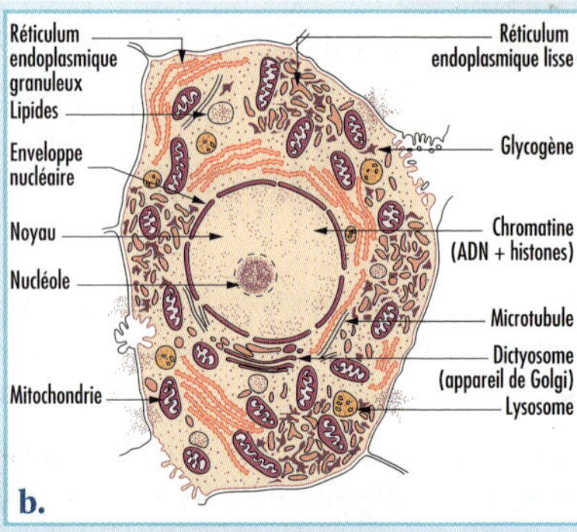

Doc. 1 – Les deux grands types de cellules. a. *Cellule procaryote (par exemple la bactérie* Escherchia Coli*).* **b.** *Cellule eucaryote (cellule animale).*

► Les caractéristiques communes à toutes les cellules eucaryotes traduisent une **parenté** entre elles plus grande qu'avec les cellules procaryotes. Ces caractères communs sont l'héritage des propriétés que possédait **l'ancêtre commun** à tous les Eucaryotes. Cet ancêtre commun, moins éloigné dans le temps que Luca, est situé vers – 2 milliards d'années environ.

► Tous les **Vertébrés** présentent un plan d'organisation commun marqué notamment par la présence d'un axe squelettique dorsal (colonne vertébrale prolongée vers l'avant par la boîte crânienne) qui abrite les centres nerveux : moelle épinière et encéphale. Ces caractéristiques communes résultent d'un déterminisme génétique complexe, hérité d'un ancêtre commun, propre à tous les Vertébrés, et que ne possèdent pas les autres êtres vivants.

► Les êtres vivants actuels sont tous apparentés, mais de façon plus ou moins étroite. **L'arbre phylogénétique** (*document 2*) traduit cet apparentement plus ou moins proche. Par exemple, il indique que tous les Vertébrés sont plus étroitement apparentés entre eux qu'avec la Paramécie et la Bactérie, mais il ne renseigne pas sur les relations de parenté de ces Vertébrés entre eux. L'étude de ces relations de parenté entre Vertébrés est précisément l'objet du programme de Terminale.

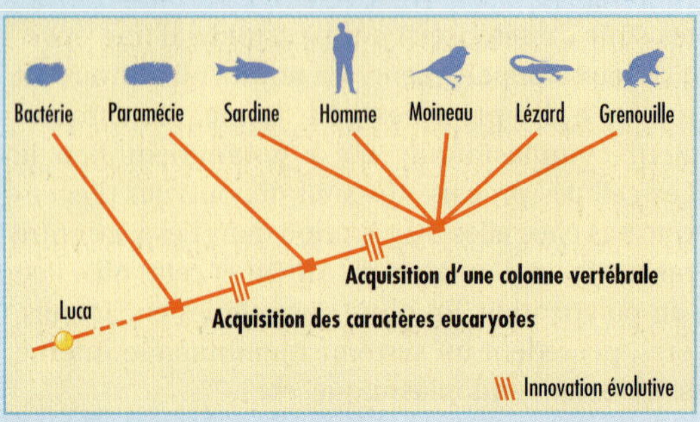

Doc. 2 – Arbre phylogénétique.

I Les principes de raisonnement suivis pour établir les relations de parenté

■ Les relations de parenté entre les êtres vivants ne peuvent pas être observées mais seulement déduites à partir de l'analyse des organismes. Il faut donc trouver des critères permettant de dire que deux espèces sont plus étroitement apparentées entre elles qu'avec une troisième.

Tout repose sur le repérage des **innovations évolutives** morphologiques ou anatomiques apparues au cours de l'histoire du monde vivant : elles résultent d'**innovations génétiques** transmissibles plus ou moins complexes.

Tous les organismes qui partagent la même innovation l'ont acquise d'un **ancêtre commun** ; ils sont plus étroitement apparentés entre eux qu'avec les autres êtres vivants qui ne la possèdent pas.

Ainsi, en ce qui concerne la structure cellulaire, l'état **eucaryote** (*document 1. b*) représente une nouveauté, une innovation évolutive par rapport à l'état **procaryote** (*document 1. a*). On dit encore que l'état procaryote est un état **primitif** ou **ancestral** et l'état **eucaryote**, un état **dérivé** résultant de la transformation de l'état ancestral.

■ Les relations de parenté entre les êtres vivants sont établies en prenant uniquement en compte les états **dérivés** des caractères.

II Des relations de parenté chez les Vertébrés

1 État ancestral et état dérivé d'un caractère

■ Les relations de parenté entre les êtres vivants sont établies en prenant uniquement en compte les états dérivés des caractères.

■ Il faut donc considérer chez les Vertébrés de multiples caractères et, pour chacun d'eux, reconnaître chez les Vertébrés l'état dérivé et l'état ancestral. Les caractères à connaître sont les suivants.

– **Mâchoires :** présence de mâchoires (état dérivé) ou absence de mâchoires (état ancestral).

– **Appendices pairs :** membres avec des doigts (état dérivé) ou nageoire rayonnée (état ancestral).

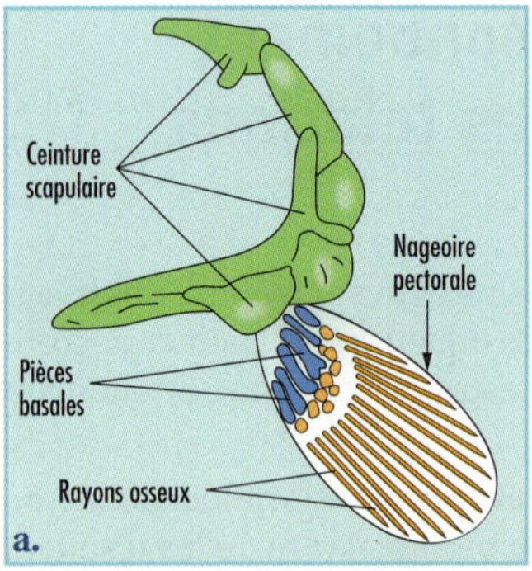

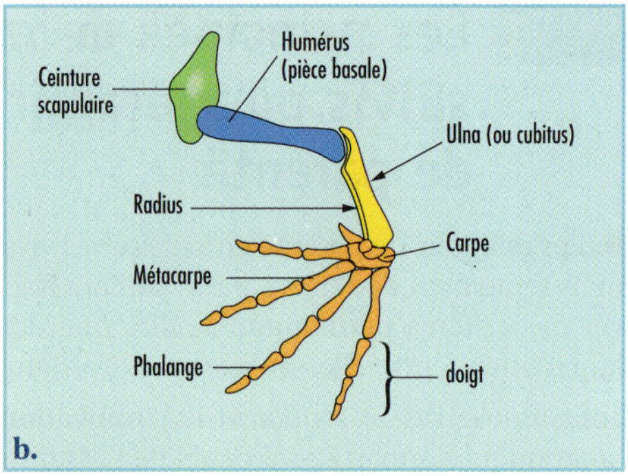

Doc. 3 – Organisation squelettique du membre antérieur de deux vertébrés.
a. *Sardine (Poisson).* – **b.** *Grenouille (Batracien).*

– **Annexes embryonnaires :** chez certains Vertébrés, le développement de l'embryon s'effectue à l'intérieur d'une poche pleine de liquide et limitée par une membrane appelée amnios *(document 4)*. Grâce à cette annexe embryonnaire, le développement de l'embryon se déroule toujours en milieu liquide : la présence de l'amnios est un état dérivé, son absence un état ancestral.

– **Productions de la peau :** présence de poils (état dérivé) ou absence de poils (état ancestral).

– **Glandes cutanées :** présence de mamelles (état dérivé) ou absence de mamelles (état ancestral).

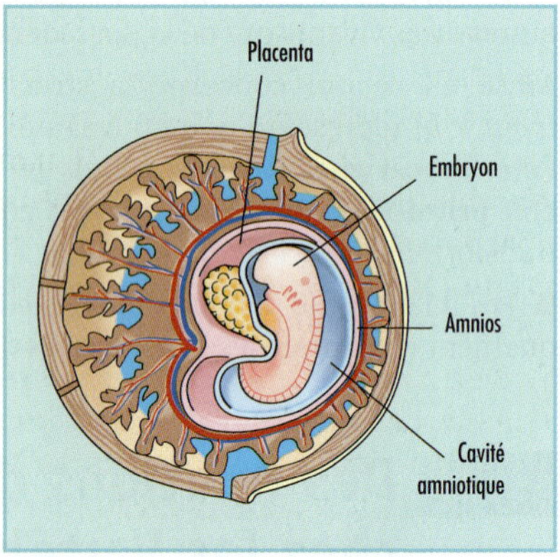

Doc. 4 – Innovations visibles sur les annexes embryonnaires humaines : amnios et placenta.

– **Squelette de la mâchoire inférieure :** un seul os (état dérivé) ou plusieurs os (état ancestral).

■ Il est bien évident que toute l'étude des relations de parenté chez les Vertébrés repose sur une reconnaissance précise de l'état ancestral et de l'état dérivé pour chacun des caractères choisis. Pour la majorité des caractères envisagés en Terminale, le **critère paléontologique** suffit. Ainsi, dans l'histoire des Vertébrés les fossiles avec des nageoires ont précédé ceux ayant des pattes. Pour beaucoup d'autres caractères le critère paléontologique n'est guère utilisable, et les spécialistes font appel à d'autres critères qui ne sont pas à votre programme.

2 L'arbre phylogénétique des Vertébrés

■ Pour tous les organismes dont on veut établir les liens de parenté, on détermine si chacun d'eux possède l'état ancestral ou l'état dérivé pour chaque caractère envisagé. L'ensemble des observations réalisées est résumé dans une matrice de caractères dans laquelle les caractères dérivés sont repérés *(document 5)*.

■ À partir de cette matrice, on construit l'arbre phylogénétique *(document 6)* traduisant les relations de parenté. Le principe de construction repose sur le fait que toutes les espèces qui possèdent un même état dérivé, l'ont **hérité d'un ancêtre commun**. Cet ancêtre commun est situé à un nœud de l'arbre phylogénétique. Sur cet arbre, on indique, de façon conventionnelle, les innovations évolutives qui ont servi à l'établir.

L'analyse d'un arbre phylogénétique permet de déterminer :
– **Les organismes les plus étroitement apparentés.** Par exemple, l'arbre du *document 6* indique que le Chat, l'Homme et le Chimpanzé sont plus étroitement apparentés entre eux qu'ils le sont avec les autres espèces.
– **Les caractères d'un ancêtre commun à deux ou plusieurs espèces.** Ainsi, l'ancêtre commun au Chat et à l'Homme possédait des poils, des mamelles et un placenta, caractères dérivés possédés par le Chat et l'Homme ; il possédait également les caractères hérités des ancêtres communs qui le précèdent (ses propres ancêtres) : cellules avec noyau (eucaryote), crâne, vertèbres, mâchoires, membres pairs munis de doigts, amnios.

■ Bien entendu, le profil de l'ancêtre commun est d'autant plus précis que le nombre de caractères pris en compte est grand. On connaît notamment d'autres caractères dérivés propres aux Mammifères comme par exemple la présence d'un seul os à la mâchoire inférieure.

➲ Dans cette perspective, les fossiles sont traités comme les espèces actuelles. Ils sont placés à l'extrémité d'une branche et l'arbre indique de qui ils sont les plus proches parents. Si l'on arrive à les dater grâce aux roches qui les contiennent, ils présentent le grand intérêt de pouvoir situer approximativement l'apparition d'une innovation. Ainsi, les premiers Vertébrés ayant des doigts (Acanthostega) sont datés de – 370 millions d'années : le groupe des Tétrapodes a donc au moins cet âge ; de même, Archéoptéryx, daté de – 150 millions d'années, possède des plumes : le groupe des Oiseaux a donc au moins 150 millions d'années.

3 Les groupes monophylétiques

■ Les relations de parenté permettent de regrouper, de classer les êtres vivants. Les classifications actuelles ne reconnaissent que des groupes monophylétiques. **Un groupe monophylétique comprend un ancêtre commun et tous ses descendants actuels et fossiles.** Autrement dit, les espèces appartenant à un

caractères / groupes	Crane	Vertèbres	Doigts	Amnios	Gésier	Plumes	Allaitement	Placenta	Poils
Mouche	–	–	–	–	–	–	–	–	–
Sardine	+	+	–	–	–	–	–	–	–
Acanthostega	+	+	+	–	–	–	–	–	–
Grenouille	+	+	+	–	–	–	–	–	–
Tortue	+	+	+	+	–	–	–	–	–
Lézard	+	+	+	+	–	–	–	–	–
Crocodile	+	+	+	+	+	–	–	–	–
Archéoptéryx	+	+	+	?	?	+	–	–	–
Aigle	+	+	+	+	+	+	–	–	–
Chat	+	+	+	+	–	–	+	+	+
Homme	+	+	+	+	–	–	+	+	+
Chimpanzé	+	+	+	+	–	–	+	+	+

Doc. 5 – Matrice groupes-caractères de Vertébrés. *Acanthostega et Archéoptéryx sont des fossiles dont on ne connaît pas l'organisation interne. + : état dérivé (présence du caractère considéré) ; – : état ancestral (absence du caractère considéré).*

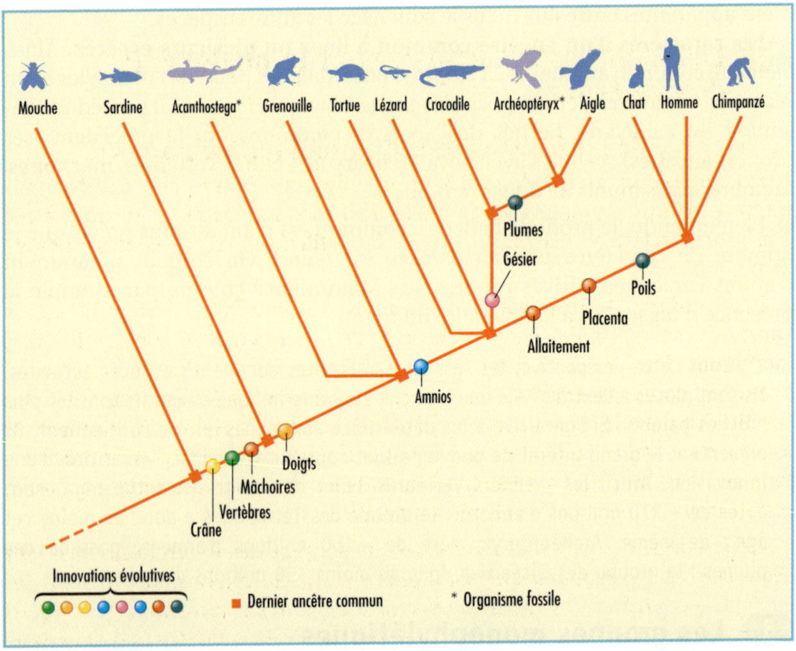

Doc. 6 – Arbre phylogénétique de quelques Vertébrés. *Avec les caractères dérivés utilisés ici, on ne peut pas établir les relations de parenté entre les trois Mammifères considérés, ni savoir si le Lézard est plus étroitement apparenté au Crocodile que ne l'est la Tortue.*

groupe monophylétique déterminé ont un ancêtre commun **exclusif**. Par exemple, l'Homme, le Chimpanzé et le Chat appartiennent au groupe monophylétique des Mammifères.

■ Dans l'ancienne classification, Crocodile, Lézard et Tortue étaient rangés dans le groupe des Reptiles. L'arbre du *document 6* indique que le Crocodile a un ancêtre commun exclusif avec les Oiseaux. Par conséquent, le Crocodile fait partie avec les Oiseaux d'un même groupe monophylétique : il doit être rangé avec les Oiseaux et non avec la Tortue et le Lézard.

Autrement dit, si Crocodile, Tortue et Lézard constituaient un groupe monophylétique, ils devraient posséder un **ancêtre commun exclusif**. Or l'arbre phylogénétique *(document 6)* indique que leur ancêtre commun est également celui des Oiseaux. Donc le groupe des Reptiles, ne réunissant pas **tous** les descendants de cet ancêtre commun, ne constitue pas un groupe monophylétique.

■ Les principaux groupes monophylétiques des Vertébrés sont le groupe des Tétrapodes, celui des Amniotes et celui des Mammifères : l'Homme est un Vertébré, Tétrapode, Amniote, Mammifère.

4 Les données moléculaires et la phylogénie des Vertébrés

a. Principe de l'utilisation des données moléculaires

■ Les caractères morphologiques et anatomiques utilisés ont un déterminisme génétique complexe et généralement inconnu. Mais on dispose aussi d'informations sur les gènes qui peuvent être utilisées pour établir des relations de parenté.

■ Par exemple, toutes les hémoglobines de Vertébrés (sauf celle de la Lamproie) sont formées par l'association de quatre chaînes polypeptidiques, identiques deux à deux : deux chaînes alpha et deux chaînes bêta. Chaque chaîne est codée par un gène. Les gènes bêta de tous les Vertébrés ont de telles similitudes dans leurs séquences, qu'on est conduit à dire qu'ils sont **homologues**, c'est-à-dire qu'ils dérivent d'un gène possédé par l'ancêtre commun à tous ces Vertébrés : les gènes alpha de tous les Vertébrés ont pour ancêtre le gène alpha des premiers Vertébrés à mâchoires.

■ Néanmoins, ces gènes des Vertébrés présentent des différences dans leur séquence de nucléotides qui sont plus ou moins importantes suivant les espèces envisagées. Ces différences sont dues à des **innovations génétiques** (mutations) qui ont réussi à se fixer, à se maintenir dans les diverses lignées de Vertébrés.

■ Si on admet que la vitesse d'évolution dans la séquence du gène a été la même dans les différentes lignées, on conçoit que les différences entre les gènes de deux espèces soient d'autant plus grandes que leur ancêtre commun est plus éloigné dans le temps. Inversement, si les séquences sont quasi identiques, cela signifie que les deux espèces sont étroitement apparentées, et possèdent un ancêtre commun récent, du moins à l'échelle des temps géologiques.

b. L'arbre phylogénique des Vertébrés à partir des données moléculaires

■ Ainsi (*document 7*), à partir d'une matrice indiquant les différences entre les gènes alpha des Vertébrés pris deux à deux, on peut construire un arbre phylogénétique. Cet arbre recoupe celui établi à partir des données anatomiques, ce qui conforte la pertinence des données moléculaires.

Homme	0							
Chien	23	0						
Kangourou	27	33	0					
Échidné	37	42	48	0				
Poule	45	44	41	48	0			
Triton	63	67	68	72	63	0		
Carpe	70	68	72	76	73	76	0	
Requin	76	80	78	85	84	86	84	0
a.	Homme	Chien	Kangourou	Échidné	Poule	Triton	Carpe	Requin

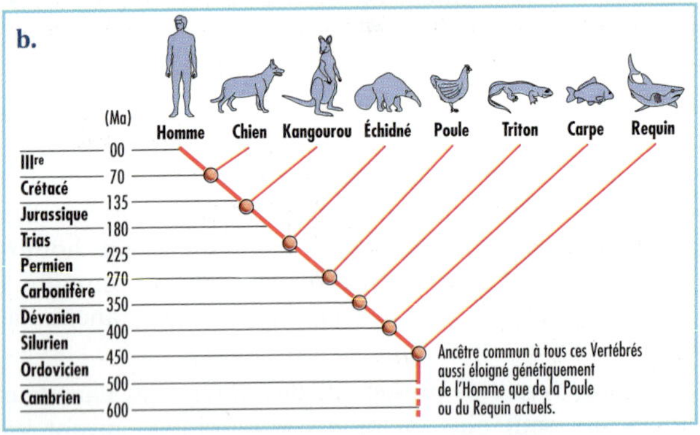

Doc. 7 – Différence génétique et relation de parenté chez les Vertébrés.
a. *Nombres d'acides aminés différents entre des chaînes alpha de l'hémoglobine de Vertébrés comparées deux à deux.*
b. *Arbre phylogénétique des Vertébrés établi en comparant des chaînes alpha de l'hémoglobine.*

III L'Homme au sein des Primates

1 Les états dérivés propres aux Primates au sein des Mammifères

Il existe de nombreux ordres de Mammifères. Celui des Primates, dont les plus anciens représentants sont datés de – 55 millions d'années, est défini par les caractères dérivés suivants :

– pouce opposable aux quatre autres doigts, au pied comme à la main (fonction préhensile) ;

– présence d'ongles à la place des griffes, orbites orientées vers l'avant permettant la vision binoculaire.

2 L'arbre phylogénétique des Primates à partir des données anatomiques et morphologiques

Cet arbre *(document 8)* a été construit suivant les mêmes principes que celui des Vertébrés *(document 6)* mais en considérant, bien sûr, d'autres caractères. Il indique que l'Homme est un Hominoïde (un Primate sans queue) et qu'il est

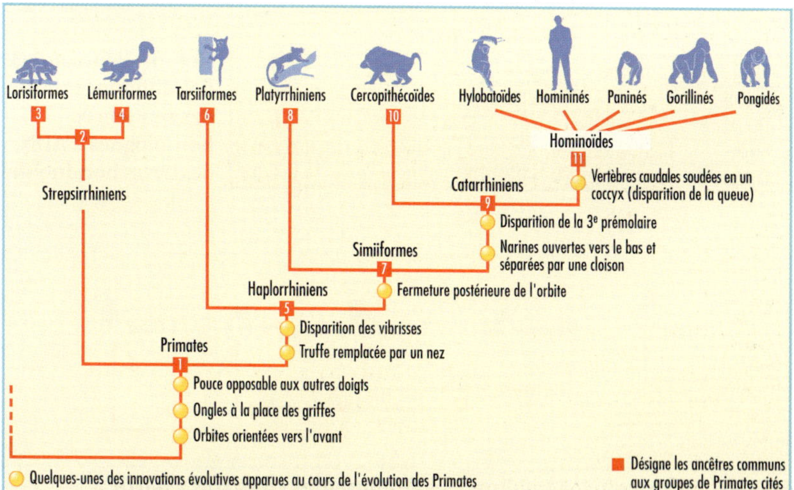

Doc. 8– Arbre phylogénétique des Primates. ***Truffe :*** *extrémité du museau recouverte d'une peau sans poils, humide, aux narines fendues sur le coté et reliées à la lèvre supérieure.* ***Nez :*** *recouvert de la même peau que le reste du visage, aux narines circulaires fermées et sans connexion avec la lèvre supérieure.*

donc plus étroitement apparenté aux Gibbons (Hylobatoïdes), aux Orang-outans (Pongidés), aux Gorilles (Gorillinés) et aux Chimpanzés (Panidés) qu'aux autres Primates.

L'ancêtre commun à tous les Hominoïdes possède les caractères communs à tous les Primates, et en outre : un nez à la place d'une truffe, pas de vibrisses (poils tactiles du chien ou du chat par exemple), orbites fermées, narines ouvertes vers le bas, pas de troisième prémolaire et vertèbres caudales atrophiées soudées en un coccyx (pas de queue : état dérivé des hominoïdes).

En revanche, cet arbre n'apporte aucune information sur les parentés entre les divers Hominoïdes.

3 Les données moléculaires et les relations de parenté eu sein des Hominoïdes

La comparaison des gènes homologues des Primates Hominoïdes indique que les gènes des Chimpanzés ont de plus grandes similitudes (*document 9*) avec les gènes de l'Homme qu'avec ceux des Gorilles et surtout de l'Orang-outan et du Gibbon. Les Chimpanzés sont donc plus étroitement apparentés à l'espèce humaine qu'aux autres Hominoïdes. Cela revient au même de dire que le Chimpanzé est l'espèce actuelle la plus proche de l'Homme. Cela est traduit par l'arbre phylogénétique des Hominoïdes (*document 10*).

	Homme	Chimpanzé	Gorille	Orang-outan	Gibbon
Homme	0	1,45 (±0,2)	1,51 (±0,2)	2,98 (±0,2)	4,51 (±0,4)
Chimpanzé	1,45 (±0,2)	0	1,57 (±0,2)	2,94 (±0,2)	4,55 (±0,4)
Gorille	1,51 (±0,2)	1,57 (±0,2)	0	3,04 (±0,2)	4,39 (±0,4)
Orang-outan	2,98 (±0,2)	2,94 (±0,2)	3,04 (±0,2)	0	4,10 (±0,4)

Doc. 9 – Pourcentage des différences entre des séquences homologues d'ADN de divers hominoïdes.

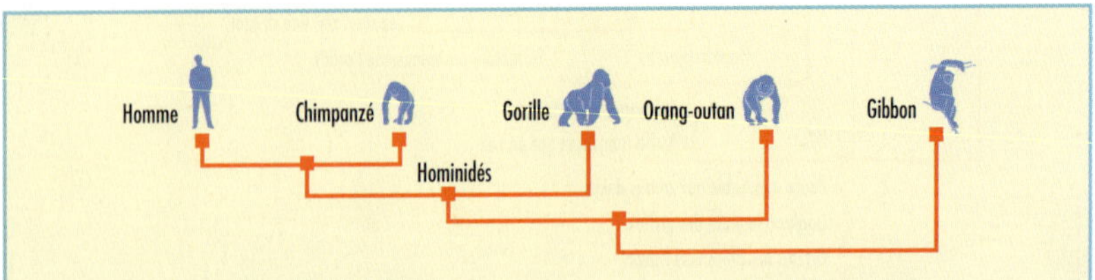

Doc. 10 – Arbre phylogénétique des Hominoïdes construit à partir des données précédentes.

Lacunes des légendes des arbres phylogénétiques

Ne pas croire que l'absence d'innovation figurée dans une lignée signifie que celle-ci n'a pas évolué. On a étudié quelques innovations importantes chez les Tétrapodes amniotes. Chez les Tétrapodes non amniotes, il y a eu également des innovations, et les Batraciens actuels (Tétrapodes non amniotes) sont très différents des premiers Tétrapodes.

Différences morphologiques anatomiques et parenté

Il faut bien saisir qu'à partir de la divergence de deux lignées, des innovations ont eu lieu dans les deux lignées, mais qu'elles ont pu être plus importantes dans une lignée que dans l'autre, et ainsi se traduire par des changements morphologiques et anatomiques considérables.

Les représentants actuels d'une lignée peuvent ressembler beaucoup à l'ancêtre commun alors que ceux de l'autre lignée peuvent être très différents. Par exemple, l'ancêtre commun aux Crocodiles et aux Oiseaux devait avoir une morphologie beaucoup plus proche de celle des Crocodiles que de celle des Oiseaux. Ainsi, des espèces morphologiquement très différentes peuvent être étroitement apparentées.

Ressemblance globale et parenté

Il faut bien comprendre qu'en ne considérant qu'une similitude globale qui prend en compte essentiellement des états ancestraux, on ne peut établir de relations de parenté.

Vérifier ses connaissances

Dans les exercices 1 à 5, relevez les affirmations inexactes et corrigez-les.

1 Un Eucaryote…

a. est toujours un organisme unicellulaire.
b. est défini par la nature ADN de son matériel génétique.
c. appartient toujours au monde animal.
d. possède une structure cellulaire qui peut être utilisée pour établir des relations de parenté entre Vertébrés. ▸ corrigé p. 29

2 Les Tétrapodes sont des Vertébrés…

a. définis par la possession d'amnios.
b. dont les plus nombreux représentants sont des poissons.
c. qui possèdent tous une articulation monobasale de leurs membres.
d. dont les membres se terminent par des rayons osseux.
e. qui sont apparus il y a moins de 100 millions d'années. ▸ corrigé p. 29

3 Les Mammifères…

a. sont les seuls Vertébrés amniotes.
b. possèdent des caractères de Tétrapodes.
c. ne sont pas des Eucaryotes.
d. sont définis par la possession de mamelles et de poils. ▸ corrigé p. 29

4 Les Primates hominoïdes…

a. sont définis par la présence d'un pouce opposable aux autres doigts.
b. ont comme caractère dérivé majeur l'absence de queue.
c. sont les seuls Primates ayant un nez à la place d'une truffe.
d. ont des doigts avec des ongles et non des griffes. ▸ corrigé p. 29

5 Les gènes homologues…

a. ont exactement la même séquence chez toutes les espèces.
b. ont chez l'Homme un degré de similitude plus grand avec ceux du Gorille qu'avec ceux du Pigeon.
c. ont une similitude beaucoup moins grande entre ceux de la Grenouille et de l'Homme qu'entre ceux de la Grenouille et du Chimpanzé.
d. présentent un nombre de différences beaucoup plus grand entre ceux de la Carpe et de l'Homme qu'entre ceux de la Carpe et de la Grenouille.
▸ corrigé p. 29

S'entraîner

Dans les exercices 6 et 7, en exploitant les informations tirées du (ou des) document(s) proposé(s), relevez les affirmations inexactes et corrigez-les.

6 La lecture de l'arbre phylogénétique du *document A* permet d'affirmer que :

a. Le Cobaye présente les caractères suivants : amnios, doigts, placenta et gésier.

b. La Bonite et le Xénope sont ici les organismes qui ont la parenté la plus étroite.

c. L'ancêtre commun 2 possède un amnios.

d. L'innovation évolutive caractéristique partagée exclusivement par le Crocodile et le Kiwi est l'acquisition du gésier.

e. Le groupe des Poissons est monophylétique. ▸ corrigé p. 29

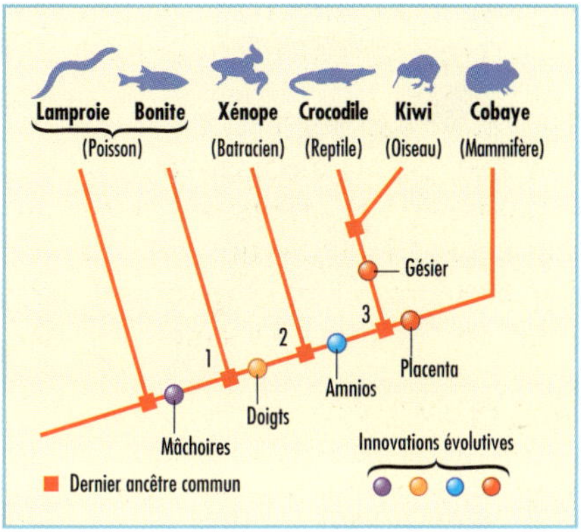

Doc. A

7 Le *document B* permet d'affirmer que :

a. Le placenta constitue un caractère utilisé pour préciser les parentés entre ces organismes.

b. Les doigts constituent un caractère utilisé pour préciser les parentés entre ces organismes.

caractères / *taxons*	Lamproie	Crocodile	Merle	Otarie	Sardine
Ammios	–	+	+	+	–
Placenta	–	–	–	+	–
Doigts	–	+	+	+	–
Gésier	–	+	+	–	–

Doc. B – + *: état dérivé (présence du caractère considéré) ; – : état ancestral (absence du caractère considéré).*

c. L'Otarie et le Merle sont les organismes qui ont, ici, la parenté la plus étroite.

d. La Lamproie et la Sardine sont les organismes qui ont, ici, la parenté la plus étroite. ▸ corrigé p. 30

Dans les exercices 8 et 9, tirez des informations du document proposé pour répondre à la question posée.

8 On recherche les liens de parenté entre un Merle, une Grenouille, une Sardine et un Eusthenopteron. Le *document C1* présente les caractères du membre de l'Eusthenopteron ; le *document C2* représente une partie de l'arbre phylogénétique des Vertébrés.

Situez l'Eusthenopteron sur cet arbre phylogénétique. ▸ corrigé p. 30

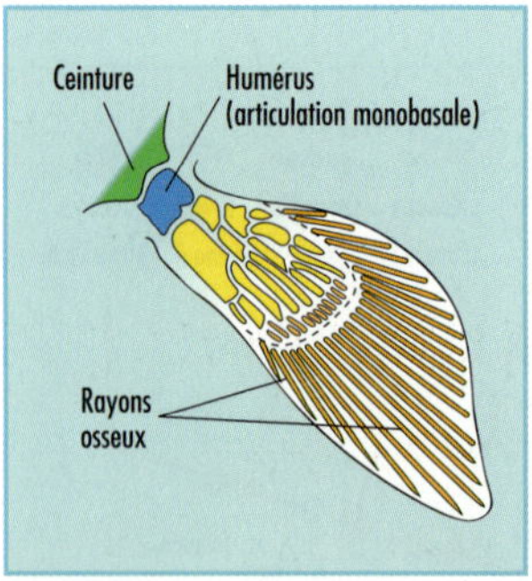

Doc. C1

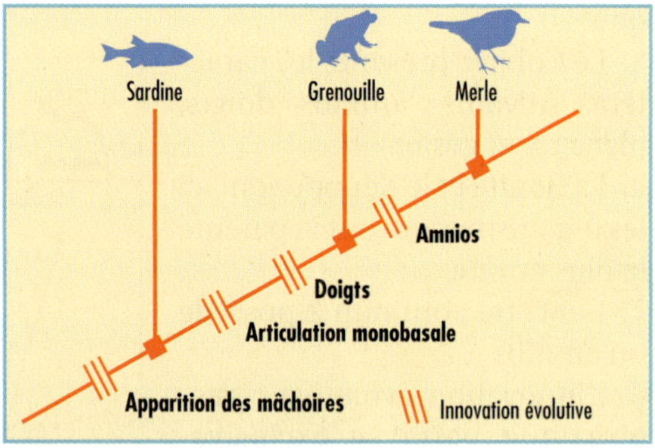

Doc. C2

9 Le *document D1* présente la matrice espèces-caractères pour quatre Vertébrés ; le *document D2* schématise trois arbres phylogénétiques montrant trois types de relations de parentés entre ces quatre espèces.

Quel est de ces trois arbres celui qui traduit le mieux les relations de parenté entre ces quatre espèces ?

Situer sur l'arbre les innovations génétiques indiquées par la matrice.

▸ corrigé p. 30

	Dents	Queue	Plumes	Griffes (membre antérieur)	Ailes (membre antérieur)
Archéoptéryx	+	+	+	+	+
Merle	–	–	+	–	+
Autruche	–	–	+	–	+
Crocodile	+	+	–	+	–

\+ Présence du caractère considéré
– Absence du caractère considéré
Présence (ou absence) du caractère en un état ancestral
Présence (ou absence) du caractère en un état dérivé

Doc. D1

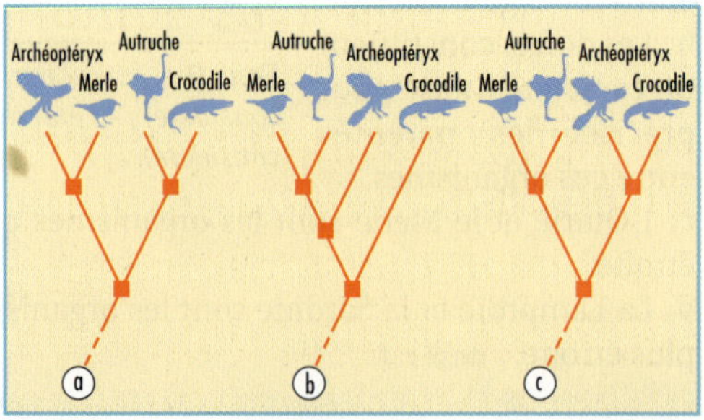

Doc. D2

1 a. Les Eucaryotes peuvent être unis ou pluricellulaires.

b. L'ADN est également le support du matériel génétique des Procaryotes.

c. Les végétaux sont aussi des Eucaryotes.

d. Pour l'ensemble des Vertébrés, l'état eucaryote est un état ancestral, possédé par tous, qui ne peut donc être utilisé pour établir entre eux des relations de parenté.

2 a. Certains Tétrapodes n'ont pas d'amnios (la Grenouille).

b. Les Poissons n'ont pas de doigts : ce ne sont pas des Tétrapodes.

d. Les membres des tétrapodes se terminent par des doigts et non des rayons osseux.

e. Les premiers Tétrapodes sont datés d'environ – 370 millions d'années.

3 a. Tortues, Lézards, Serpents, Crocodiles et Oiseaux sont également des Amniotes.

c. Les cellules des Mammifères possèdent l'organisation eucaryote.

4 a. Le pouce opposable aux autres doigts est une caractéristique de tous les Primates et non propre aux Primates hominoïdes ; c'est un état ancestral pour le groupe des Primates hominoïdes.

c. Les Primates Haplorrhiniens et Catarrhiniens ont aussi un nez.

5 a. Il existe des différences plus ou moins nombreuses entre les séquences de gènes homologues de diverses espèces.

c. Le degré de similitude des gènes homologues de la Grenouille et de l'Homme est grossièrement le même que celui existant entre les gènes de la Grenouille et du Chimpanzé.

d. L'ancêtre commun à la Carpe et à la Grenouille est aussi celui de la Carpe et de l'Homme. En conséquence, le nombre de différences entre les gènes homologues de la Carpe et de la Grenouille est à peu près le même qu'entre les gènes homologues de la Homme et de la Carpe.

6 a. Absence de gésier chez le cobaye.

b. La Bonite n'est pas plus étroitement apparentée au Xénope qu'au Crocodile ou au Cobaye, car elle ne possède pas avec le Xénope d'ancêtre commun exclusif qui ne serait pas celui du Crocodile, du Kiwi et du Cobaye.

c. Pas d'amnios chez l'ancêtre commun 2.

e. Lamproie et Bonite n'ont pas d'ancêtre commun exclusif. En conséquence, le groupe des Poissons n'est pas monophylélitique.

7 a. Parmi les cinq vertébrés, seule l'Otarie possède un placenta. Ce caractère ne peut donc pas être utilisé pour établir les relations de parenté entre les cinq espèces envisagées.
c. Crocodile et Merle sont les organismes les plus étroitement apparentés car ils possèdent en commun le plus grand nombre d'états dérivés.
d. On ne peut l'affirmer, car le tableau n'indique aucun caractère dérivé propre à la Lamproie et à la Sardine.

8 L'Eusthenopteron possède une articulation monobasale mais n'a pas de doigts : le rameau menant à l'Eusthenopteron s'insère entre articulation monobasale et doigts sur la branche principale de l'arbre.

9 C'est l'arbre b. Sur cet arbre on note : des innovations avant le nœud Archéoptéryx : plumes, membre antérieur transformé en aile ; des innovations avant le nœud Autruche-Merle : disparition des dents, des griffes et de la queue.

2 LA LIGNÉE HUMAINE

POUR COMMENCER

▶ Un arbre phylogénétique traduit les relations de parenté entre des espèces ou des groupes (taxons). Deux groupes sont d'autant plus étroitement apparentés que leur dernier ancêtre commun est récent.

▶ Les ancêtres communs sont situés aux nœuds de l'arbre phylogénétique.

▶ Un fossile ne peut jamais être considéré comme l'ancêtre commun à deux groupes, et ne doit donc jamais être situé à un nœud de l'arbre phylogénétique. En effet, on ne peut jamais affirmer que les espèces actuelles sont nées des populations disparues de ce fossile.

▶ Les caractéristiques de l'ancêtre commun (C, *document 1*) à deux taxons sont toujours le résultat d'une reconstitution : il a des caractères ancestraux définissant les groupes dans lesquels il est inclus (A et B, *document 1*) ; il possède en plus des caractères dérivés exclusifs qui sont ceux partagés par les deux groupes dont il est l'ancêtre (D et E, *document 1*).

▶ Parmi les espèces actuelles, c'est avec le Chimpanzé que l'Homme a l'ancêtre commun le plus récent.

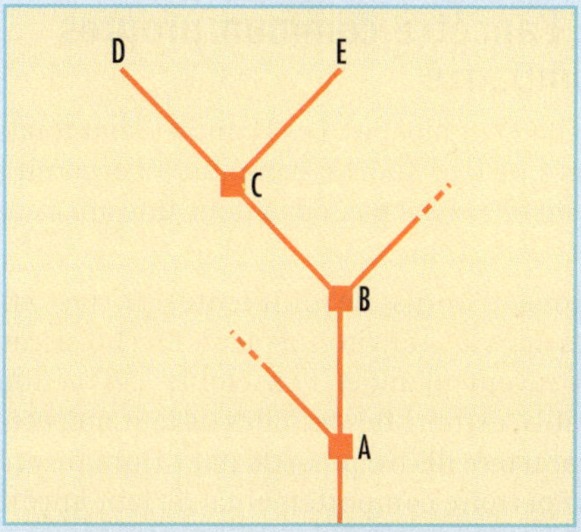

Doc. 1 – Schéma d'un arbre phylogénétique.

I Les caractères de l'ancêtre commun à l'Homme et au Chimpanzé

1 Les caractères ancestraux de l'ancêtre commun

Cet ancêtre commun est un Eucaryote, Vertébré, Tétrapode, Amniote, Mammifère, Primate, Hominoïde.

En tant qu'**Eucaryote**, toutes ses cellules ont une enveloppe nucléaire séparant le compartiment nucléaire du compartiment cytoplasmique.

En tant qu'**Eucaryote Vertébré**, il possède un axe squelettique dorsal formé par une succession de vertèbres, prolongé vers l'avant par la boîte crânienne. Les centres nerveux, logés dans le crâne et la colonne vertébrale sont donc également en position dorsale.

En tant que **Vertébré Tétrapode**, il possède des membres pairs se terminant par des doigts.

En tant que **Tétrapode Amniote**, le développement de l'embryon s'effectue dans une poche emplie de liquide, limitée par une enveloppe, l'amnios.

En tant qu'**Amniote Mammifère**, il possède des poils et des mamelles sécrétant du lait.

En tant que **Placentaire Primate**, il possède des ongles à la place de griffes et un pouce opposable aux autres doigts.

En tant que **Primate Hominoïde**, il est pourvu d'un nez à la place d'une truffe, nez qui présente des narines ouvertes vers le bas et séparées par une fine cloison ; il est également caractérisé par l'absence de queue.

2 Les états dérivés de l'ancêtre commun propres à l'Homme et au Chimpanzé

- Les Chimpanzés sont occasionnellement bipèdes. Les Hommes sont totalement bipèdes. On peut donc penser que leur ancêtre commun incorporait la **bipédie** dans ses modes de déplacement et qu'il possédait donc une anatomie adaptée.

- Les Chimpanzés se servent tous d'outils de différentes sortes afin d'exploiter des ressources présentes dans leur environnement. En choisissant l'outil adapté, ils prouvent qu'ils savent planifier l'ensemble des actions conduisant au but visé (casser des noix, extraire des termites de leur nid, etc.). **La capacité de se servir d'outils**, caractère dérivé possédé par l'Homme et le Chimpanzé, devait faire partie du répertoire comportemental de leur ancêtre commun.

- Puisque les groupes de Chimpanzés différents ont des répertoires comportementaux différents, la capacité à **transmettre une culture**, comme chez l'Homme, devait être possédée par l'ancêtre commun.
- L'expérience du miroir montre que les Chimpanzés comprennent que l'image renvoyée par le miroir est la leur : **la conscience de soi**, apanage des Chimpanzés et des Hommes, devait être un caractère de l'ancêtre commun.
- Toutes ses capacités comportementales reposent sur une base génétique en relation avec la construction du cerveau, et c'est ce **support génétique**, encore non élucidé, qui a été transmis aux Chimpanzés et aux Hommes actuels.

II Les caractères dérivés propres à la lignée humaine

Le terme d'**Homininé** désigne tous les organismes qui, à partir du dernier ancêtre commun à l'Homme et au Chimpanzé, font partie de la **lignée humaine**. Un homininé doit posséder au moins un état dérivé propre à l'Homme : il est donc plus étroitement apparenté à l'Homme qu'au Chimpanzé. Il ne reste plus aujourd'hui qu'une espèce d'Homininés : l'espèce humaine.

1 Comparaison du squelette de l'Homme et du Chimpanzé

Cette comparaison permet de dégager les états dérivés spécifiques de la lignée humaine *(document 2)*. Ce faisant, on admet que tout état présent chez l'Homme actuel et absent chez le Chimpanzé est un état dérivé.

a. États dérivés en rapport avec une bipédie exclusive et perfectionnée

L'Homme présente :
- une colonne vertébrale à quatre courbures (*document 2*) ;
- un bassin large et court (*documents 2 et 3*) ;
- des membres inférieurs plus longs que les membres supérieurs ;
- un fémur oblique depuis la hanche jusqu'au genou (*document 3*), de sorte que le pied se trouve au-dessous du centre de gravité du corps durant l'avancée de la jambe (*document 4*) ; l'orientation des cavités où s'encastrent les cols des fémurs dans le bassin permet un angle de 100 à 130 degrés entre le col et le corps du fémur ;
- un gros orteil parallèle aux autres doigts ;
- un trou occipital sous le crâne, en position avancée (*document 5*).

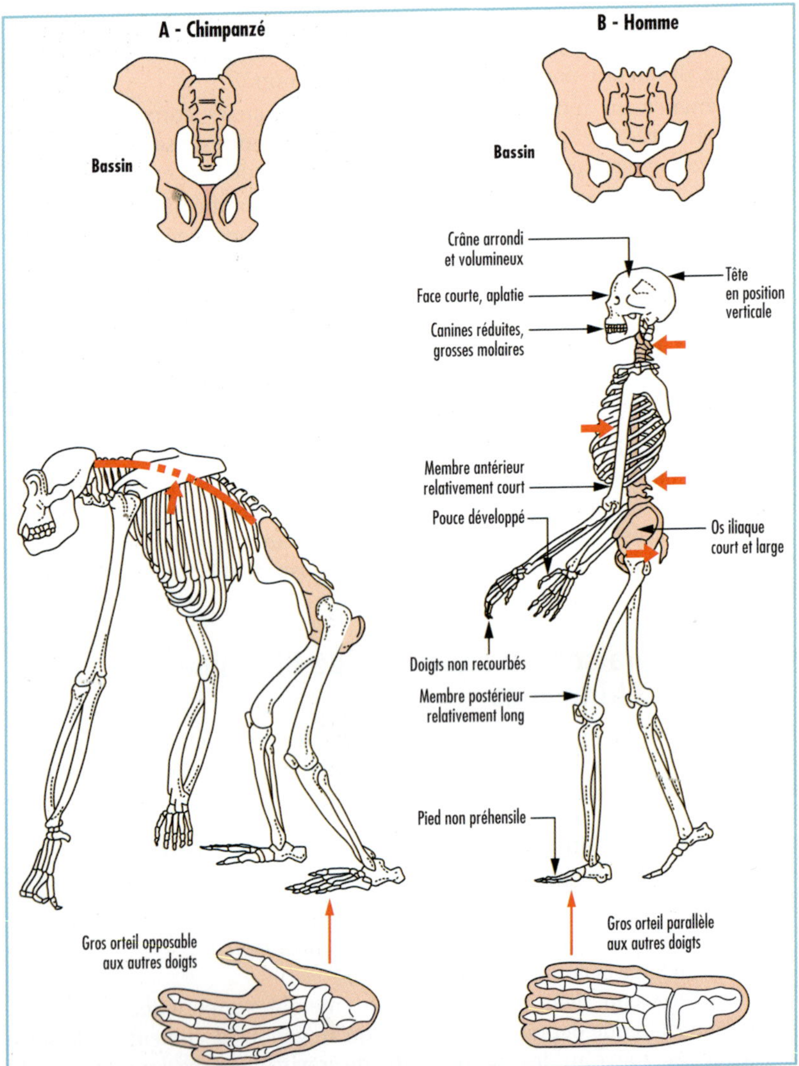

Doc. 2 – Caractéristiques principales du squelette humain permettant de le distinguer de celui du Chimpanzé. *Noter en particulier la colonne vertébrale à quatre courbures, le membre antérieur relativement court par rapport au membre inférieur, le pied non préhensile. Le grand Singe, à gauche, est adapté à une forme de quadrupédie appelée « marche sur les phalanges » qui n'est observée que chez le Chimpanzé et le Gorille.*

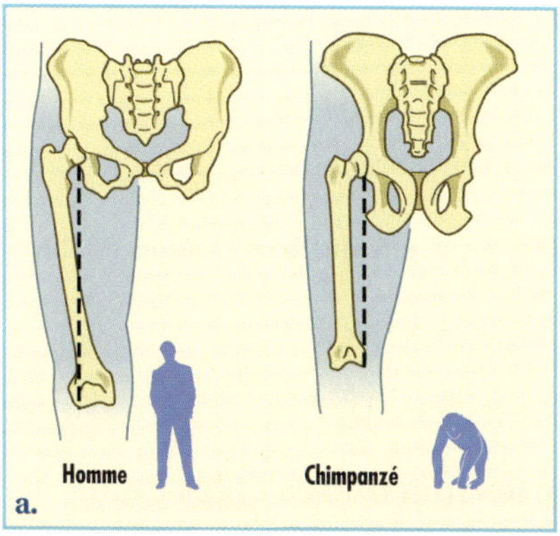

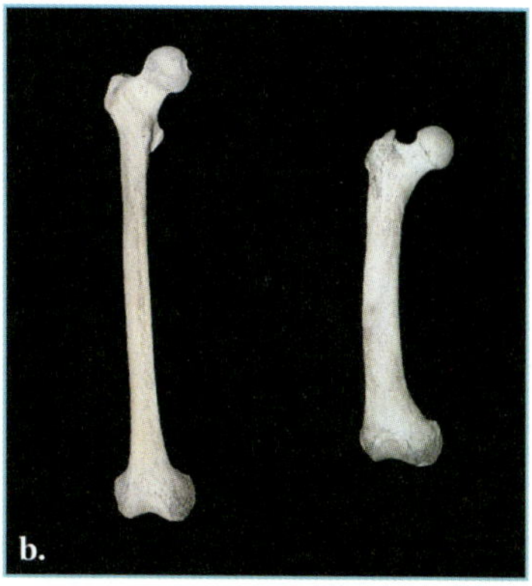

Doc. 3 – Pièces squelettiques d'Hominidés.
a. *Bassin d'Homme et de Gorille.* **b.** *Fémur d'Homme et de Gorille.*

Doc. 4 – Place du pied pendant la marche.
a. *Chez l'Homme.*
b. *Chez le Chimpanzé.*

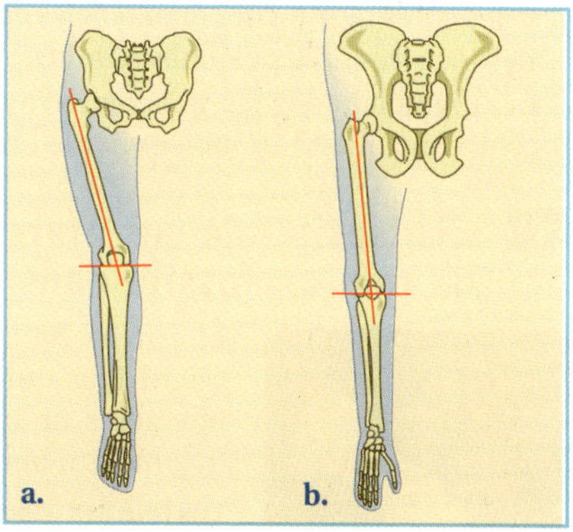

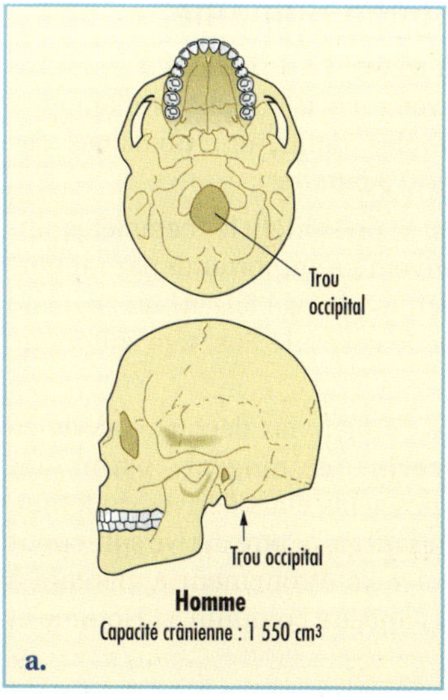

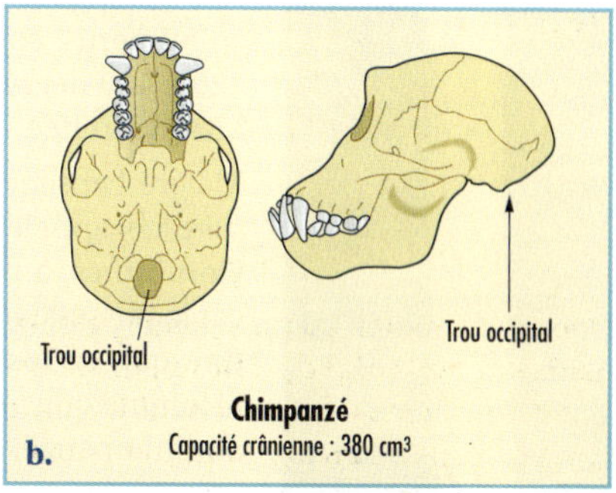

Doc. 5 – Crânes d'Homme (a) et de Chimpanzé (b).

b. États dérivés en rapport avec le développement considérable de l'encéphale

L'Homme présente (*document 5*) :

- une grande capacité crânienne (1 400 cm^3 en moyenne contre 320 à 480 chez le Chimpanzé) ;
- une face réduite, ne faisant pas saillie en avant du front, lequel est bien apparent ;
- une mâchoire raccourcie ;
- un menton ;
- une région occipitale arrondie.

c. États dérivés en rapport avec les mâchoires et les dents

L'Homme présente :

- une mâchoire inférieure en V au niveau de l'arcade dentaire (région qui porte les dents), s'élargissant vers le fond de la bouche (elle a la forme d'un U, avec les côtés rapprochés et parallèles chez le Chimpanzé) ;
- des incisives et des canines réduites ;
- des prémolaires et des molaires recouvertes d'une épaisse couche d'émail (la couche d'émail est très mince chez le Chimpanzé).

2 Utilisation de ces états dérivés pour situer ou non un fossile dans la lignée humaine

Doc. 6 – Fémur d'Orrorin.

En janvier 2001, on a trouvé 13 os fossiles d'au moins 5 individus qui ont vécu il y a 6 millions d'années : fragments de mandibules, dents, une phalange, des fragments d'humérus et 3 fémurs.

Les fémurs (*document 6*) présentent les caractères suivants : longueur relativement importante par rapport à l'humérus, col du fémur allongé faisant un angle de 120 à 130 degrés avec le corps de l'os, tête sphérique bien délimitée.

Malgré l'absence d'os crânien, les découvreurs de ce fossile appelé **Orrorin** le rangent parmi les **Homininés**, à partir des seuls états dérivés du fémur, car la possession d'**un seul caractère** dérivé suffit pour dire que ce fossile est plus étroitement apparenté à l'Homme que ne l'est l'ancêtre commun à l'Homme et au Chimpanzé.

III L'histoire de la lignée humaine

Depuis la fin du XIXe siècle et surtout durant la seconde moitié du XXe siècle, de nombreux fossiles considérés comme appartenant à la lignée humaine ont été découverts. Ce sont des fragments de crânes, de mâchoires, de membres, de dents, très rarement des squelettes complets. La tendance est de donner un nom à chaque fossile trouvé en un lieu donné : ***Australopithecus afarensis***, ***Australopithecus anamensis***, ***Australopithecus robustus***, etc. ; ***Homo habilis***, ***Homo erectus***, etc. La tendance est également de reconstituer un organisme complet à partir des fragments osseux récoltés. Il en découle beaucoup d'incertitudes et d'opinions contradictoires. Néanmoins, dans le monde des Homininés fossiles, on peut reconnaître deux grands ensembles : celui des **Australopithèques** (sans doute hétérogène) et celui des ***Homo***.

1 Les Australopithèques

Ils sont uniquement africains (Éthiopie, Afrique de l'Est, Afrique du Sud… et une mâchoire trouvée au Tchad).

Les plus anciens (*A. ramidus, A. anamensis*) datent de – **4,5 millions d'années** (– 6 millions Ma, si on range Orrorin parmi les Australopithèques) ; les plus récents, les Australopithèques robustes d'Afrique du Sud, ont vécu jusqu'à **– 1 million d'années**.

Le spécimen le plus complet est celui de Lucy, un *Australopithecus afarensis* daté de – 3 millions d'années, qui permet de dégager les caractéristiques générales du groupe.

a. La bipédie

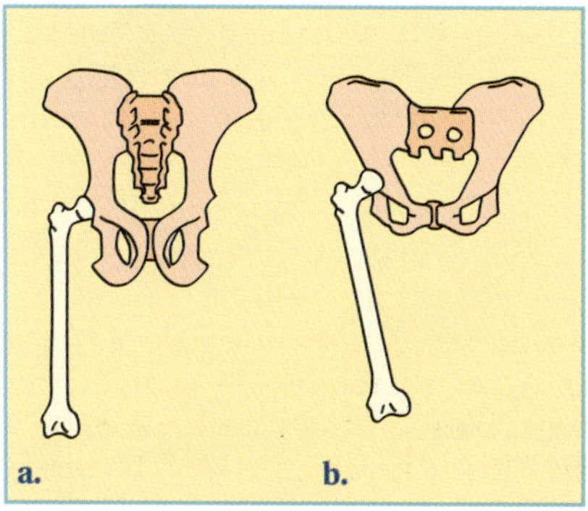

Doc. 7 – Bassin et fémur de Chimpanzé (a) et de Lucy (b).

Lucy possède des caractères dérivés témoignant d'une **bipédie** beaucoup mieux réalisée que chez les Chimpanzés :

- trou occipital situé sous le crâne ;
- bassin (*document 7*) court, large, évasé ;
- fémur au col allongé disposé obliquement de la hanche au genou.

Néanmoins, les membres antérieurs longs avec des phalanges courbes et certaines caractéristiques du pied (gros orteil en position écartée) indiquent, pour ce qui concerne la locomotion, la **persistance** de la possibilité de grimper et de celle de se suspendre aux branches.

La bipédie des derniers Australopithèques (***A. robustus***) semble plus affirmée, voire quasi exclusive.

La confirmation de la bipédie des Australopithèques est apportée par des traces de pas découverts à Laetoli, en Tanzanie, et datées de – 3,8 millions d'années.

b. Le crâne

Les Australopithèques présentent des caractères dérivés nettement moins accusés : la **capacité crânienne** de Lucy de **350 à 400 cm^3** est de l'ordre de celle du Chimpanzé. Toutefois, les Australopithèques robustes de – 2 à – 1 million d'années ont une capacité comprise entre **500 et 600 cm^3**, supérieure à celle de Lucy de 25 % environ.

c. Les dents

Elles montrent une spécialisation qui atteint son maximum avec les A. robustes : incisives et canines relativement peu développées, prémolaires et molaires larges. **L'arcade dentaire** a une forme intermédiaire entre celle de l'Homme actuel et celle du Chimpanzé (*document 8*). Les A. robustes ont des mandibules massives (robustes) avec des prémolaires et des molaires énormes recouvertes d'une épaisse couche d'émail. Ces dents constituent de puissantes meules à broyer la nourriture et sont adaptées à une alimentation constituée de végétaux coriaces. Ces caractéristiques des molaires sont des états dérivés de la lignée des Australopithèques robustes.

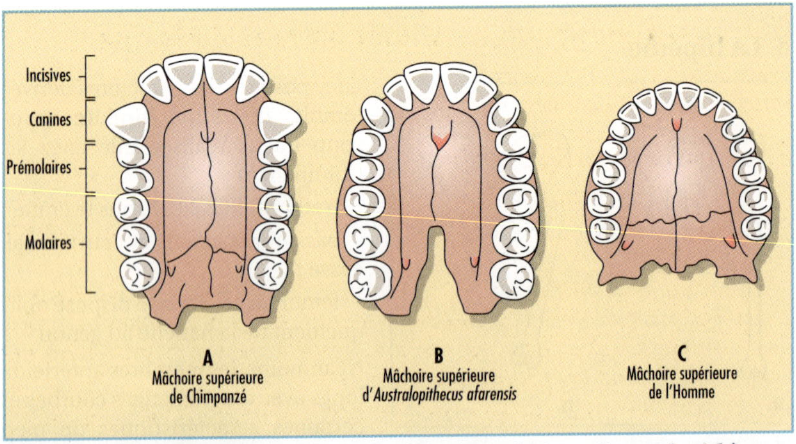

Doc. 8 – Mâchoire supérieure de Chimpanzé (A), de Lucy (Australopithèque des Afars) (B) et d'Homme (C).

2 Les premiers *Homo* : *Homo habilis*

■ Les fragments d'os crâniens, de mandibules et de membres trouvés uniquement en Afrique de l'Est sont datés de – 2,5 à – 1,5 million d'années.

Ils doivent leur appartenance au genre *Homo* à une capacité crânienne comprise entre 600 et 700 cm^3, pour une taille équivalente à celle des Australopithèques (1,10 à 1,40 m).

■ Par rapport aux australopithèques, la **face est réduite**, de même que l'appareil masticateur avec des **prémolaires et des molaires plus étroites** (mais cependant plus grosses que chez l'Homme actuel).

■ Les os du pied indiquent une **bipédie plus affirmée** que chez les Australopithèques mais encore différente de celle des Hommes modernes. Les sites où on a trouvé des restes d'*Homo habilis* renferment des **outils rudimentaires**, des **galets aménagés** (*document 9*) qui lui sont souvent attribués. En fait, ces sites renferment aussi des ossements d'Australopithèques robustes ; depuis la découverte des capacités des Chimpanzés à concevoir des outils, rien n'interdit de penser que les Australopithèques aient été capables de réaliser ces galets aménagés.

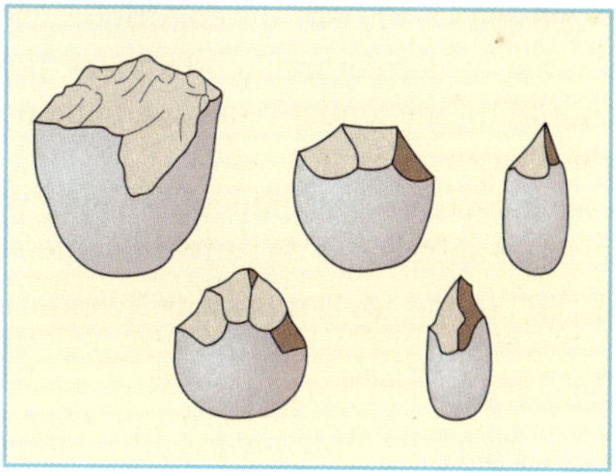

Doc. 9 – Galets aménagés.

3 *Homo erectus* et la migration hors d'Afrique

Avant la disparition des *Homo habilis*, une nouvelle espèce d'*Homo* est apparue vers – 1,8 million d'années en Afrique, celle des *Homo erectus*.

a. Les caractères du squelette

Le fossile le plus complet, daté de – 1,6 million d'années, est celui d'un adolescent de 1,60 mètre qui donne une idée des caractères majeurs des premiers représentants de cette espèce :

– une capacité crânienne de 800 cm^3, un crâne aplati et anguleux dans sa région occipitale, des mâchoires et des dents fortes mais plus petites que celles des Australopithèques, une face au front bas et fuyant se caractérisant par l'existence d'un fort bourrelet supra-orbitaire ;

– un squelette du tronc et des membres indiquant une bipédie comparable à la nôtre.

b. Les migrations

La maîtrise de la marche bipède a contribué à leur capacité de migration et ainsi à leur dispersion hors du continent africain :

- on en trouve en Asie dès – 1,5 million d'années (Ma) ;
- en Europe, plus tardivement (– 700 000 ans)… et des outils datés de – 1 Ma !

On peut considérer que trois grandes populations d'*Homo erectus* se partagent la Terre il y a 800 000 ans : l'une est installée en Afrique, l'autre en Asie et une troisième en Europe. Mais les Hommes qui les composent ont tous la même origine africaine.

c. L'évolution

■ Des restes fossiles d'*Homo erectus* sont encore recueillis sur des sites datés de – 200 000 à – 150 000 ans en Afrique, en Europe et en Asie.

Durant ce dernier million d'années, partout dans le monde, les *Homo erectus* montrent une tendance à l'augmentation du volume crânien et à la réduction de la face.

Des caractères spécifiques à chaque population se développent, en relation avec les spécificités de l'environnement.

■ En Europe, les **Hommes de Néandertal**, datés de – 120 000 ans à – 30 000 ans proviennent de l'évolution d'*Homo erectus* ayant colonisé le continent européen il y a – 700 000 ans.

Leur capacité crânienne est égale sinon supérieure à celle de l'*Homo sapiens*, mais leur morphologie crânienne les distingue nettement de ces derniers : voûte crânienne plus large, moins bombée, s'allongeant en chignon vers l'arrière, front encore fuyant, bourrelet supra-orbitaire net, mâchoire massive sans menton.

■ L'évolution des *Homo erectus* s'accompagne de la maîtrise du feu (– 500 000 ans) et de la réalisation d'outils de plus en plus perfectionnés : bifaces en forme d'amande (*document 10*), pointes, hachereaux.

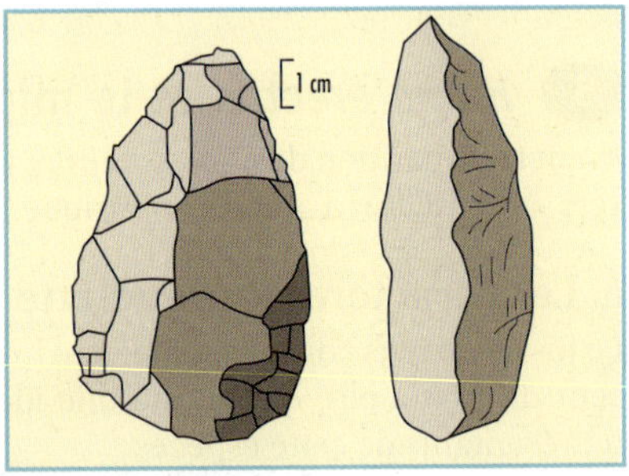

Doc. 10 – Bifaces.

4 Les Hommes modernes

a. Historique et découvertes

Les plus anciens *Homo sapiens*, au squelette allégé par rapport à *Homo erectus*, au crâne rond, bombé, sans bourrelet sus-orbitaire, à la face réduite, au menton bien marqué, ont été trouvés au Moyen-Orient. Ils sont datés de – 100 000 ans.

Des fragments de squelettes d'Hommes modernes ont été trouvés en Afrique de l'Est et du Sud.

Les premiers Hommes modernes européens (**Hommes de Cro-Magnon**) sont connus à partir de – 40 000 ans.

Le continent australien est conquis à partir de – 60 000 ans et l'Amérique vers – 15 000 ans environ.

En Asie, il existe actuellement très peu de données sur les premiers Hommes modernes.

b. Un scénario possible

■ Le cas de l'Europe illustre bien le **scénario généralement admis** pour expliquer l'origine des Hommes modernes. Les différences très nettes entre le squelette de l'Homme de Néandertal et celui des premiers Hommes de Cro-Magnon indiquent que ces derniers ne peuvent pas provenir des Néandertaliens. Les premiers *Homo sapiens* européens sont originaires d'ailleurs. Les *Homo sapiens* du Proche-Orient et d'Afrique sont beaucoup plus vieux (– 100 000 ans).

Selon ce scénario, *Homo sapiens* serait apparu dans une **population unique, africaine**, entre – 200 000 et – 100 000 ans. Des représentants de cette population auraient migré dans le reste du monde, cohabité un certain temps, avec les *Homo* déjà présents (les néandertaliens en Europe) et, finalement, auraient seuls survécus.

Rien n'interdit toutefois de penser que des métissages étaient possibles entre migrants et populations d'*Homo* déjà sur place.

■ **La grande homogénéité génétique** des populations humaines actuelles, notamment le fait qu'il n'y ait pas d'allèles spécifiques de telle ou telle population, s'accorde bien avec ce scénario : tout le *pool* génétique de l'espèce est issu d'une population initiale d'une trentaine de milliers de personnes. Les populations diffèrent uniquement par la fréquence des allèles des gènes.

À l'échelle de la planète, les différences génétiques entre populations dépendent de leur éloignement géographique : plus ces populations vivent à proximité l'une de l'autre, moins leurs différences génétiques sont marquées. Ces données correspondent à ce que les généticiens s'attendaient à obtenir si les populations humaines s'étaient différenciées progressivement au cours de leurs migrations à partir d'une **population ancestrale unique**, en échangeant d'autant plus d'allèles qu'elles étaient voisines (*document 11*).

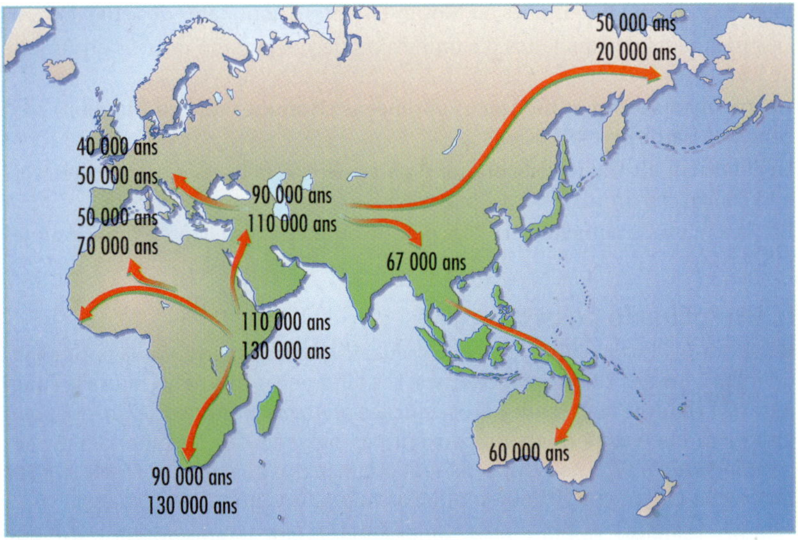

Doc. 11 – Un scénario possible de l'origine de l'Homme moderne.

IV Bilan : l'histoire des Homininés, une évolution buissonnante

■ Il n'existe plus aujourd'hui qu'**une seule espèce d'Homininés**, ***Homo sapiens***. Ce n'est pas pour cela qu'il faut concevoir l'histoire de la lignée des homininés comme linéaire, conduisant inexorablement à *Homo sapiens* à travers des perfectionnements successifs.

■ En réalité, plusieurs espèces d'Australopithèques ont vécu en même temps : *Homo habilis* a été pendant un certain temps contemporain d'*Homo erectus* ; ces derniers et les Australopithèques robustes ont cohabité en Afrique jusqu'à – 1 million d'années ; les *Homo sapiens* ont cohabité quelque temps avec les Néandertaliens.

■ De plus, en particulier chez les Australopithèques, mais également chez les *Homo habilis*, l'évolution des différents caractères ne s'est pas faite de façon linéaire, régulière : bipédie assez affirmée mais caractères crâniens ancestraux, bipédie moins marquée mais avec une réduction de la face plus nette. Cela témoigne d'une **évolution buissonnante**, en mosaïque dans la lignée humaine ; **les relations de parenté entre les diverses espèces fossiles sont extrêmement difficiles à établir et sont sans cesse remises en question en fonction des nouvelles découvertes.**

L'ancêtre commun à l'Homme et au Chimpanzé n'est pas un Chimpanzé !

Certes, on ne connaît aucun fossile qui soit indiscutablement dans la lignée des Chimpanzés, c'est-à-dire qui possède des caractères dérivés propres aux Chimpanzés. Il n'y a cependant aucune raison de penser qu'il n'y ait pas eu d'évolution dans la lignée des Chimpanzés à partir de l'ancêtre commun avec l'Homme. Les innovations génétiques dans cette lignée ont pu, bien sûr, avoir moins de conséquences morphologiques et anatomiques que dans la lignée des Homininés. Globalement, le Chimpanzé ressemble peut-être davantage à l'ancêtre commun que l'Homme. Néanmoins, rien n'interdit de penser que la bipédie de cet ancêtre était plus affirmée que celle du Chimpanzé, ou que la quadrupédie avec marche sur les phalanges ait été acquise dans la lignée des Chimpanzés.

L'évolution humaine

■ Il ne faut pas concevoir l'évolution dans la lignée humaine comme un processus unidirectionnel menant inexorablement à *Homo sapiens* avec passage par des chaînons intermédiaires. L'évolution dans la lignée humaine est semblable à celle des autres lignées, c'est-à-dire buissonnante, marquée par des radiations aboutissant à la genèse de multiples espèces, avec des extinctions…

■ Il faut dissocier cette évolution des Homininés de toute notion de progrès et de supériorité… Il suffit de songer que toutes les espèces d'Homininés ont disparu sauf la nôtre, qui est apparue il y a très peu de temps alors que les Catarrhiniens non hominoïdes comme les Babouins et les Macaques comprennent de nombreuses espèces loin d'être sur le déclin.

Pour décrire l'histoire des Homininés

L'histoire des Homininés est obligatoirement assez descriptive. Pour la présenter de façon pertinente, entraînez-vous :

- **à montrer** qu'elle s'insère dans une histoire, celle des Primates Hominidés, en dégageant les caractères de l'ancêtre commun à l'Homme et au Chimpanzé ;
- **à exposer** de façon concise les caractères dérivés propres aux Homininés ;
- **à décrire** les espèces fossiles par rapport à l'acquisition ou non de ces caractères dérivés ;
- **à situer** chronologiquement et géographiquement les différents types au programme : *Australopithecus afarensis, Australopithecus robustus, Homo habilis, Homo erectus, Homo neanderthalensis, Homo sapiens ;*
- **à mémoriser** les différences entre les diverses espèces prises deux à deux.

Vérifier ses connaissances

Dans les exercices 1 à 4, relevez les affirmations inexactes et corrigez-les.

1 Les *Homo habilis*...

a. sont rangés dans le genre *Homo* à cause de leur bipédie exclusive.
b. ont cohabité avec les premiers Australopithèques.
c. ont cohabité avec les *Homo erectus* asiatiques.
d. ont pu être à l'origine des galets aménagés. ▸ corrigé p. 46

2 Les *Homo erectus* sont des homininés...

a. dont le squelette du tronc et des membres étaient proches de celui de l'Homme moderne.
b. dont l'origine est africaine.
c. qui ont cohabité pendant quelques centaines de milliers d'années avec les Australopithèques robustes en Afrique.
d. dont la capacité crânienne est restée jusqu'à leur disparition inférieure à 1 000 cm^3.
e. qui sont les premiers habitants de l'Amérique. ▸ corrigé p. 46

3 L'*Australopithecus afarensis* (Lucy)...

a. possède des caractères dérivés propres à la lignée humaine en ce qui concerne le bassin.
b. a un trou occipital situé comme celui du Chimpanzé.
c. a une capacité crânienne proche de celle du Chimpanzé.
d. est un bipède exclusif.
e. a vécu entre – 1 million d'années et – 500 000 ans. ▸ corrigé p. 46

4 *Homo sapiens*...

a. est plus proche parent de *Homo erectus* que de *Homo habilis*.
b. a une capacité crânienne très supérieure à celle des Hommes de Néandertal.
c. est une espèce dont les premiers représentants sont datés de – 1,5 million d'années.
d. est une espèce dont les populations n'ont pas d'allèle qui leur soit propre, exclusif. ▸ corrigé p. 46

S'entraîner

5 L'Homme possède 46 chromosomes, le Chimpanzé, le Gorille et l'Orang-outan 48. Le *document A* présente le chromosome 2 de l'Homme (H), les chromosomes 2 et 2 *bis* du Chimpanzé (C), du Gorille (G) et de l'Orang-outan (O).

À l'aide du *document A*, indiquez les aspects possibles de l'ancêtre commun à l'Homme et au Chimpanzé en vous limitant au seul caractère mentionné. ▸ corrigé p. 46

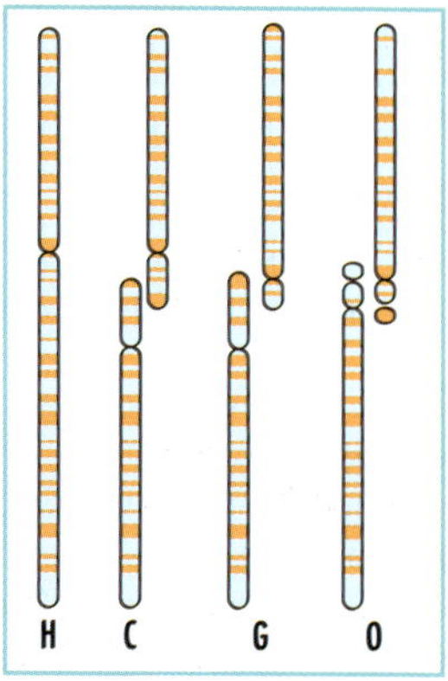

Doc. A

6 **À partir des caractéristiques du bassin schématisées par les *documents B1* et *B2*, indiquez si ce fossile possédant ce bassin peut appartenir à la lignée des Homininés.** ▸ corrigé p. 46

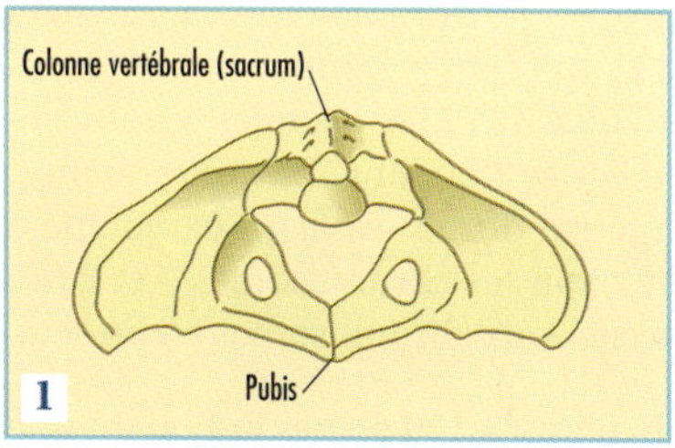

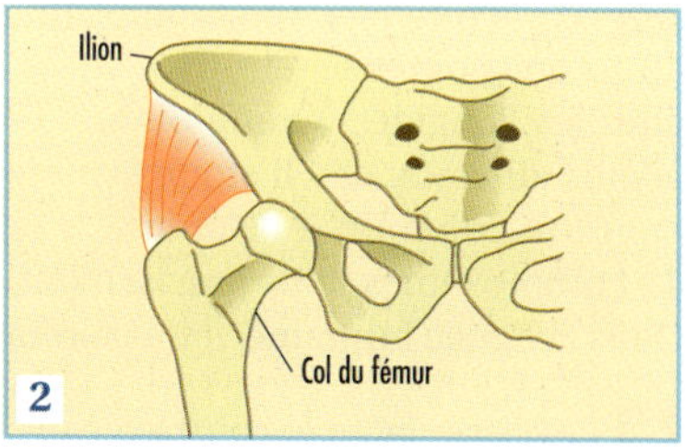

Doc. B – Schéma du bassin d'un fossile. 1. *Vue supérieure.* **2.** *Vue antérieure-face.*

7 En 1912, un anthropologue amateur, Charles Dawson, et un préhistorien anglais célèbre, Arthur Smith Woodward, annoncent à la communauté scientifique la découverte dans le Sussex du crâne d'un Homininé fossile : « l'Homme de Piltdown ». Ce crâne présente les caractéristiques suivantes : volume important, sphérique, à face aplatie, sans bourrelet sus-orbitaire ; le trou occipital est en position avancée ; la mâchoire est robuste, en forme de U, à dents fortes.

Quelles sont les caractères de cet Homme de Piltdown révélant une supercherie ? ▸ corrigé p. 46

1 a. Le critère essentiel d'appartenance au genre *Homo* est le volume de la boîte crânienne.
b. Les *Homo habilis* ont cohabité avec les Australopithèques mais pas avec les premiers qui sont beaucoup plus anciens (– 4,5 Ma au lieu de 2,5 Ma).
c. Les *Homo habilis* sont limités à l'Afrique ; c'est *Homo erectus* qui a colonisé le monde à partir de l'Afrique.

2 d. La capacité des *Homo erectus* les plus récents a dépassé 1 000 cm^3.
e. Les *Homo erectus* n'ont pas été en Amérique. Ce sont les *Homo sapiens* qui ont pénétré pour la première fois en Amérique.

3 b. Le trou occipital de Lucy est situé vers l'avant par rapport à celui du Chimpanzé.
d. Lucy est bipède mais certains caractères de son squelette sont encore en rapport avec l'acte de grimper aux arbres.
e. Lucy est datée de – 3,8 millions d'années et surtout, les Australopithèques disparaissent avant – 1 million d'années.

4 b. Leur capacité crânienne est égale, voire inférieure, à celle de l'Homme de Néandertal.
c. Date d'apparition des *Homo sapiens* : – 200 000 à – 100 000 ans.

5 Le caryotype à 46 chromosomes est propre à l'Homme et le caryotype à 48 chromosomes se retrouve chez les autres Hominidés (Chimpanzé, Gorille) et chez les Pongidés (Orang-outan). Le caryotype à 46 chromosomes a donc été acquis au cours de l'histoire évolutive de la lignée humaine. En conséquence, l'ancêtre commun à l'Homme et au Chimpanzé devait avoir un caryotype à 48 chromosomes. Plus précisément il devait avoir les chromosomes 2 et 2 *bis*. Dans la lignée humaine, il y a eu réunion de ces deux chromosomes en un seul.

6 Le bassin large et court avec un angle du fémur à 120 degrés indiquant une adaptation à la bipédie peut appartenir à un Homininé.

7 La mâchoire en forme de U caractéristique des Hominidés autres que l'Homme est incompatible avec une boîte crânienne développée, une face aplatie sans bourrelets orbitaires : il s'agit d'un crâne reconstruit.

➲ Il aura fallu attendre près de quarante ans pour que la supercherie soit découverte.

3 Stabilité de l'espèce et unicité de l'individu

POUR COMMENCER

► À l'origine de tout métazoaire, existe un œuf qui résulte de l'union de deux gamètes au moment de la fécondation. Chaque gamète possède *n* chromosomes, et l'œuf 2*n* chromosomes, soit *n* paires de chromosomes homologues.

► Toutes les cellules issues de l'œuf par mitoses ont le même caryotype et les mêmes molécules d'ADN.

► La permanence de l'information génétique dans toutes les cellules de l'organisme résulte des mécanismes du cycle cellulaire : réplication de l'ADN durant la phase S de l'interphase associée à la duplication des chromosomes, individualisation des chromosomes à la prophase de la mitose, disposition des chromosomes à l'équateur de la cellule à la métaphase et séparation des chromatides de chaque chromosome à l'anaphase.

► Les cellules mères des gamètes contenues dans les glandes génitales possèdent 2*n* chromosomes. Elles subissent la méiose qui donne naissance à des cellules à *n* chromosomes, à la suite de la séparation des chromosomes homologues.

► Les individus issus d'un même couple sont génétiquement différents. La reproduction sexuée entraîne la diversité du fait qu'au sein d'une population d'une espèce, il existe, le plus souvent, plusieurs allèles d'un gène. Dans les populations naturelles, chaque individu est hétérozygote pour de nombreux gènes.

I La stabilité de l'espèce : le maintien du caryotype

■ La stabilité de l'espèce est marquée par le maintien du caryotype au cours des générations successives ; elle est assurée par la reproduction sexuée, dont les modalités sont variables mais qui comprend toujours deux phénomènes fondamentaux et indissociables : **la méiose et la fécondation**.

■ Une **méiose** est un ensemble de deux divisions successives et inséparables (*document 1*) qui, à partir d'une cellule diploïde ($2n$ chromosomes), donne naissance à quatre cellules haploïdes à n chromosomes (un de chaque paire d'homologues). Seule la première division est précédée d'une réplication de l'ADN et de la duplication des chromosomes.

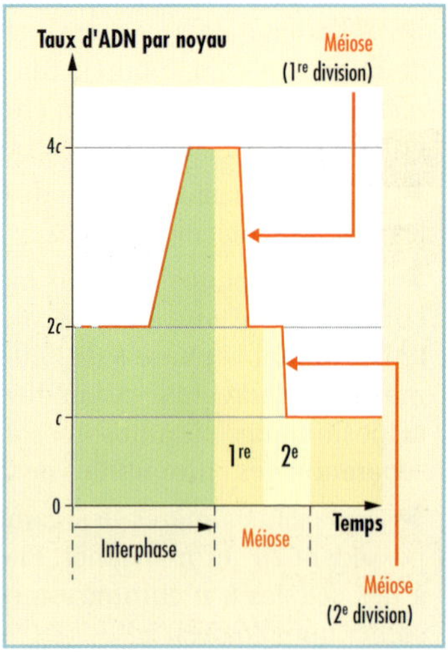

Doc. 1 – Taux d'ADN et méiose d'une cellule.

■ La **fécondation**, caractérisée par l'union des noyau de cellules reproductrices (gamètes), aboutit à la formation d'une cellule œuf, cellule diploïde à 2n chromosomes. Cette cellule œuf possède donc n paires de chromosomes homologues ; dans chaque paire, l'un est d'origine maternelle, l'autre d'origine paternelle.

■ Chez les Métazoaires (Insectes, Mammifères, etc.) les cellules issues de la méiose sont des gamètes qui ne subissent aucune mitose à l'état haploïde. L'œuf, par contre, subit des mitoses qui donnent naissance au nouvel individu.

Chez les Champignons comme *Sordaria* ou *Neurospora*, c'est la cellule-œuf qui subit la méiose. Les quatre cellules issues de la méiose subissent une mitose et les cellules obtenues sont des spores qui subissent de nombreuses mitoses pour donner les filaments qui constituent le champignon.

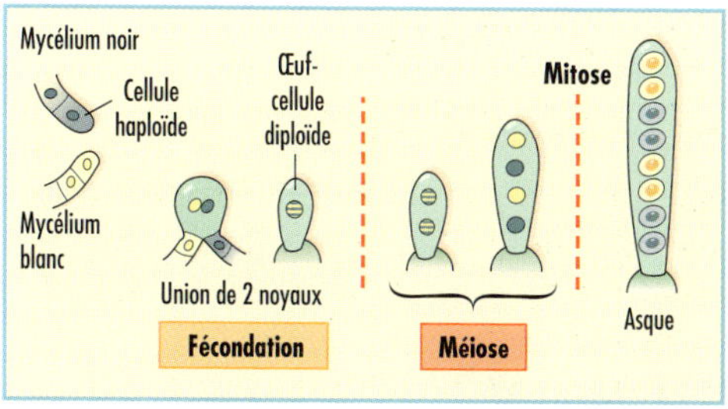

Doc. 2 – La fécondation et la méiose chez *Sordaria*. *Lors de la fécondation, deux noyaux haploïdes se réunissent pour donner le noyau de l'œuf ou zygote ou asque jeune. Ce noyau diploïde subit la méiose puis une mitose pour donner les huit noyaux des huit spores (ascospores) contenues dans un asque.*

II Les caractéristiques de la méiose

1 La première division de la méiose

■ Ses caractéristiques permettent de comprendre comment on aboutit à 2 cellules à *n* chromosomes ayant cependant un taux d'ADN de 2*c* (*document 1*).

■ La première division de la méiose (*document 3*) est précédée de la duplication des chromosomes, puis, durant la prophase, elle se marque par l'**appariement des chromosomes homologues.**

À la métaphase, ces paires de chromosomes homologues se placent sur la même fibre du fuseau de division, et à l'anaphase, les chromosomes homologues, toujours formés de deux chromatides, migrent vers les pôles opposés de la cellule : en fin de première division de méiose, **les deux cellules filles obtenues renferment *n* chromosomes, formés chacun de deux chromatides**, d'où le taux d'ADN de 2*c*.

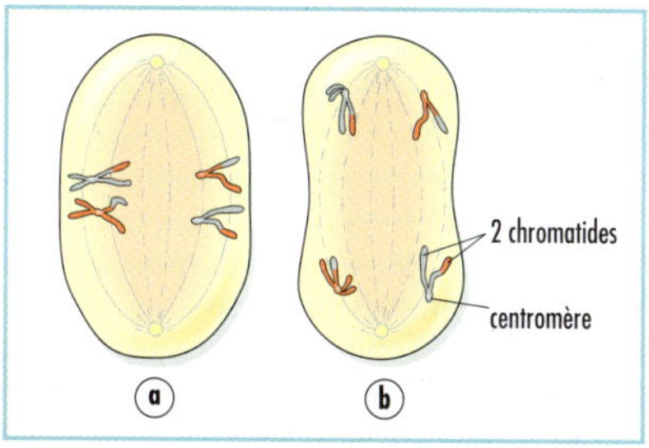

Doc. 3 – Métaphase (a) et anaphase (b) d'une première division de méiose. *Ce sont des chromosomes homologues formés de deux chromatides qui migrent vers les pôles du fuseau.*

2 La deuxième division de la méiose

■ Ses caractéristiques rendent compte de la formation de deux cellules à *n* chromosomes possédant un taux d'ADN de *c* à partir d'une cellule à *n* chromosomes possédant un taux d'ADN de 2*c*.

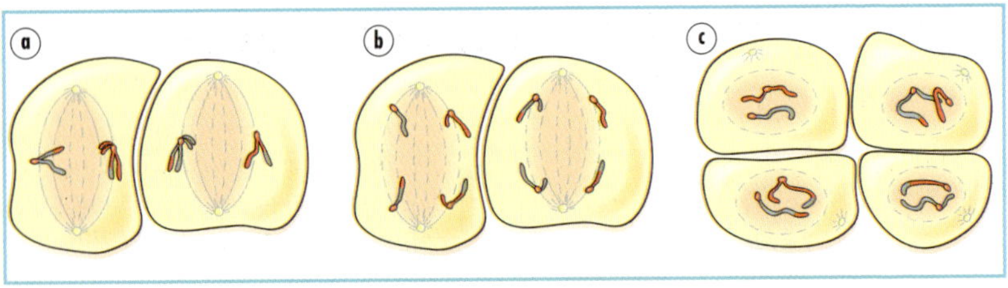

Doc. 4 – Deuxième division de méiose. a. *Métaphase des deux cellules issues de la première division.* **b.** *Anaphase.* **c.** *Fin de télophase.*

■ La deuxième division de méiose (*document 4*) n'est pas précédée d'une duplication des chromosomes, ceux-ci étant déjà dédoublés. Les chromatides de chacun des *n* chromosomes, comme dans une mitose normale, se séparent : les cellules haploïdes issues de la méiose possèdent donc **un exemplaire de chacune des paires de chromosomes homologues formés d'une seule chromatide** (taux d'ADN = *c*).

3 La recombinaison intrachromosomique

■ Si le nombre, la forme et la taille des chromosomes sont conservés d'une génération à l'autre, ces chromosomes sont cependant remaniés au cours de la méiose à cause d'un phénomène qui intervient au moment de la prophase de la première division : la recombinaison intrachromosomique.

■ La prophase de la première division de la méiose est caractérisée par l'appariement des chromosomes. Toujours au cours de la prophase, les chromosomes d'une même paire tendent à se séparer sauf au niveau des **chiasmas**, dont la position et le nombre sont extraordinairement variables d'une méiose à l'autre. C'est au niveau des chiasmas que se produisent des échanges (*document 5*) de fragments entre deux chromatides de chromosomes homologues : **le brassage intrachromosomique**.

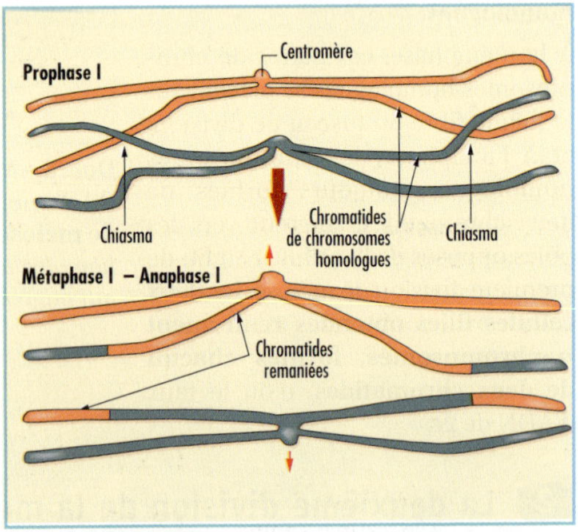

Doc. 5 – Appariement des chromosomes homologues, chiasmas et échanges de fragments entre chromatides non sœurs.

III Les conséquences génétiques de la méiose

Par suite du polymorphisme des gènes au sein de l'espèce, les chromosomes homologues d'un individu sont hétérozygotes : ils ont des allèles différents pour 5 à 10 % des quelques milliers de gènes dont ils sont le support.

1 Le brassage génique intrachromosomique

Des *crossing-over* se produisent à chaque méiose. La recombinaison génétique pour deux gènes A et B considérés ne se produit que si un *crossing-over* est localisé **entre** les loci de ces gènes (*document 6*). Les gamètes formés diffèrent génétiquement d'une méiose à l'autre puisque la position des *crossing-over* varie d'une méiose à l'autre *(document 7)*.

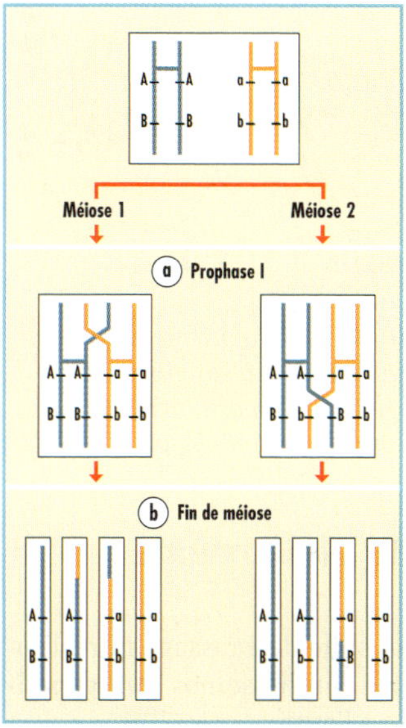

Doc. 6 – Brassage intrachromosomique et variabilité de la position du *crossing-over*. *Chaque case blanche représente une cellule.*

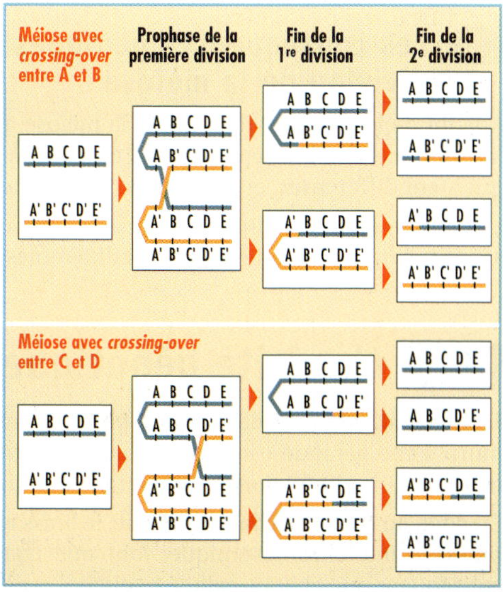

Doc. 7 – Brassage intrachromosomique et diversité des gamètes. *Chaque case blanche représente une cellule.*

2 Le brassage génique interchromosomique

Au cours de l'anaphase I, la séparation des chromosomes homologues d'une paire se fait tout à fait indépendamment de celle des chromosomes des autres paires (*document 8*). Ce comportement indépendant des paires de chromosomes conduit au **brassage interchromosomique**.

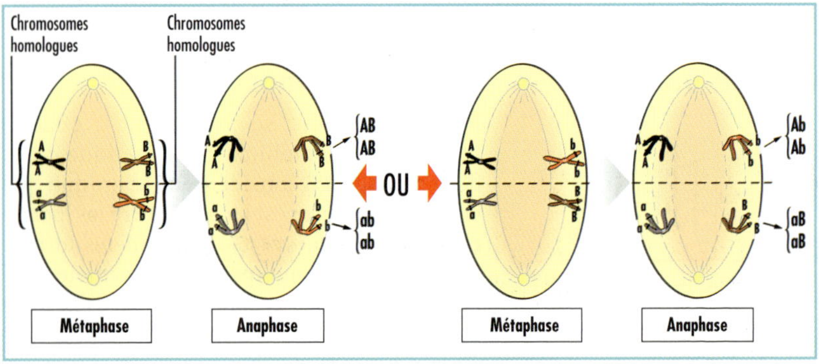

Doc. 8 – Le brassage génique interchromosomique. *Le comportement indépendant des paires de chromosomes à la métaphase I-anaphase I est à l'origine du brassage interchromosomique responsable d'un brassage génique (apparition de nouvelles associations d'allèles de gènes portés par des chromosomes non homologues).*

3 Les conséquences géniques de la deuxième division de la méiose

À la fin de la première division de la méiose, par suite du brassage intrachromosomique, les deux chromatides de chacun des chromosomes sont **génétiquement différentes**, et différentes d'une méiose à l'autre.

La deuxième division, marquée par la séparation des chromatides, donne naissance à des cellules génétiquement différentes.

IV L'unicité génétique de l'individu

■ Tout individu est hétérozygote pour un grand nombre de gènes. Ce polymorphisme génique est responsable, à travers la reproduction sexuée, de la naissance, de génération en génération, d'individus génétiquement différents.

En effet, **au cours de chaque méiose**, le brassage intrachromosomique suivi du brassage interchromosomique, font que chaque méiose est unique et par conséquent que chaque cellule haploïde, chaque gamète, possède un génome unique ; de plus, **la fécondation**, caractérisée par la rencontre au hasard des gamètes, amplifie considérablement le brassage génétique dû à la méiose.

■ Chaque organisme représente ainsi une association unique des allèles des gènes de l'espèce, n'ayant jamais existé auparavant et qui ne se reformera plus dans l'avenir.

Chaque individu est unique du point de vue génétique ce qui justifie l'expression « unicité de l'individu ».

Le génome d'un organisme est une construction unique et éphémère qui disparaît définitivement avec lui.

V Principes d'analyse génétique

1 Croisement de deux individus différant par un seul caractère

a. Objectifs

Déterminer si les souches croisées diffèrent, pour le caractère envisagé, par les allèles d'un ou plusieurs gènes.

b. Résultats fournis

Le phénotype des individus F1 provenant d'un croisement entre parents homozygotes.

Les phénotypes des individus issus du *test-cross* entre individus F1 et individus récessifs, donc homozygotes, pour le caractère considéré.

c. Démarche à suivre

■ **Faire l'hypothèse qu'un seul gène est en jeu.** Indiquer dans cette hypothèse, le génotype des parents homozygotes et des F1. Établir l'échiquier prévisionnel de croisement du *test-cross*.

■ Vous devez aboutir à une descendance du *test-cross* formée de deux phénotypes en quantités égales.

■ Confronter ce résultat théorique avec les données fournies relatives au *test-cross* :
– si les données fournies indiquent que le *test-cross* conduit à une descendance constituée de deux phénotypes en quantités égales (50 %, 50 %), alors **l'hypothèse est corroborée** et **un seul gène** est donc en jeu ;
– si les données fournies indiquent que le *test-cross* conduit à des phénotypes en quantités inégales, **l'hypothèse est infirmée** et donc **deux (ou plusieurs) gènes** sont impliqués dans l'établissement du caractère unique considéré.

2 Croisement de deux individus différant par deux caractères

a. Objectifs

On **admet** que pour chaque caractère la différence phénotypique est due à **un seul gène**. Le problème à résoudre est de savoir si les deux gènes sont **portés par le même chromosome ou par des chromosomes différents**.

b. Résultats fournis

Le phénotype des individus F1 provenant d'un croisement entre parents homozygotes pour les deux caractères considérés.

Les phénotypes des individus obtenus par *test-cross* entre individus F1 et individus doubles récessifs, donc homozygotes pour les gènes considérés.

c. Démarche à suivre

- Indiquer le génotype des parents et des F1 pour les deux caractères.
- Analyser les résultats du *test-cross* proposés afin d'établir les proportions des différents types de gamètes produits par les F1.

– Si les F1 ont produit **quatre** types de gamètes en **quantités égales**, alors les gènes sont **indépendants**, portés par des chromosomes différents ; expliquer la formation des quatre types de gamètes par le brassage interchromosomique (*document 8*).

– Dans le cas contraire, **quatre** types de gamètes en **quantités inégales**, alors les gènes sont **liés** ; expliquer alors les proportions obtenues par le brassage intrachromosomique (*document 6*).

3 Croisement de lignées pures de phénotype identique

Si la génération F1 obtenue par le croisement de parents de **souche pure** (homozygotes) de **même phénotype** présente un phénotype différent de celui des parents, cela signifie que les deux souches parentales diffèrent au moins par **deux gènes impliqués** dans la réalisation du phénotype.

Éviter la confusion entre chromosomes homologues et chromatides

Il faut être très rigoureux dans l'emploi de ces termes. Ainsi, le *crossing-over* durant la prophase I correspond à un échange entre chromatides homologues. Ce sont des chromosomes homologues formés toujours de deux chromatides qui se séparent à l'anaphase I et non des chromatides.

L'origine de la diversité génétique

Il ne faut pas attribuer à la méiose et à la fécondation l'origine de la diversité génétique des organismes. Cette diversité résulte en premier lieu du **polymorphisme** génique des populations. Chaque individu est **hétérozygote** pour de nombreux gènes, et la méiose et la fécondation travaillent sur cette hétérozygotie en amplifiant considérablement la diversité génétique des organismes. Un individu homozygote pour tous ses gènes ne produirait qu'un seul type de gamète.

Brassage intrachromosomique et brassage interchromosomique

■ Ces brassages ne sont pas exclusifs l'un de l'autre et ont lieu à chaque méiose. Le brassage intrachromosomique a lieu en premier (prophase I) puis intervient le brassage interchromosomique qui concerne donc des chromosomes déjà remaniés par le brassage intrachromosomique.

■ Il ne faut pas interpréter la présence, pour deux gènes impliqués, de gamètes recombinés comme la preuve d'un brassage interchromosomique. C'est la fréquence de ces gamètes qui importe : si elle est voisine de 50 %, alors seul le brassage interchromosomique est en jeu, les deux gènes sont indépendants. Si elle est nettement inférieure à 50 %, les deux gènes sont liés et c'est le brassage intrachromosomique qui est responsable des recombinaisons.

La deuxième division de la méiose

Il ne faut pas oublier qu'elle a les mêmes caractéristiques qu'une mitose mais qu'elle concerne une cellule haploïde dont les chromosomes sont formés de deux chromatides génétiquement différentes.

L'équation « un caractère = un gène » est fausse !

En effet, la majorité des caractères sont déterminés par plusieurs gènes. On peut vous proposer des cas où les individus ne diffèrent que par un seul gène pour le caractère considéré mais également des cas où ils diffèrent par deux ou plusieurs gènes pour ce caractère.

Vérifier ses connaissances

Dans les exercices 1 à 4, relevez les affirmations inexactes et corrigez-les.

1 À la fin de la première division de la méiose, chaque cellule…

a. a un taux d'ADN égal à celui d'une cellule somatique (non sexuelle) en phase G1.

b. possède exactement les mêmes molécules d'ADN que celles d'une cellule somatique en phase G1.

c. a des molécules d'ADN toutes différentes les unes des autres.

d. a des molécules d'ADN semblables deux à deux.

e. réplique son ADN pour préparer la deuxième division. ▸ corrigé p. 59

2 Au cours de la deuxième division de la méiose…

a. les chromosomes homologues se séparent.

b. les deux chromatides de chaque chromosome se séparent.

c. les deux cellules qui en résultent sont génétiquement différentes.

d. le taux d'ADN de chaque cellule fille est égal au quart de celui d'une cellule somatique en phase G1.

e. le taux d'ADN de chaque cellule fille est égal au quart de celui d'une cellule somatique en phase G2. ▸ corrigé p. 59

3 Au cours de la fécondation…

a. il y a fusion des chromosomes d'origine maternelle et d'origine paternelle.

b. les informations apportées par l'ovule et le spermatozoïde sont identiques.

c. les spermatozoïdes porteurs d'un chromosome X ont plus de chances de féconder un ovule que ceux qui sont porteurs d'un chromosome Y.

d. le sexe du nouvel individu est déterminé par les chromosomes sexuels apportés par l'ovule. ▸ corrigé p. 59

4 Au cours du cycle sexuel de tous les êtres vivants à reproduction sexuée…

a. il n'y a jamais de division dans les cellules haploïdes.

b. la méiose donne toujours naissance à des gamètes.

c. la fécondation suit immédiatement la méiose.

d. le caryotype des cellules de l'espèce est toujours conservé. ▸ corrigé p. 59

S'entraîner

5 L'exploitation du *document A* qui schématise une anaphase de première division de méiose (2*n* = 4) permet d'affirmer :

a. qu'il y a eu *crossing-over* entre ce centromère et le gène indiqué pour une des paires de chromosomes.

b. que l'organisme ayant cette garniture chromosomique produit uniquement deux types de gamètes pour les gènes envisagés.

c. que l'individu a reçu les allèles **A** et **b** d'un des parents et **a** et **B** de l'autre.

d. qu'elle illustre la notion de brassage génique intrachromosomique. ▸ corrigé p. 59

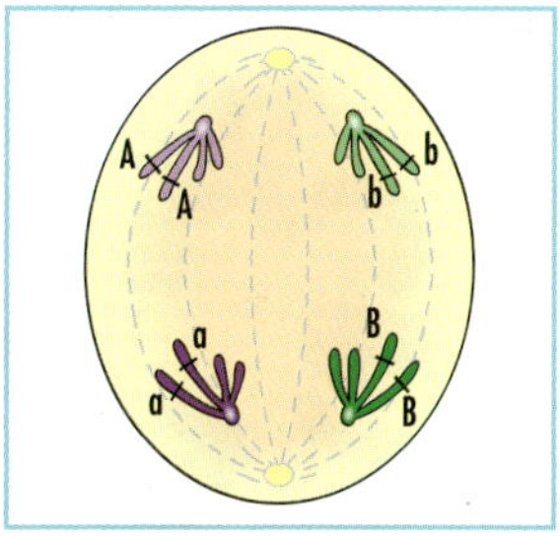

Doc. A

6 L'observation du *document B* qui schématise une anaphase de première division de méiose (2*n* = 4) permet d'affirmer :

a. qu'il y a eu *crossing-over* entre les gènes **A** et **B**.

b. qu'il y a eu *crossing-over* entre les gènes **D** et **E.**

c. que l'individu a reçu les allèles **A** et **B** d'un de ses parents et **a** et **b** de l'autre.

d. qu'il illustre la notion de brassage génique intrachromosomique. ▸ corrigé p. 60

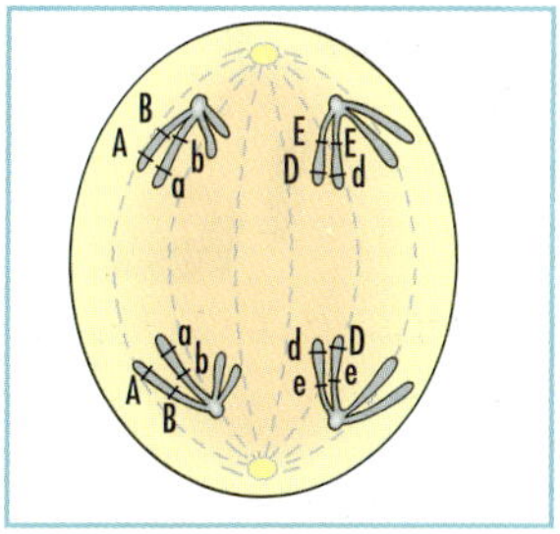

Doc. B

7 La liste ci-dessous indique un certain nombre de mécanismes biologiques concernant la cellule.

Quels sont ceux qui ont lieu durant une mitose, une première division de méiose ou une deuxième division de méiose ?

a. Réplication des molécules d'ADN durant l'interphase qui précède la division.

b. Appariement des chromosomes homologues.

c. Échanges entre chromatides de chromosomes homologues.

d. Disposition des chromosomes individuellement à l'équateur de la cellule.

e. Séparation des deux chromatides de chaque chromosome.

f. Séparation des chromosomes homologues. ▸ corrigé p. 60

8 *Le document C* est relatif aux divers types de divisions pouvant affecter des cellules d'un métazoaire. **Donnez les arguments permettant de rattacher chaque cliché à un type de division cellulaire.** ▸ corrigé p. 60

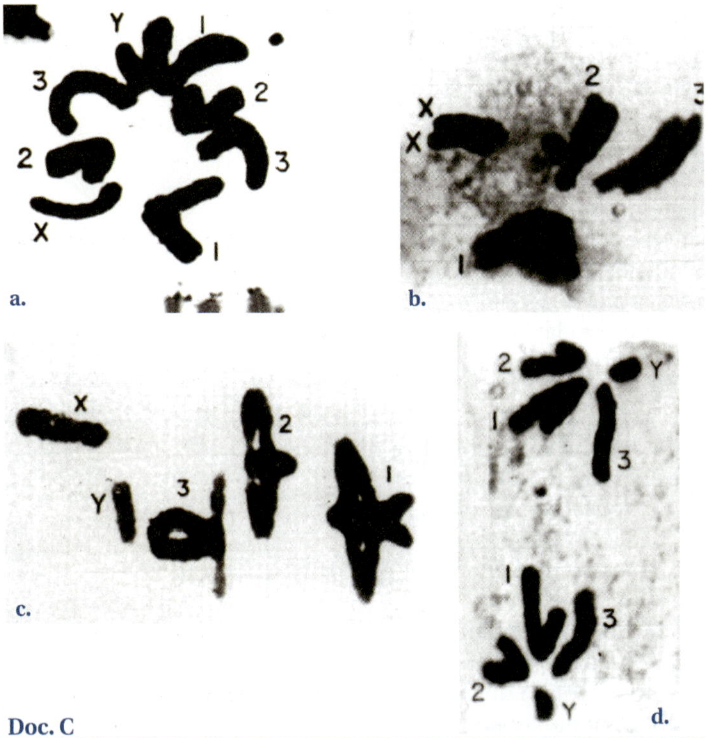

Doc. C

9 Le *document D* montre les chromosomes étalés d'une cellule humaine normale, fixée lors d'une étape de la gamétogenèse.
Extraire de ce document toutes les informations utiles pour déterminer quel type de division il illustre. ▸ corrigé p. 60

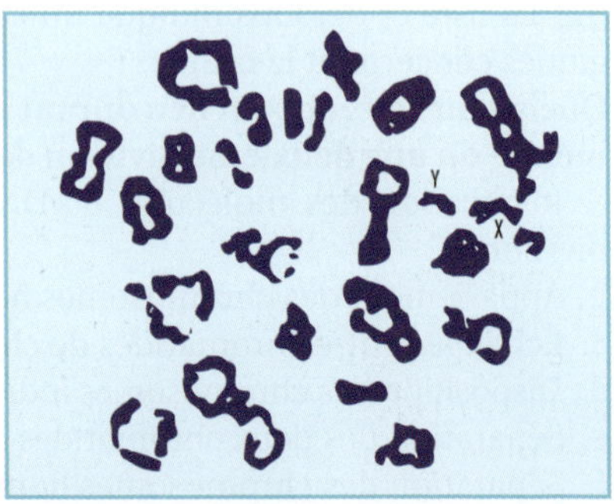

Doc. D

1 **b.** Au cours de la prophase de la première division de la méiose, il y a des échanges entre chromatides homologues et donc des recombinaisons entre les molécules d'ADN qui les constituent ; les molécules d'ADN, en fin de prophase de première division, ne sont pas les mêmes que celles du tout début de prophase, avant l'appariement des chromosomes homologues.
d. Par suite du *crossing-over*, la molécule d'ADN d'une chromatide n'est pas exactement semblable à celle de l'autre chromatide du chromosome considéré en fin de première division de méiose.
e. Il n'y a pas de réplication de l'ADN entre les deux divisions de la méiose ; à la fin de la première division, le chromosome est déjà dupliqué.

2 **a.** Ce sont les deux chromatides de chaque chromosome qui se séparent en anaphase de deuxième division de méiose et non les chromosomes homologues séparés depuis l'anaphase de première division.
d. Le taux d'ADN en fin de méiose pour chaque cellule est de *c* donc la moitié de celui d'une cellule somatique en phase G1.

3 **a.** Au cours de la fécondation, les chromosomes des gamètes mâle et femelle ne fusionnent pas : ils restent indépendants mais réunis au sein d'un seul noyau.
b. Chaque gamète est génétiquement unique.
c. La rencontre des gamètes s'effectue au hasard : la probabilité est la même.
d. Chez les Mammifères, c'est le chromosome sexuel apporté par le spermatozoïde qui détermine le caryotype « sexuel » de l'œuf et donc le phénotype sexuel.

4 **a.** Chez le Champignon *Sordaria*, la spore haploïde engendre les filaments du champignon : il y a des mitoses à l'état haploïde.
b. Chez *Sordaria*, c'est l'œuf qui subit la méiose, et les produits de celle-ci sont des spores et non des gamètes.
c. Chez *Sordaria*, la fécondation ne suit pas immédiatement la méiose.

5 **a.** S'il y avait eu *crossing-over* entre le centromère et le gène impliqué, les deux chromosomes homologues auraient deux allèles différents pour ce gène (un sur chaque chromatide) : ce n'est pas le cas.
b. En ne considérant que ces deux gènes et le brassage interchromosomique, il y aurait quatre sortes de gamètes : AB, ab, Ab et aB.
c. Vu le comportement indépendant des paires de chromosomes homologues en métaphase-anaphase de première division, on ne peut rien affirmer.
d. Pour illustrer la notion de brassage génique intrachromosomique, il faut au moins deux gènes liés portés par le même chromosome.

6 a. S'il y avait eu un *crossing-over* entre les deux loci, les deux chromosomes homologues ne seraient pas identiques (association AB sur une chromatide et ab sur l'autre) pour les gènes considérés ; il y a eu, par contre, *crossing-over* entre le centromère et le locus du gène.

7 a. Mitose et première division de méiose.
b. Première division de méiose.
c. Première division de méiose.
d. Mitose et deuxième division de méiose.
e. Mitose et deuxième division de méiose.
f. Première division de méiose.

8 a. Métaphase dans une cellule à $2n$ (= 8) avec chromosomes homologues indépendants (à deux chromatides) : métaphase d'une mitose.
b. Métaphase dans une cellule à n chromosomes : deuxième division de méiose (car l'exemple est pris chez les Métazoaires où il n'y a pas de mitose à l'état haploïde).
c. Métaphase où les chromosomes homologues sont appariés : première division de méiose (présence de X et Y).
d. n chromosomes simples et même chromosome sexuel (Y) à chaque pôle : anaphase de deuxième division de méiose.

9 Il s'agit d'une cellule diploïde puisque X et Y sont présents, et donc d'une métaphase de mitose ou de première division de méiose. On distingue 23 paires de chromosomes et non 46 : les chromosomes homologues sont appariés, il s'agit donc d'une première division de méiose. Il s'agit d'une méiose au cours de la spermatogenèse puisque X et Y sont présents.

4 Innovations génétiques et évolution

POUR COMMENCER

Pour bien comprendre la nature et les conséquences des innovations génétiques, il faut se rappeler certaines données essentielles de l'expression des gènes vues en classe de Première.

▶ Un gène s'exprime en dirigeant la synthèse d'un polypeptide ayant une séquence d'acides aminés déterminée : ce polypeptiole constitue le phénotype moléculaire. La fonction du polypeptide au sein de la cellule (par exemple, la réaction catalysée par une enzyme) dépend de sa structure spatiale, tridimensionnelle, laquelle dépend de la séquence (structure primaire). Un changement dans la séquence peut avoir — mais ce n'est pas obligatoire — des conséquences sur la structure spatiale, et par là sur l'activité du polypeptide. Souvent, une partie seulement du polypeptide, le site actif, constitué par quelques acides aminés, est impliquée dans la fonction du polypeptide.

▶ La synthèse d'un polypeptide s'effectue en deux étapes : la transcription et la traduction.
Au cours de la **transcription**, l'ARN messager complémentaire d'un des deux brins d'ADN du gène, le brin transcrit, est synthétisé. La transcription a lieu dans le noyau.

Au cours de la **traduction**, l'ARN messager est traduit en polypeptide : c'est la séquence des codons de l'ARNm qui dicte la séquence des acides aminés du polypeptide, suivant les règles du code génétique (*document 1*).

La traduction a lieu dans le cytoplasme grâce à des organites, les ribosomes, qui parcourent l'ARNm depuis le codon d'initiation jusqu'au codon stop.

▶ Rappelons les caractéristiques du code génétique :
- un codon correspond à trois nucléotides successifs ;
- le code est universel ;
- le code est sans équivoque : à un codon correspond un seul acide aminé ;
- le code est redondant : tous les acides aminés sauf deux (la méthionine et le tryptophane) sont codés par plusieurs codons ; ainsi, à la leucine correspondent six codons ;
- à trois codons de l'ARNm, UAA, UAG et UGA, ne correspond aucun acide aminé ; ces codons ont la signification d'arrêt de traduction (codon stop).

Doc. 1 – Le code génétique (en codons de l'ARN messager). *À chaque codon correspond soit un acide aminé, soit la fin de la traduction. Plusieurs codons codent le même acide aminé.*

1re lettre	2e lettre				3e lettre
	U	C	A	G	
U	UUU, UUC } Phényl-alanine UUA, UUG } leucine	UCU, UCC, UCA, UGG } sérine	UAU, UAC } tyrosine UAA, UAG } stop	UGU, UGC } custéine UGA stop UGG trypto-phane	U C A G
C	CUU, CUC, CUA, CUG } leucine	CCU, CCC, CCA, CGG } proline	CAU, CAC } histidine CAA, CAG } glutamine	CGU, CGC, CGA, CGG } arginine	U C A G
A	AUU, AUC, AUA } isoleucine AUG méthionine	ACU, ACC, ACA, AGG } thréonine	AAU, AAC } asparagine AAA, AAG } lysine	AGU, AGC } sérine AGA, AGG } arginine	U C A G
G	GUU, GUC, GUA, GUG } valine	GCU, GCC, GCA, GGG } alanine	GAU, GAC } acide aspartique GAA, GAG } acide glutamique	GGU, GGC, GGA, GGG } glycine	U C A G

I Généralités sur les mutations

■ L'histoire évolutive des espèces est marquée par des changements dans le génome, des innovations génétiques. L'analyse des génomes des espèces actuelles, rendue possible par les techniques du génie génétique, permet de préciser la nature de ces innovations : elles résultent de mutations.

■ Le terme de **mutation**, pris dans son sens le plus général, désigne toute modification de l'information génétique, c'est-à-dire tout changement dans la séquence des nucléotides d'un gène ou dans le nombre de gènes du génome.

■ Le terme de **mutant** appliqué à l'organisme peut laisser croire que c'est ce dernier qui mute. En réalité, la mutation est toujours **un phénomène cellulaire**. Lorsqu'elle affecte une cellule d'un organe non reproducteur, elle est dite **somatique**. Elle n'est pas transmissible à la descendance et n'a donc aucun rôle dans l'évolution du génome de l'espèce. En revanche, les mutations dans les cellules à l'origine des gamètes, dites **cellules germinales**, peuvent se transmettre si les gamètes qui les possèdent participent à la genèse de descendants.

■ Entre 1 à 10 gamètes sur 10 millions sont porteurs d'une mutation (néomutation), donc d'une caractéristique de l'information génétique que ne possédait pas l'individu qui les a produits. La fréquence des mutations est donc relativement faible. Elle peut être fortement augmentée par les agents mutagènes de l'environnement. Ceux-ci augmentent la **fréquence sans orienter la nature des mutations**. De tels facteurs n'ont pas pour effet de déclencher une mutation orientée qui adapterait à son environnement l'organisme qui en serait porteur.

II Les mutations ponctuelles

1 Généralités

- On désigne ainsi les mutations qui se traduisent par un changement dans la séquence de nucléotides d'un gène. L'unité de mutation est le nucléotide (plus précisément la paire de nucléotides, si on prend en compte la structure double brin de la molécule d'ADN). Le résultat de la mutation est l'apparition d'un nouvel allèle du gène à partir d'un allèle préexistant. Comme l'unité de mutation est le nucléotide, et qu'en première approximation la probabilité de mutation est, en gros, à peu près la même sur toute la séquence, on conçoit qu'il puisse apparaître de multiples allèles d'un gène.

- Au sein des populations d'une espèce, le polyallélisme est un fait général. Par convention, on dit qu'un gène, au sein d'une population, est polymorphe lorsqu'il existe au moins deux allèles avec une fréquence supérieure à 1 %.

Le polymorphisme actuel des gènes d'une espèce est le résultat du polymorphisme initial lors de sa formation (héritage du polymorphisme de l'espèce ancestrale) enrichi par les nouveaux allèles apparus par mutation au cours des générations successives.

2 Les principaux types de mutations ponctuelles

Trois classes de mutations ponctuelles sont fréquentes (*document 2*) : les substitutions de nucléotides, les délétions et les insertions de nucléotides.

a. Substitutions de nucléotides

La mutation entraîne le **remplacement**, à un site précis du gène, d'une paire de nucléotides par une autre (T – A par G – C, par exemple).

D'après les conséquences sur le polypeptide codé par le gène, on distingue :

– **Les substitutions silencieuses,** qui ne modifient pas la séquence du polypeptide par suite de la redondance du code génétique (par exemple, le triplet TCT issu de la mutation du triplet TCA code, pour le même acide aminé, la sérine).

– **Les substitutions faux-sens**, qui ont pour effet le remplacement d'un acide aminé par un autre dans la séquence du polypeptide. Certaines de ces substitutions sont **conservatrices** dans la mesure où elles ne modifient pas les propriétés du polypeptide. D'autres, au contraire, sont **non conservatrices** et entraînent un changement plus ou moins important de la fonction et des propriétés du polypeptide, pouvant aller jusqu'à la perte totale d'activité.

– **Les substitutions non-sens**, entraînant le remplacement d'un triplet déterminant un acide aminé par un triplet stop. Au cours de la traduction, il y a un arrêt anticipé et le polypeptide tronqué, instable, est généralement non fonctionnel.

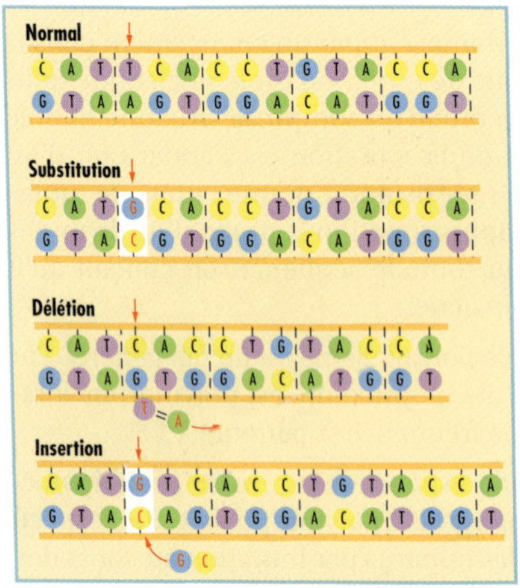

Doc. 2 – Les principaux types de mutations : substitutions, délétions et insertions de nucléotides.

b. Délétions et insertions

Les délétions et les insertions touchent une paire ou un petit nombre de paires de nucléotides qui sont, soit ajoutées, soit supprimées de la séquence nucléotidique. Elles entraînent le plus souvent un décalage du cadre de lecture, donc une modification complète de la séquence en acides aminés en aval de la mutation et l'apparition d'un triplet stop anticipé. Le polypeptide codé par de tels allèles est généralement non fonctionnel.

III Les duplications géniques et la complexification des génomes

■ Les mutations ponctuelles ne créent pas de nouveaux gènes, seulement de nouveaux allèles. Or, au cours de l'histoire évolutive des êtres vivants, de nouveaux gènes, supports de nouvelles fonctions, sont apparus.

■ La duplication génique est un mécanisme essentiel ayant conduit à la formation de nouveaux gènes. Duplication d'un gène signifie qu'il se forme, sur un chromosome, par un mécanisme génétique complexe (hors programme), **deux gènes identiques à partir d'un seul**.

Les deux gènes issus d'une duplication peuvent par la suite subir des mutations et donc diverger. Néanmoins, leur parenté reste décelable grâce à un degré de similitude plus ou moins important de leurs séquences nucléotidiques, en général supérieur à 40-50 %. Les mutations survenues dans les duplicatas peuvent entraîner des divergences plus ou moins importantes dans les propriétés des polypeptides qu'ils codent. Ainsi, la vision des couleurs repose sur l'existence de trois gènes, s'exprimant dans les cellules visuelles de la rétine, et codant pour des pigments ayant des spectres d'absorption différents. De même, les hormones FSH, LH et HCG, impliquées dans la fonction de reproduction, sont codées par des gènes apparentés.

Plusieurs duplications intéressant un même gène ont souvent eu lieu. Tous les gènes qui en résultent forment une **famille multigénique** (*document 3*).

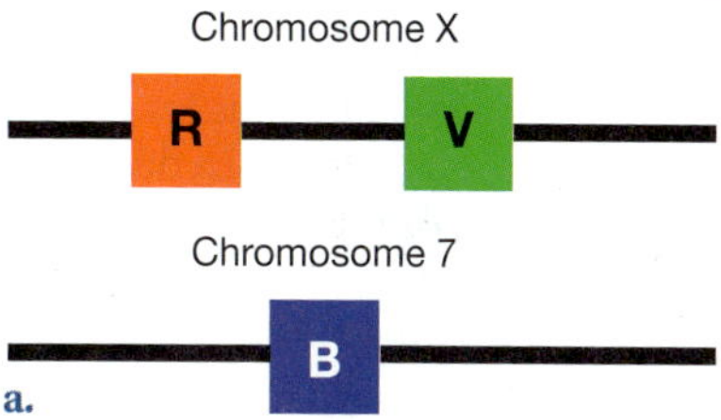

a.

Gènes comparés	Pourcentages des similitudes des séquences nucléotidiques
V et R	98 %
B et R	43 %
B et V	44 %

b.

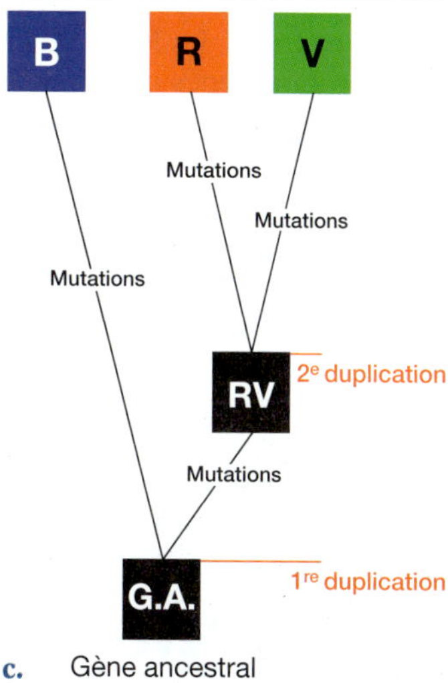

c.

Doc. 3 – Un exemple de famille multigénique : les gènes codant pour les pigments responsables de la vision des couleurs (opsines)

a. *Localisation des trois gènes : les gènes R (rouge) et V (vert) sont portés par le chromosome X, le gène B (bleu) par le chromosome 7.*

b. *Pourcentage des similitudes entre les séquences de nucléotides des trois gènes dans l'espèce humaine : la duplication à l'origine des gènes R et V est la plus récente.*

c. *Histoire évolutive des trois gènes B, R et V : ils résultent de deux duplications ayant eu lieu chez des espèces ancestrales de l'espèce humaine.*

■ Au cours de l'histoire évolutive, il y a souvent eu translocation d'un duplicata sur un autre chromosome. Ainsi, dans la famille des pigments visuels, deux des gènes sont situés sur le chromosome X et le troisième sur le chromosome 7.

■ On peut dater relativement les duplications ayant conduit à la famille multigénique présente dans le génome d'une espèce actuelle (par exemple, chez l'Homme). On admet que deux gènes d'une famille multigénique, ayant peu de différences dans leurs séquences, résultent d'une duplication **plus récente** que celle à l'origine de deux gènes pour lesquels le nombre de différences dans la séquence de nucléotides est élevé. Ainsi, dans la famille des gènes visuels, une première duplication a donné naissance au gène B d'une part, à un autre gène « RV » d'autre part ; une deuxième duplication, survenue plus tard, a donné naissance aux deux gènes R et V, qui ont ensuite divergé (les gènes R et V ont beaucoup moins de différences entre eux qu'avec le gène B).

La comparaison entre espèces permet parfois de préciser le moment de la duplication. Ainsi, les Primates Platyrrhiniens (« singes du Nouveau Monde ») n'ont que deux gènes pour la vision des couleurs, alors que tous les Primates Catarrhiniens (Macaque, Chimpanzé, Homme, etc.) en ont trois. La duplication à l'origine des gènes R et V a donc eu lieu dans la lignée des Catarrhiniens après la séparation d'avec celle des Platyrrhiniens.

■ Plus l'exploration des génomes progresse, plus le nombre de familles multigéniques connues augmente. **La duplication génique est donc un mécanisme essentiel de la complexification des génomes**. Parfois cette duplication n'a porté que sur une partie du gène et a contribué à l'allonger. Certains gènes sont mêmes formés par l'association de fragments d'autres gènes préalablement dupliqués. En songeant à tous ces processus, François Jacob a écrit : « L'évolution biologique est fondée sur une sorte de bricolage moléculaire, sur la réutilisation constante du vieux pour faire du neuf. »

IV Le devenir des innovations génétiques et l'évolution

1 Impact de la sélection naturelle

■ **Une innovation génétique** – mutation ponctuelle ou duplication – résulte toujours d'une mutation survenue lors de la formation d'un gamète chez un individu. De quoi dépend son expansion dans la population ?

■ Il se peut qu'elle confère aux individus qui en sont porteurs, dans des conditions données d'environnement, une probabilité de survie et (ou) d'aptitude à contribuer à la reproduction de l'espèce, plus grande que celle des organismes qui ne la possèdent pas. Par ce processus de sélection positive, l'innovation se répand dans les populations au fur et à mesure des générations.

Ainsi, l'extension du phénotype « moustiques résistants à un insecticide » dans les régions traitées par cet insecticide résulte de deux phénomènes :

– **Apparition de mutations** conférant l'aptitude à résister à l'insecticide chez un petit nombre d'individus. Ces innovations génétiques ont lieu au hasard, elles ne sont pas déclenchées ni orientées par les caractéristiques du milieu (présence d'insecticide).

– **Extension de ces innovations** dans les générations successives, car les moustiques, qui les possèdent, sont capables de survivre à l'action de l'insecticide. Ils arrivent à l'état adulte et participent davantage à la reproduction que les individus sensibles à l'insecticide. Ils sont en somme sélectionnés par les caractéristiques du milieu.

■ Inversement, une mutation ayant pour conséquence la synthèse d'un polypeptide non fonctionnel, comme c'est le cas dans beaucoup de maladies génétiques, est soumise à une pression sélective négative. En conséquence, la fréquence des allèles morbides au sein des populations reste généralement très faible. Toutefois, il se peut que dans des conditions précises d'environnement, les individus hétérozygotes (qui possèdent un seul allèle muté) soient avantagés (probabilité de survie plus grande) par rapport aux individus homozygotes possédant deux allèles non mutés. Dans ce cas, malgré la pression négative exercée sur les individus homozygotes pour l'allèle muté, ce dernier se maintient à une fréquence non négligeable dans les populations.

2 Le devenir des mutations neutres

Les allèles résultant de mutations silencieuses ou de mutations faux-sens conservatrices sont neutres, en ce sens qu'ils ne confèrent aux organismes qui en sont porteurs aucun avantage ni aucun désavantage sélectif. Il peut en être de même pour les deux gènes résultant d'une duplication. Le devenir de ces allèles est alors aléatoire, régi par les mécanismes du hasard : la plupart sont éliminés ou persistent avec une fréquence faible ; certains arrivent cependant à devenir très fréquents dans les populations. Ainsi, les différences entre les gènes homologues de deux espèces codant des polypeptides ayant les mêmes fonctions, résultent de mutations neutres qui se sont accumulées dans les lignées conduisant aux deux espèces après leur séparation.

IV Les gènes de développement et l'évolution

■ L'évolution est traduite par des innovations morphologiques et anatomiques importantes. En se limitant aux Vertébrés, on peut citer les états dérivés des caractères qui permettent de reconstituer les relations de parenté : acquisition de mâchoires, articulation monobasale des membres pairs, acquisition de doigts, apparition de l'amnios, bipédie stricte des homininés.

■ Ces changements morphologiques et anatomiques sont dus à des innovations génétiques. La compréhension des mécanismes évolutifs implique la connaissance de la nature de ces innovations génétiques, à l'origine des changements importants de l'organisation des êtres vivants.

■ La structure d'un organisme dépend de la façon dont s'effectue le développement à partir de la cellule-œuf. Or, celui-ci est sous la dépendance de gènes de développement, notamment les gènes homéotiques. Ceux-ci régissent l'organisation antéro-postérieure du corps. Des mutations de ces gènes sont connues pour affecter visiblement cette partie du corps : présence de quatre ailes au lieu de deux, pattes à la place des antennes chez les Mouches, modification de l'organisation de la colonne vertébrale chez la Souris, etc.

Ainsi, des mutations affectant un seul gène peuvent entraîner des changements considérables.

■ *A contrario*, on peut penser qu'au cours de l'évolution, des mutations touchant les gènes du développement, en modifiant les territoires de l'organisme où ils s'expriment, le moment où ils commencent à s'exprimer, et la durée de cette expression, ont pu jouer un rôle important dans l'évolution des êtres vivants.

Mutation ponctuelle et duplication

Une mutation ponctuelle ou une duplication intervient dans une cellule d'un individu. Dans les deux cas, la mutation affecte un allèle d'un gène possédé par l'individu. Dans le cas d'une mutation ponctuelle, elle aboutit à la formation d'un nouvel allèle à partir d'un allèle préexistant. Un gamète issu d'une cellule dans laquelle s'est produite la mutation possède donc uniquement l'allèle muté. Une duplication d'un allèle aboutit à la formation de deux allèles identiques sur le même chromosome. Un gamète issu d'une cellule dans laquelle s'est produite la duplication possède donc deux allèles identiques situés sur le même chromosome. On utilise très fréquemment l'expression de duplication de gène au lieu de duplication d'allèle pour bien montrer la différence avec une mutation ponctuelle. Mais bien entendu, c'est toujours une forme de gène, c'est-à-dire un allèle, qui se duplique. Par la suite, les deux allèles issus d'une duplication peuvent muter (mutations ponctuelles) et leurs séquences diverger. Si cela aboutit à la synthèse de polypeptides exerçant des fonctions au moins un peu différentes, on peut alors vraiment parler de deux gènes.

La séquence d'un allèle d'un gène

Lorsqu'on vous fournit la séquence d'un allèle d'un gène, on donne généralement celle d'un seul brin de l'ADN, celle du **brin non transcrit**. C'est aussi celle de l'ARN messager, à condition de remplacer les nucléotides à thymine par des nucléotides à uracile.

Ayez toujours en tête les caractéristiques du code génétique

C'est nécessaire pour pouvoir expliquer les diverses conséquences possibles d'une substitution de nucléotides. Ayez toujours en tête le principe de la traduction pour expliquer les conséquences d'une délétion ou d'une insertion. L'ARNm est traduit codon (succession de trois nucléotides) après codon, depuis un codon d'initiation de la traduction (le premier dans la séquence strictement codante, seule envisagée au lycée), jusqu'au premier codon stop.

L'action du milieu sur les organismes

Le milieu peut exercer une action plus ou moins forte sur les caractéristiques des organismes. Mais ces modifications n'ont aucune action sur le génome des organismes et ne sont donc pas héréditaires. Il n'y a pas d'hérédité des caractères acquis. D'une façon caricaturale, dans la lignée des homininés, ce n'est pas l'effort pour se redresser, pour telle ou telle raison, d'un homininé ancestral qui, au fil des générations, a conduit à une bipédie exclusive !

Une mutation est un phénomène aléatoire

Comprenez bien qu'une mutation est un phénomène aléatoire dont la nature (type de mutation, endroit du gène où elle a lieu) et la conséquence sur le polypeptide est indépendante des caractéristiques du milieu. La présence d'agents mutagènes peut augmenter uniquement la fréquence des mutations. Autrement dit, les mutations n'adaptent pas directement les organismes aux caractéristiques du milieu. Par exemple, ce n'est pas l'épandage d'insecticide dans le milieu qui déclenche des mutations ayant pour effet de rendre les insectes résistants. De telles mutations apparaissent de façon aléatoire, qu'il y ait des insecticides ou non. En revanche, c'est la sélection naturelle liée aux caractéristiques du milieu qui exerce un tri sur les mutants et sélectionne ceux qui sont adaptés au milieu.

Les gènes homologues de deux espèces

Les gènes homologues de deux espèces codant des polypeptides exerçant la même fonction présentent un nombre de différences plus ou moins important. Or, ces deux gènes proviennent d'un gène ancestral possédé par l'ancêtre commun à ces deux espèces. À l'origine des deux lignées, ces gènes étaient donc identiques. Les différences actuelles sont donc apparues au cours de l'histoire des deux lignées. Elles résultent de mutations qui n'ont pas modifié les propriétés du polypeptide (mutations neutres) et qui ont réussi à se maintenir dans les espèces successives des deux lignées. C'est un exemple illustrant le fait que des mutations neutres puissent persister.

À l'examen

Pour l'examen, vous devez être capables :

– dans une question de type 1, d'exposer les divers types d'innovations génétiques et d'indiquer les facteurs assurant leur maintien et leur expansion dans les populations ;

– dans une question de type 2, d'exploiter des données sur le génome des organismes pour imaginer les innovations génétiques qui ont conduit aux caractéristiques de ces génomes. Éventuellement, vous devez pouvoir expliquer l'avantage sélectif assuré par telle ou telle caractéristique.

Vérifier ses connaissances

Dans les exercices 1 à 5, relevez les affirmations inexactes et corrigez-les.

1 Les mutations ponctuelles de gènes…

a. sont des phénomènes à l'échelle des organismes.
b. se transmettent toujours à la descendance.
c. voient leur fréquence augmenter sous l'action d'agents mutagènes.
d. adaptent directement les individus des espèces aux caractéristiques du milieu.
e. peuvent avoir lieu en différents endroits d'un gène. ▸ corrigé p. 76

2 Les substitutions de nucléotides sont des mutations ponctuelles qui peuvent…

a. n'entraîner aucune modification dans la séquence du polypeptide codée par le gène.
b. entraîner un changement dans la séquence d'acides aminés du polypeptide sans modifier les propriétés de celui-ci.
c. entraîner un changement dans la séquence d'acides aminés du polypeptide lui faisant perdre toute activité.
d. entraîner la synthèse d'un polypeptide tronqué, raccourci. ▸ corrigé p. 76

3 Une mutation se traduisant par une délétion d'un nucléotide dans la séquence d'un allèle…

a. est une mutation ponctuelle.
b. n'introduit que le changement d'un seul acide aminé dans la séquence du polypeptide : celui correspondant au triplet modifié.
c. peut avoir les mêmes conséquences que certaines substitutions sur le polypeptide codé par le gène.
d. n'a lieu qu'à un seul endroit de la séquence du gène. ▸ corrigé p. 76

4 Les duplications sont des mutations…

a. à l'origine des familles multigéniques.
b. qui peuvent être le point de départ de gènes ayant des fonctions différentes.
c. qui rendent compte de la présence de gènes ayant 50 % de similitude dans leur séquence au sein d'un même génome.
d. qu'on peut dater relativement, l'une par rapport à l'autre, à partir du nombre de différences entre les gènes dupliqués. ▸ corrigé p. 76

5 La sélection naturelle est un phénomène qui…

a. agit sur la fréquence des allèles des gènes au sein des populations.

b. intéresse les génotypes et non les phénotypes.

c. a toujours les mêmes conséquences quelles que soient les caractéristiques du milieu.

d. a toujours une action positive sur la fréquence d'un allèle.

e. est le seul mécanisme agissant sur la fréquence des allèles d'un gène.

f. peut avoir, dans certains cas, un effet à la fois positif et négatif, sur la fréquence des allèles d'un gène. ▸ corrigé p. 76

S'entraîner

6 Le schéma ci-dessous indique une différence entre le génome des moustiques sensibles à des insecticides organophosphorés et celui de moustiques résistants à cet insecticide. Les moustiques résistants sont apparus dans des populations initialement sensibles aux insecticides.

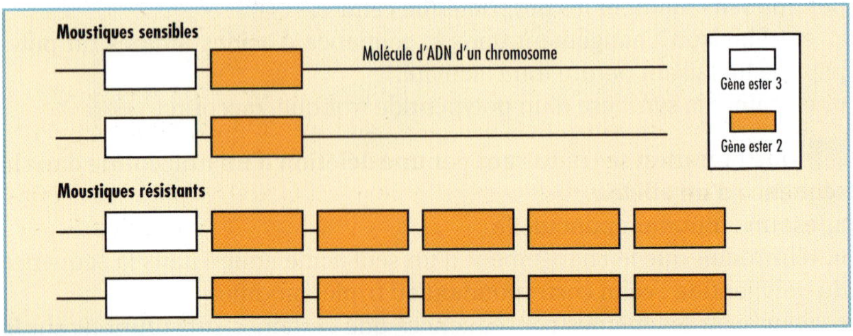

Doc. A

Les gènes ester 3 et ester 2 codent des enzymes, les estérases qui agissent sur les insecticides organophosphorés en les empêchant d'atteindre leur cible au sein de l'organisme.

À partir des informations extraites de ce document :

a. Indiquer les événements génétiques à l'origine des différences entre le génome des moustiques résistants et celui des moustiques sensibles.

b. Proposer une explication pour rendre compte de l'absence d'action de l'insecticide sur les moustiques résistants alors qu'il est efficace sur les moustiques sensibles.

c. Proposer une explication à l'extension des moustiques résistants dans les populations. ▸ corrigé p. 76

7 L'acétylcholinestérase est une enzyme intervenant dans la communication entre neurones ainsi que dans celle entre neurones et fibres musculaires. Les insecticides organophosphorés agissent sur l'acétylcholinestérase, l'empêchant d'agir.

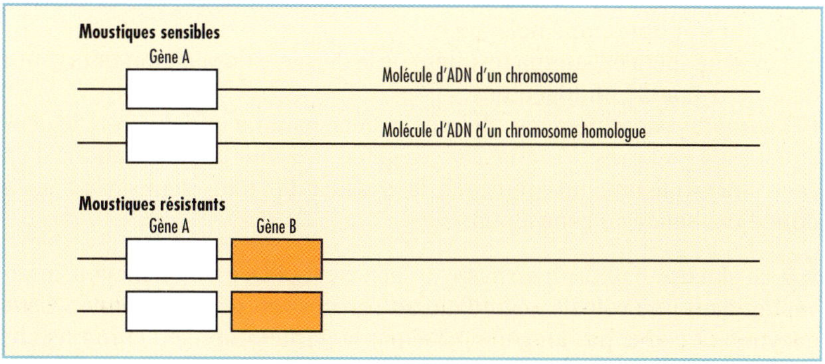

Doc. B

Le schéma ci-dessus indique quelques caractéristiques du génome de moustiques sensibles aux insecticides et celle du génome de certains moustiques résistants.
Pour les moustiques résistants, le gène B diffère du gène A, en quatre sites.
Les moustiques sensibles produisent un seul type d'acétylcholinestérase, les moustiques résistants en produisent deux.
À partir des informations extraites de ce document, indiquer les événements génétiques à l'origine de la résistance de ces moustiques.
▸ corrigé p. 77

8 Chez l'Homme, les gènes bêta, gamma et delta codant les chaînes de globine sont situés sur le chromosome 11 ; le gène alpha codant aussi une chaîne de globine est situé sur le chromosome 16. La séquence des gènes bêta, gamma et delta comprend 444 nucléotides, celle du gène alpha 429. Le tableau ci-dessous indique le nombre de différences entre les séquences de ces quatre gènes, prises deux à deux.

Bêta	0			
Delta	33	0		
Gamma	105	104	0	
Alpha	180	186	185	0
	Bêta	Delta	Gamma	Alpha

À partir des seules informations extraites de ce tableau, indiquer lesquelles des affirmations ci-dessous sont correctes et corriger les autres.

a. Les gènes bêta, gamma et delta font partie d'une famille multigénique à laquelle n'appartient pas le gène alpha.

b. Des mutations ont eu lieu dans la séquence des gènes après les duplications qui leur ont donné naissance.

c. Les gènes bêta et gamma résultent de la dernière duplication intervenue dans cette famille multigénique.

d. Le nombre de différences des gènes bêta, gamma et delta avec le gène alpha est à peu près le même car ces gènes dérivent de duplications d'un gène ancestral issu lui-même de la duplication d'un gène ayant aussi donné naissance au gène alpha. ▸ corrigé p. 77

9 La glucose-6 phosphate déshydrogénase (G_6PD) est une enzyme intervenant dans une voie de dégradation du glucose au sein des cellules. Cette enzyme est codée par un gène porté par la partie propre au chromosome X. On trouve plusieurs allèles dans les populations humaines. L'allèle G_6PDB est considéré comme l'allèle initialement présent dans les populations. Le tableau ci-dessous indique les seules différences entre la séquence des trois autres allèles et celle de G_6PDB.

	Niveau nucléique	Niveau de polypeptide
G_6PDA1	AAT 126 GAT	Asn 126 Asp
G_6PDA2	GTG 68 ATG	Val 68 Met
	AAT 126 GAT	Asn 126 Asp
G_6PDM	TTC 128 TTC	Ser 188 Phe

AAT 126 GAT signifie que le 126e triplet AAT de l'allèle G_6PDB (brin non transcrit) est remplacé par le triplet GAT dans l'allèle G_6PDA1.

L'enzyme codée par l'allèle G_6PDA1 a une activité quasi égale à celle de l'enzyme codée par G_6PDB ; en revanche, celles des enzymes codées par les allèles G_6PDA2 et G_6PDM ne sont respectivement que 12 et 3 % de l'activité de l'enzyme codée par G_6PDB.

À partir des seules informations tirées de ce document :

– indiquer la nature des mutations ayant affecté le gène G_6PD au cours de l'histoire des populations humaines et discuter l'impact de ce type de mutation sur le phénotype ;

– établir la filiation entre les quatre allèles du gène. ▸ corrigé p. 78

10 À propos de l'évolution humaine, un journaliste a écrit : « Là, l'ancien primate s'était peu à peu redressé dans la savane jusqu'à se transformer en un homininé bipède. »
Discuter cette « conception » de l'évolution. ▸ corrigé p. 78

1 a. Une mutation ponctuelle affecte un gène d'une cellule et ne touche pas les autres cellules de l'organisme.

b. Seules les mutations affectant les cellules de la lignée germinale peuvent éventuellement se transmettre à la descendance ; les mutations touchant les cellules somatiques disparaissent à la mort de l'individu.

d. Les mutations sont aléatoires et non directement adaptatives ; la nature des mutations n'est pas dirigée par les caractéristiques du milieu.

2 Les quatre affirmations sont exactes.

3 b. Cette délétion d'un nucléotide entraîne un décalage du cadre de lecture de l'ARNm et une séquence d'acides aminés modifiée à partir de la délétion et très souvent tronquée (apparition précoce d'un codon stop).

d. Comme toutes les mutations ponctuelles, la délétion peut avoir lieu en différents endroits de la séquence du gène.

4 Les quatre affirmations sont exactes.

5 b. La sélection naturelle touche directement les phénotypes (dans telle condition de milieu, les représentants d'un phénotype donné ont une probabilité de survie et de reproduction plus grande que ceux d'autres phénotypes), ce qui retentit sur la fréquence des génotypes des générations successives.

c. Le résultat de la sélection naturelle dépend des caractéristiques du milieu.

d. La sélection naturelle peut entraîner une diminution de la fréquence d'un allèle dans une population.

e. D'autres mécanismes que la sélection naturelle, notamment la dérive génique, phénomène aléatoire, peuvent agir sur la fréquence des allèles d'un gène.

➲ L'affirmation **f** est correcte si on fait allusion à l'avantage des hétérozygotes que leur confère la possession d'un allèle et au désavantage des homozygotes possesseurs de deux exemplaires de cet allèle (exemple : l'allèle β_S).

6 a. Les Moustiques sensibles possèdent sur chacun des chromosomes d'une paire d'homologues un gène ester 3 et un gène ester 2. Les Moustiques résistants possèdent sur la même paire d'homologues un gène ester 3 et 5 gènes ester 2. La souche « sensible aux insecticides » est la souche initiale. Plusieurs duplications du gène ester 2 ont dû avoir lieu pour aboutir aux caractéristiques génétiques de la souche résistante.

b. Si chacun des gènes ester 2 de la souche résistance s'exprime, cela augmente considérablement la production d'enzymes empêchant l'insecticide d'atteindre les cellules cibles. L'insecticide est ainsi détoxifié avant d'agir, d'où la résistance.

c. Dans les populations naturelles traitées par les insecticides, les moustiques résistants (dès le stade larvaire) ont une probabilité de survie beaucoup plus grande que celle des sensibles. En conséquence, ils participent davantage à la reproduction, d'où l'extension de leurs caractéristiques génétiques dans les populations.

7 Le document de cet exercice a trait à une autre souche de Moustiques résistants que celle de l'exercice précédent.
Les Moustiques sensibles possèdent sur chaque chromosome d'une paire d'homologues, un gène qui code l'acétylcholinestérase. Les Moustiques résistants possèdent sur les deux chromosomes homologues deux gènes de l'acétylcholinestérase ; de plus ces deux gènes diffèrent par quatre nucléotides.
Une explication possible sur la genèse du génome des Moustiques résistants est :
- un événement de duplication du gène survenu dans une cellule germinale d'un Moustique sensible, suivi d'une extension de cette innovation génétique au cours des générations successives ;
- des mutations ponctuelles touchant au moins un des gènes dupliqués et ayant des conséquences physiologiques sur le polypeptide (acétylcholinestérase) insensible à l'insecticide.

8 **a.** Les similitudes du gène alpha avec chacun des trois autres gènes sont de l'ordre de :
- alpha-bêta : (249 × 100)/429 = 58 % ;
- alpha-delta : (243 × 100)/429 = 56 % ;
- alpha-gamma : (244 × 100)/429 = 56 %.

Ce pourcentage de similitude supérieur à 50 % indique que le gène alpha est apparenté avec les gènes bêta, gamma et delta ; il fait partie de la même famille multigénique.

➲ Deux gènes non apparentés ont un pourcentage de similitude moyen de 25 %.

b. Les différences dans la séquence des gènes de cette famille ne peuvent effectivement s'expliquer que par des mutations survenues après les duplications.
c. Ce sont les gènes bêta et delta qui ont le moins de différences dans leurs séquences et donc la plus grande similitude. Ce sont eux et non les gênes bêta et gamma qui résultent de la dernière duplication survenue dans cette famille (du moins à partir des données fournies).
d. Affirmation correcte si le rythme des mutations survenues dans les différents gènes après leur formation a été à peu près le même.

9 Toutes les mutations à l'origine des allèles G_6PDA1, G_6PDA2 et G_6PDM sont ponctuelles résultant de la substitution d'un nucléotide (d'une paire de nucléotides si on considère les deux brins de l'ADN) par un autre. Toutes ces substitutions ont pour conséquence le remplacement d'un acide aminé par un autre : ce sont des substitutions faux-sens.
Ces substitutions n'ont pas les mêmes conséquences sur le phénotype : celle à l'origine de G_6PDA1 ne modifie pas les propriétés de l'enzyme alors que celle à l'origine de G_6PDM réduit énormément son efficacité. Cela montre que les conséquences du remplacement d'un acide aminé par un autre dépendent de la nature, de la place de l'acide aminé remplacé et aussi de la nature de celui qui le remplace.
Les deux allèles G_6PDA1 et G_6PDA2 ont en commun la même différence (AAT 126 GAT) avec l'allèle G_6PDB ancestral ; G_6PDA2 a en plus une autre différence (GTG 68 ATG). Cela signifie que l'allèle G_6PDA1 résulte en premier d'une mutation de l'allèle G_6PDB survenue dans les cellules germinales d'un individu. L'allèle G_6PDA2 résulte d'une mutation de l'allèle G_6PDA1.
L'allèle G_6PDM est totalement distinct des allèles G_6PDA1 et G_6PDA2. Il résulte d'une mutation de l'allèle G_6PDB.

10 La phrase du journaliste semble indiquer que, par suite des caractéristiques du milieu, l'Homininé ancestral a été conduit à se redresser et que cela s'est traduit dans son génome et s'est transmis à la descendance. Cela sous-entend l'hérédité des caractères acquis, notion totalement fausse.
À l'origine, il y a toujours des changements génétiques (mutations) aléatoires non orientés par les caractéristiques du milieu. Ces changements génétiques confèrent, aux organismes qui en sont porteurs, une probabilité de survie et de reproduction plus grande dans des conditions de milieu données et tendent à se répandre (sélection naturelle).

ÉVOLUTION MORPHOLOGIQUE ET PHYSIOLOGIQUE DE L'INDIVIDU : IMMUNOLOGIE ET PROCRÉATION

5 Les réponses immunitaires effectrices à la suite de l'infection par le VIH

POUR COMMENCER

► Parmi les réactions immunitaires, on peut distinguer deux types.

Les réactions immunitaires **innées** dont les effecteurs préexistent à l'entrée de l'antigène : c'est le cas de la phagocytose assurée par des cellules phagocytaires (globules blancs polynucléaires et macrophages).

Les réactions immunitaires **acquises**, adaptatives dont les effecteurs sont les anticorps. Ces derniers sont sécrétés par des cellules effectrices qui n'existaient pas avant l'entrée de l'antigène. Un anticorps reconnaît spécifiquement un antigène et un seul ; il forme en se liant à lui un complexe antigène-anticorps (complexe immun) qui est éliminé par les cellules phagocytaires.

Ainsi, immunités innée et acquise coopèrent pour assurer l'intégrité de l'organisme.

► Dans ce chapitre, l'étude des réactions immunitaires déclenchées par la pénétration du virus responsable du sida va permettre de compléter les connaissances sur les mécanismes effecteurs de l'immunité acquise et, en particulier, de ne pas la limiter à la seule production d'anticorps.

De plus, les bases moléculaires de la spécificité des anticorps seront établies.

I L'infection virale

Le sida (syndrome de l'immunodéficience acquise) est le stade terminal d'une infection due à un virus, le VIH (virus de l'immunodéficience humaine) qui parasite des cellules du système immunitaire, les lymphocytes T4.

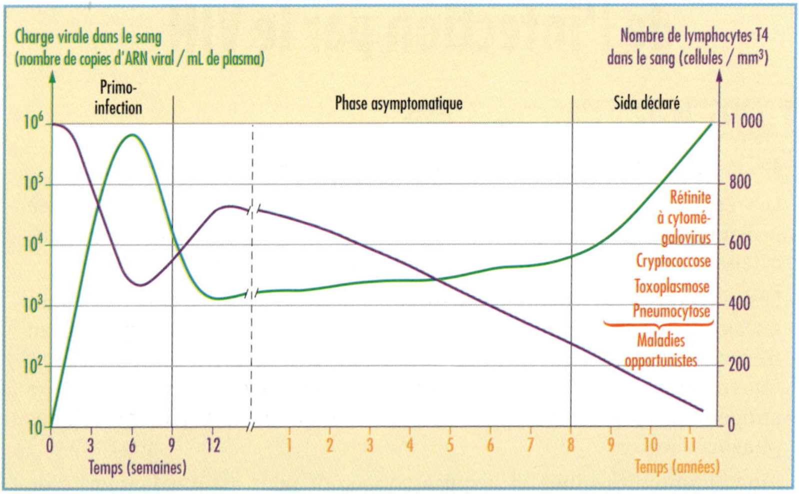

Doc. 1 – Variations de la charge virale et du nombre de lymphocytes T4 chez une personne infectée par le VIH. *Les T4 sont des cellules cibles du virus.*

Cette infection est caractérisée par une évolution en trois étapes (*document 1*) :

– **la primo-infection** est marquée par des symptômes discrets comparables à ceux d'une maladie virale bénigne comme une grippe légère (fièvre et douleurs musculaires) ;

– **la phase asymptomatique**, sans manifestation pouvant évoquer une maladie, si ce n'est parfois des ganglions lymphatiques gonflés, dure en moyenne 10 ans, mais sa durée est en réalité très variable (1 à 16 ans et plus) ;

– **la phase symptomatique**, dite aussi du sida déclaré, est caractérisée par une très grande sensibilité de la personne atteinte à des maladies diverses dites maladies opportunistes, car elles ne se développent pas ou très faiblement chez des personnes saines du fait de l'efficacité du système immunitaire. Il s'agit de pneumonies, diarrhées permanentes, paralysies, toxoplasmose, cancers, etc. C'est l'association de ces symptômes qui caractérise le sida. Ces maladies traduisent une immunodépression due à une déficience du système immunitaire, les cellules cibles du VIH étant des cellules appartenant à ce système.

II Le VIH : de la contamination aux cellules cibles

1 La contamination

Elle se fait par l'intermédiaire de liquides organiques provenant d'une personne infectée : **sang, sperme, sécrétions vaginales, lait**. Ainsi, au cours de la grossesse, de l'accouchement ou de l'allaitement, une mère infectée peut transmettre le virus à son enfant.

2 De l'entrée du virus dans l'organisme aux cellules cibles

Après son entrée dans l'organisme, entraîné par le flux sanguin et lymphatique, le virus gagne les ganglions lymphatiques et la rate, qui sont les organes du système immunitaire où se trouvent réunis tous les acteurs des réponses immunitaires : macrophages, lymphocytes B et T (T4 et T8). Seuls les macrophages et plus encore les lymphocytes T4 sont les **cellules cibles** du virus ; ces cellules possèdent en effet une protéine membranaire, la **protéine CD4** (ou marqueur CD4), présente en de très nombreux exemplaires à la surface de leur membrane. C'est sur cette protéine CD4 que se fixe le VIH avant d'entrer dans la cellule cible.

3 L'entrée dans la cellule cible

a. Caractères du VIH

■ Le virus est une particule sphérique de 90 à 120 nanomètres (*document 2*), dont l'enveloppe est hérissée d'« épines » protéiques ; chaque épine est constituée de quatre molécules de la **protéine gp120** à l'extérieur et de quatre molécules **gp41** dans la membrane. Au centre, une capside formée de protéines dont la **protéine p24**.

■ Le virus du sida est un **rétrovirus** : son information génétique se trouve, à l'intérieur de la capside, sous la forme de deux molécules d'**ARN** ; il possède également une enzyme, la transcriptase inverse, qui convertit l'ARN du virus en ADN après son entrée dans la cellule.

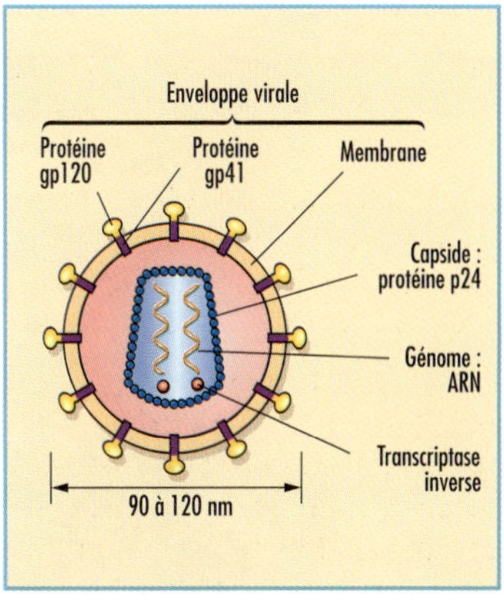

Doc. 2 – Le VIH.

b. L'entrée du virus dans la cellule cible et sa multiplication

■ La molécule gp120 de l'enveloppe du virus se lie avec une très grande affinité à la protéine membranaire CD4 de la cellule cible. Cette liaison provoque un changement de la conformation de la protéine gp120 permettant, avec l'intervention de la protéine gp41, la fusion de l'enveloppe du virus avec la membrane de la cellule cible (*document 3*). La capside pénètre dans la cellule et se désintègre, libérant les molécules d'ARN et la transcriptase inverse. L'ARN est alors transcrit en ADN (qui se nomme alors **provirus**) et est intégré à l'ADN de la cellule cible. L'expression de cet ADN viral est à l'origine de nouvelles molécules d'ARN viral et de protéines virales.

■ Les protéines virales sont synthétisées et assemblées en de nouveaux virus, qui quittent la cellule par bourgeonnement, **causant sa destruction**. Cette multiplication est rapide (10,3 $\times$ 10^9 particules virales, appelées virions, par jour)

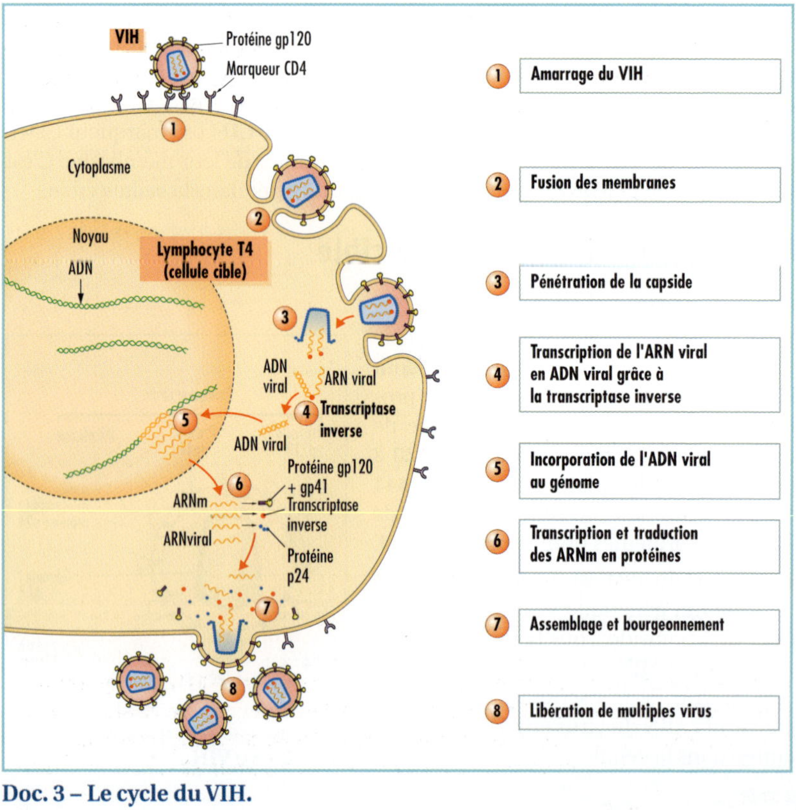

Doc. 3 – Le cycle du VIH.

durant toutes les phases de l'infection. Cette production est quantifiée par la **charge virale** qui correspond au nombre de copies d'ARN du VIH par millilitre de plasma.

La durée de vie d'un virion dans le milieu extracellulaire est de 7 à 8 heures. Le temps moyen de réplication (temps qui s'écoule entre la libération d'un nouveau virion et sa réplication après infection d'une nouvelle cellule) est d'environ 60 heures. La durée de vie d'une cellule infectée est de l'ordre de 55 heures.

III Les réponses immunitaires effectrices à la présence du VIH

Durant la phase de primo-infection, la charge virale augmente durant les six premières semaines avant de diminuer (*document 4*). Cette augmentation est due à la multiplication rapide du virus ; la baisse qui suit et le maintien à un niveau relativement bas de la charge virale durant la phase asymptomatique sont dus **aux réponses immunitaires**. Cependant, le virus finit par échapper au contrôle exercé par les réponses immunes : le taux de lymphocytes T4

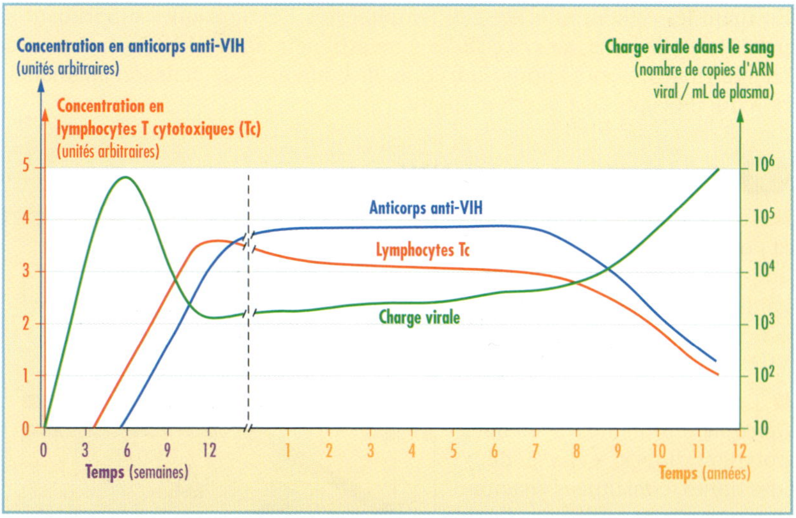

Doc. 4 – Évolution au cours du temps des anticorps anti-VIH, des lymphocytes T cytotoxiques (CTL) spécifiques du VIH et de la charge virale. *Pendant la primo-infection et la phase asymptomatique de l'infection, les effecteurs de l'immunité acquise (lymphocytes Tc, anticorps anti-VIH) limitent la multiplication virale.*

s'effondre, et le sida, troisième phase de l'infection, se déclare. Les réponses immunitaires sont de deux types : production de **lymphocytes T cytotoxiques** tueurs des lymphocytes T4 et des macrophages parasités, et production d'**anticorps anti-VIH.**

1 Les lymphocytes T cytotoxiques spécifiques du VIH

■ Les lymphocytes T cytotoxiques n'existent pas dans l'organisme avant l'infection ; ils apparaissent (*document 4*) en réponse à la pénétration du VIH : ce sont des **éléments de l'immunité acquise**.

Ces lymphocytes sont capables de reconnaître et de détruire les cellules infectées. Celles-ci présentent en effet, sur leur membrane, de petits fragments (peptides) de protéines virales, que les lymphocytes T cytotoxiques peuvent reconnaître grâce à des récepteurs membranaires (récepteurs T) spécifiques d'un peptide viral précis.

■ Après reconnaissance, les lymphocytes tueurs détruisent la cellule infectée par contact, en sécrétant une protéine, la **perforine**, qui provoque la formation de pores dans la membrane de la cellule cible et la mort de cette dernière.

En tuant les cellules infectées, les lymphocytes T cytotoxiques suppriment la production de virus par ces cellules et contribuent ainsi à l'abaissement de la charge virale durant la primo-infection. Ils limitent également son augmentation durant la phase asymptomatique.

2 Les anticorps anti-VIH

■ Trois à douze semaines après la contamination, des anticorps anti-VIH apparaissent dans l'organisme (*document 4*) : le sujet est alors dit **séropositif** pour le VIH.

■ Les anticorps sont formés (*document 5*) de quatre chaînes polypeptidiques, deux à deux identiques, constituées chacune d'une partie constante et d'une partie variable. La séquence des acides aminés de la partie variable est différente d'un anticorps à l'autre. La spécificité des

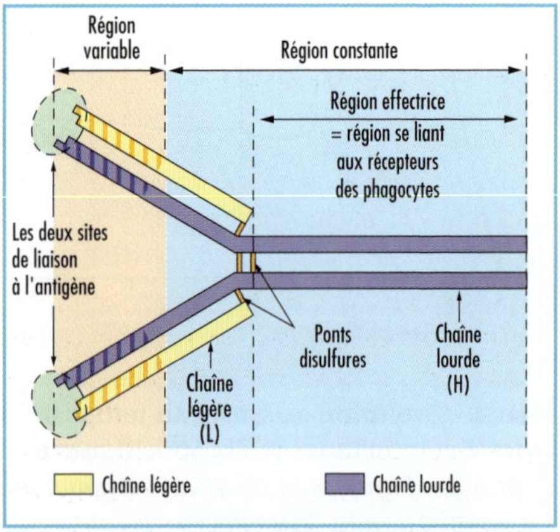

Doc. 5 – Une molécule d'anticorps.

anticorps est due à cette partie variable de la molécule. Chaque molécule d'anticorps anti-VIH possède donc deux sites identiques de liaison avec l'antigène, une des protéines du virus (déterminants antigéniques) : anticorps anti-gp120 et anticorps anti-gp41 par exemple.

- En se liant aux déterminants antigéniques de l'enveloppe virale (formation de **complexes immuns** ou complexe antigènes-anticorps), les anticorps anti-gp120 et anti-gp41 empêchent le virus de se lier à ses cellules cibles et donc sa pénétration dans les macrophages et les lymphocytes T4.
- Les anticorps anti-VIH **neutralisent** donc les particules virales ; les complexes immuns formés sont ensuite détruits par les cellules phagocytaires. Les anticorps contribuent à l'abaissement de la charge virale (primo-infection) et à limiter son augmentation (phase asymptomatique) mais leur rôle dans le maintien de la charge virale à un niveau bas semble moins important que celui des CTL.

3 L'origine des anticorps

- Ils sont sécrétés par des cellules spécialisées, les **plasmocytes** ou lymphocytes B sécréteurs, qui n'existaient pas avant la pénétration du VIH ; ils apparaissent en réponse à la pénétration du virus : ce sont des éléments de l'**immunité acquise**.
- Un plasmocyte donné ne sécrète qu'un seul type d'anticorps spécifique d'un antigène. En réponse à la pénétration du virus, un grand nombre de types différents de plasmocytes apparaissent donc.

La durée de vie d'un plasmocyte est limitée (quelques jours) ; durant toute la durée de l'infection, ils sont donc renouvelés : les **réactions immunitaires sont permanentes**.

IV Le bilan des réponses immunitaires

- En réponse à la présence du VIH, l'organisme a modifié son **phénotype immunitaire** en créant de nouveaux types cellulaires spécialisés dans la neutralisation ou la destruction du virus.
- En l'absence de tout traitement, l'infection virale est relativement contenue pendant plusieurs années sous l'action des effecteurs de l'immunité acquise : **lymphocytes T cytotoxiques et plasmocytes sécréteurs d'anticorps**.

Mais contrairement à ce qui se passe avec les autres virus, ces effecteurs ne parviennent pas à faire disparaître complètement le VIH. Il reste toujours un grand nombre de cellules parasitées productrices de nouveaux virus.

- Il arrive un moment où le nombre de T4 est trop faible ; la compétence immunitaire disparaît, et les maladies opportunistes se développent.

Les réactions immunitaires limitent les effets du VIH

Il faut bien percevoir que si le VIH, parasite des cellules immunitaires, entraîne finalement la mort, il existe cependant des réactions immunitaires qui, dans un premier temps, protègent l'organisme en limitant les effets du virus. Le principe de ces réactions est le même que celui qui est impliqué dans la lutte contre les agents infectieux quels qu'ils soient.

Les effecteurs

■ Il faut bien voir que les lymphocytes T effecteurs (lymphocytes T cytotoxiques), contrairement aux lymphocytes T4, ne sont pas des cellules cibles du VIH.

■ Dans les deux aspects de l'immunité acquise, les effecteurs sont des cellules. Les unes, les plasmocytes, agissent en libérant en abondance des molécules de protéines solubles, les anticorps, qui diffusent dans l'ensemble du milieu intérieur ; les autres, les lymphocytes T cytotoxiques, agissant par contact sur les cellules parasitées, ont une action plus localisée.

À propos des anticorps

■ La seule chose dont est capable un anticorps est de reconnaître un antigène (un déterminant antigénique) et de se lier à lui, l'ensemble des anticorps et des antigènes liés constituant un complexe immun.

■ Les anticorps agissent uniquement dans le milieu intérieur (sang et lymphe) afin d'en préserver l'intégrité. Les lymphocytes T cytotoxiques n'agissent que sur des cellules, après avoir reconnu qu'elles présentaient des caractères du non-soi (peptides du virus, donc étrangers, intégrés à la membrane plasmique).

■ Il faut comprendre qu'un virus ou une bactérie sont constitués de nombreuses molécules, et que chacune d'entre elles constitue un antigène. Ce que reconnaît un anticorps, c'est souvent une petite partie d'une de ces molécules constitutives, appelée déterminant antigénique.

Que signifie séropositif ?

Séropositif ne signifie pas uniquement « infecté par le VIH ». Cet adjectif traduit simplement le fait que le milieu intérieur de l'individu contient des anticorps spécifiques d'un antigène quelconque (virus de la rubéole, de la rougeole, etc.).

Vérifier ses connaissances

Dans les exercices 1 à 4, relevez les affirmations inexactes et corrigez-les.

1 Le VIH…

a. est un virus qui se reproduit dans le milieu extracellulaire.
b. injecte son ADN dans la cellule cible.
c. est un rétrovirus.
d. est responsable de la disparition des plasmocytes.
e. disparaît totalement de l'organisme sous l'action des anticorps. ▸ corrigé p. 93

2 Un anticorps est…

a. un glucide.
b. un acide nucléique.
c. une protéine.
d. un lipide. ▸ corrigé p. 93

3 Un anticorps est…

a. formé de quatre chaînes polypeptidiques.
b. capable de se lier à des antigènes différents.
c. sécrété par des lymphocytes T.
d. à l'origine de la formation d'un complexe immun.
e. capable de détruire l'antigène dont il est spécifique.
f. synthétisé en réponse à la présence d'un antigène spécifique.

▸ corrigé p. 93

4 Les lymphocytes T cytotoxiques…

a. existent avant toute pénétration du virus.
b. agissent en phagocytant les cellules infectées.
c. sécrètent des anticorps.
d. sont incapable de sécréter des protéines.
e. sécrètent de la perforine.
f. détruisent les virus.
g. détruisent les cellules infectées par un virus quelconque.
h. diminue la charge virale en limitant la reproduction du virus.

▸ corrigé p. 93

S'entraîner

Dans les exercices 5 et 6, en exploitant les informations tirées du document proposé, relevez les affirmations inexactes et corrigez-les.

5 Le graphe A relatif à l'évolution de la charge virale, du taux de lymphocytes T cytotoxiques et d'anticorps durant la primo-infection au VIH, permet d'affirmer que :

a. La charge virale augmente par multiplication du virus puis ces derniers n'ayant plus de milieu favorable pour se développer, la charge virale diminue.

b. La charge virale augmente par multiplication du virus car les anticorps présents sont inefficaces.

c. La charge virale augmente par multiplication du virus puis décroît car les lymphocytes T cytotoxiques détruisent les cellules infectées.

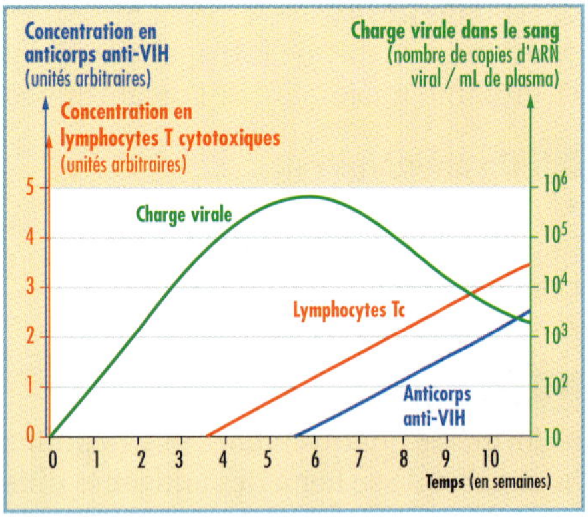

Doc. A

d. La baisse de la charge virale est uniquement due aux anticorps anti-VIH produits qui détruisent le virus. ▸ corrigé p. 94

6 Le texte ci-dessous est relatif à l'utilisation de nouveaux médicaments anti-VIH.

« Des traitements, par des combinaisons de médicaments anti-VIH, ont réduit significativement la charge virale et retardé l'apparition de maladies opportunistes. Lorsqu'un patient contaminé par le VIH ne présente aucune infection opportuniste et n'a plus de virus détectable dans la circulation, peut-il être considéré comme guéri ? »

Relevez les réponses à la question posée dans ce texte qui sont exactes et corrigez celles qui sont fausses.

a. Oui, car il n'y a plus de virus dans l'organisme et donc de nouvelles cellules cibles ne peuvent être contaminées.

b. Oui, car il ne présente aucune infection opportuniste.

c. Non, car les cellules cibles du VIH constituent un véritable réservoir, notamment dans les ganglions lymphatiques.

d. Oui, car la charge virale est faible.
e. Non, car l'ADN viral peut être intégré dans l'ADN des cellules cibles sous la forme de provirus. ▸ corrigé p. 94

Dans les exercices 7 à 9, tirez des informations du document proposé pour répondre à la question posée.

7 Le *document B* montre l'évolution de quelques constituants sérologiques de malades atteints d'une infection virale.
Faites une hypothèse pour expliquer la disparition des antigènes.
▸ corrigé p. 94

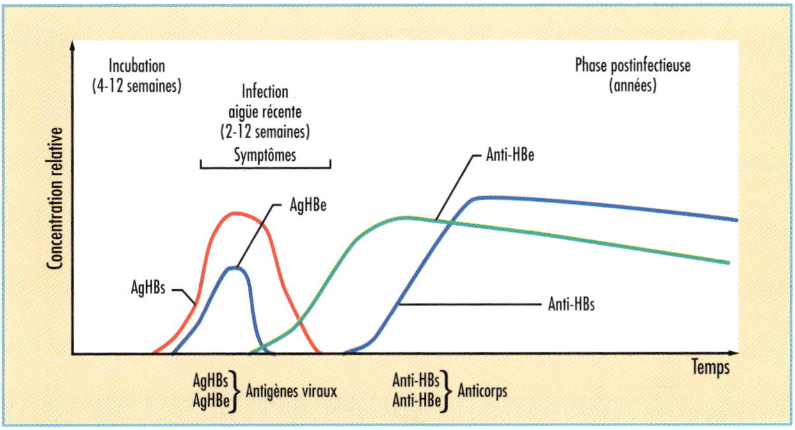

Doc. B

8 L'observation directe du virus restant difficile, on détecte indirectement la présence du VIH chez les personnes ayant un risque de contamination. Pour cela, on produit de façon artificielle, par génie génétique, des protéines virales qui sont disposées sur une bandelette.

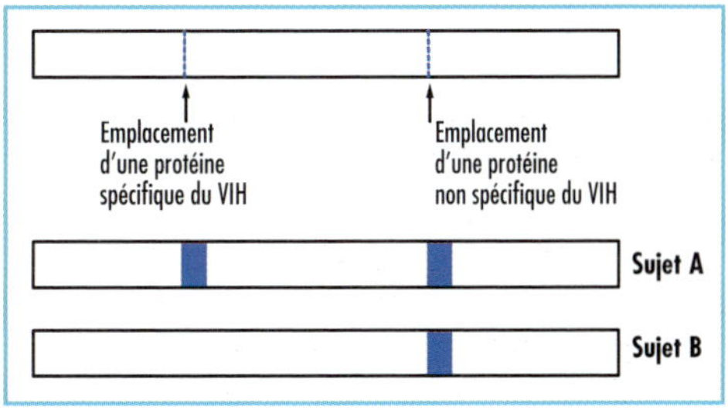

Doc. C

Lorsque ces protéines sont reconnues de façon spécifique par des molécules contenues dans le sérum de l'individu à tester, elles forment une réaction caractéristique qui permet de les repérer. Du sérum de l'individu à tester est déposé sur la bandelette. Le *document C* schématise les résultats obtenus pour deux individus A et B.

Quelles informations peut-on en tirer ? ▸ corrigé p. 94

9 Les graphes du *document D* présentent l'évolution des anticorps, des lymphocytes T cytotoxiques (CTL) et des lymphocytes T4 chez deux individus chez lesquels l'évolution de l'infection due au VIH est différente.

Montrez que les lymphocytes T cytotoxiques (CTL) doivent jouer un rôle fondamental dans les réactions immunitaires dirigées contre le VIH.

▸ corrigé p. 94

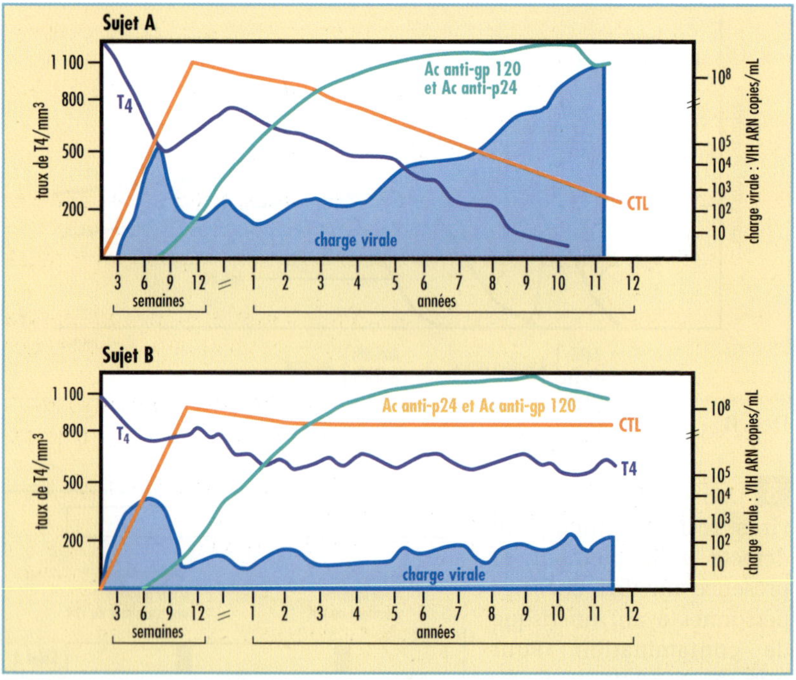

Doc. D

1 a. Comme tous les virus, le VIH est inerte dans le milieu extracellulaire et ne se reproduit qu'à l'intérieur des cellules qu'il parasite (lymphocytes T4, macrophages).
b. Le VIH est un virus à ARN et non à ADN.
d. Les plasmocytes, cellules effectrices de l'immunité acquise sécrétant des anticorps, ne sont pas parasités par le VIH.
e. Les anticorps spécifiques du VIH forment des complexes avec le virus, complexes qui peuvent être éliminés par les cellules phagocytaires. Mais ils ne peuvent faire disparaître totalement le VIH de l'organisme car il y a toujours production de nouveaux virions à partir du génome viral incorporé dans celui des lymphocytes T4 parasités.

2 a. Fondamentalement, un anticorps est formé de quatre chaînes polypeptidiques identiques deux à deux.
b. Les anticorps résultent de l'expression des gènes qui codent les chaînes polypeptidiques qui les constituent.
d. Un anticorps est de nature protéique et non lipidique.

3 b. En première approximation, un anticorps est spécifique d'un antigène (plus précisément d'un déterminant antigénique) et ne se lie qu'avec lui.
c. Les anticorps sont sécrétés par les plasmocytes (= lymphocytes B sécréteurs) et non par les lymphocytes T.
e. Un anticorps se lie à un antigène spécifique, forme avec lui un complexe immun, mais ne le détruit pas. Ce sont les cellules phagocytaires qui éliminent les complexes immuns.
f. Exact si on considère les anticorps solubles, sécrétés dans le milieu extracellulaire, mais faux si on considère les anticorps membranaires des lymphocytes B.

4 a. Les lymphocytes T cytotoxiques sont des cellules effectrices apparues à la suite de l'infection virale ; ils n'existaient pas avant.
b. Les lymphocytes T cytotoxiques détruisent bien les cellules infectées par le VIH mais pas par phagocytose ; ils agissent par contact en produisant notamment de la perforine qui contribue à la destruction de la cellule infectée.
c. Ce sont les plasmocytes et non les lymphocytes T cytotoxiques qui produisent des anticorps.
d. La perforine produite par les lymphocytes T cytotoxiques est une protéine.
f. Les lymphocytes T cytotoxiques détruisent les cellules infectées et non les virus. En détruisant les cellules infectées ils limitent la production de nouveaux virions.
g. Les lymphocytes T cytotoxiques sont spécifiques, et ne détruisent que les cellules infectées présentant sur leur membrane des peptides d'un virus déterminé (peptides du VIH pour les lymphocytes T cytotoxiques spécifiques du VIH).

5 a. La charge virale augmente bien par production de nouveaux virions par les cellules infectées, mais ce n'est pas la disparition de celles-ci qui est à l'origine de la diminution (il y a toujours des lymphocytes T4 au cours de la primo-infection).
b. La charge virale augmente au cours de la primo-infection à une période où il n'y a pas d'anticorps.
c. Le graphe montre que la diminution de la charge virale est corrélée avec l'apparition des lymphocytes T cytotoxiques, ce qui est un argument en faveur de cette affirmation.
d. On ne peut pas affirmer cela, car il y a deux types d'effecteurs (anticorps et lymphocytes T cytotoxiques) spécifiques apparus en réaction à l'infection, et, de plus, les anticorps apparaissent après les LT cytotoxiques.

6 On ne guérit pas de l'infection par le VIH, car il existe toujours dans l'organisme des cellules infectées ayant incorporé le génome viral, et susceptibles de produire de nouveaux virions : les affirmations **c** et **e** sont donc correctes.

Toutefois, le sida proprement dit correspond au stade terminal de l'infection, où le nombre de T4 s'effondre et où les maladies opportunistes sont responsables des symptômes. En limitant la production virale et donc en bloquant plus ou moins l'effondrement des T4, les médicaments antiviraux retardent l'apparition du stade sida. En ce sens, les affirmations **b** et **d** sont exactes. Par contre, l'affirmation **a** est fausse.

7 On constate que les anticorps anti-Hbe et anti-HBs apparaissent après la disparition (anti-HBs) ou la nette diminution (anti Hbe) des antigènes. Cela semble indiquer qu'ils n'ont eu aucun rôle dans cette élimination ou cette diminution. On peut donc penser que les lymphocytes T cytotoxiques, sur lesquels le document ne fournit aucune information, ont suffi pour entraver la multiplication virale.

8 Seul le sujet A possède dans son plasma une substance réagissant spécifiquement avec une protéine antigénique du VIH. On peut donc penser que cette substance est un anticorps et que la personne A, au contraire de l'individu B, est séropositive et donc infectée par le VIH.

9 Cinq à six ans après l'infection, le sujet A voit son nombre de T4 s'effondrer en dessous de 200 par mm^3 en même temps que la charge virale augmente : cela est caractéristique du stade sida de l'infection par le VIH.
Le sujet B, en revanche, au bout de 12 ans, a un nombre de T4 supérieur à 500 par mm^3 et une charge virale basse : il est toujours dans la phase asymptomatique de l'infection.
Les réactions immunitaires du sujet B lui ont donc permis de mieux résister à l'infection par le VIH que le sujet A. Cela ne semble pas dû aux anticorps, car le profil de leur concentration est à peu près le même dans les deux cas. En particulier,

chez le sujet A, la chute de la concentration d'anticorps anti-VIH n'est pas nette. En revanche, alors que le nombre de lymphocytes T cytotoxiques (CTL) spécifiques du VIH reste à peu près stable chez le sujet B, il baisse au bout d'une année chez le sujet A pour devenir très faible en phase sida. Cela corrobore l'idée que les CTL jouent un rôle majeur dans la maîtrise de l'infection par le VIH en limitant la multiplication du virus.

6 Les réactions immunitaires et l'évolution du phénotype immunitaire

POUR COMMENCER

► L'étude des réponses effectrices à l'infection par le VIH a permis de montrer que l'organisme réagissait en modifiant son phénotype cellulaire, en acquérant des plasmocytes et des lymphocytes T cytotoxiques (CTL) qui n'existaient pas avant l'entrée du virus. Il faut, en généralisant, déterminer l'origine de ces deux types de cellules qui ne peuvent, comme toute cellule, que dériver de cellules préexistantes.

► Les deux aspects des réactions immunitaires (formation d'anticorps et de CTL) sont, très généralement, mis en jeu contre la plupart des antigènes, comme ils ont été mis en jeu conjointement en présence du VIH ; ils constituent la signature d'une réaction de l'organisme à la présence d'éléments étrangers.

► Grâce à la circulation sanguine, les effecteurs (anticorps et CTL) peuvent gagner n'importe quel territoire de l'organisme après avoir pris naissance dans les organes immunitaires (ganglions lymphatiques et rate, *document 3*).

► Le système des anticorps est spécialisé dans la surveillance du milieu intérieur (extracellulaire).

► Le système des lymphocytes T cytotoxiques est spécialisé dans la surveillance des populations cellulaires.

I Les cellules à l'origine des plasmocytes et des lymphocytes B cytotoxiques (CTL)

1 Les lymphocytes à l'origine des plasmocytes et des CTL

La réaction de l'organisme à l'entrée du VIH a montré qu'en réponse à la présence du virus, des **cellules effectrices** qui n'existaient pas apparaissent : plasmocytes sécréteurs d'anticorps et lymphocytes T cytotoxiques. Elles sont le résultat de l'évolution du phénotype immunitaire. Ces cellules ne peuvent provenir que de cellules préexistantes :

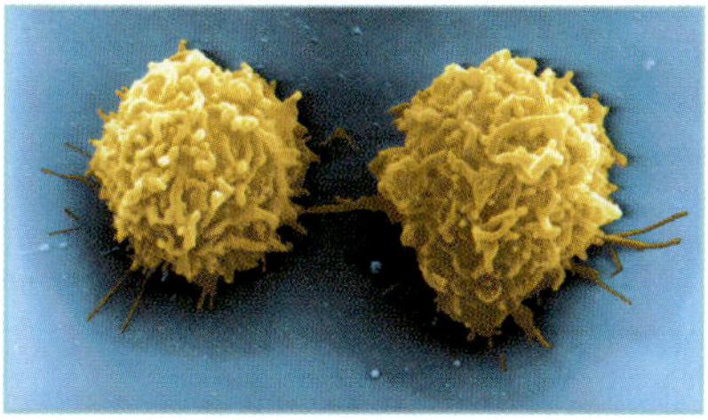

Doc. 1 – Lymphocytes au microscope électronique à balayage (× 3 000).

– **les lymphocytes B** qui préexistent dans l'organisme à l'entrée de l'antigène sont à l'origine des **plasmocytes** (*document 2*) ;

– **les lymphocytes T précytotoxiques (pré-CTL)** ou **lymphocytes T8** qui préexistent également à la pénétration de l'antigène sont à l'origine des CTL.

Lymphocytes B et T8, sans cesse renouvelés, naissent dans la moelle osseuse qu'ils quittent pour gagner le sang. Ils sont capables de reconnaître des antigènes précis mais n'ont aucune activité effectrice. Les lymphocytes B sont capables de reconnaître l'antigène (ils sont immunocompétents) dès leur sortie de la moelle ; les T8 doivent transiter par le thymus pour acquérir leur immunocompétence. Moelle osseuse et thymus sont des organes lymphoïdes primaires (*document 3*).

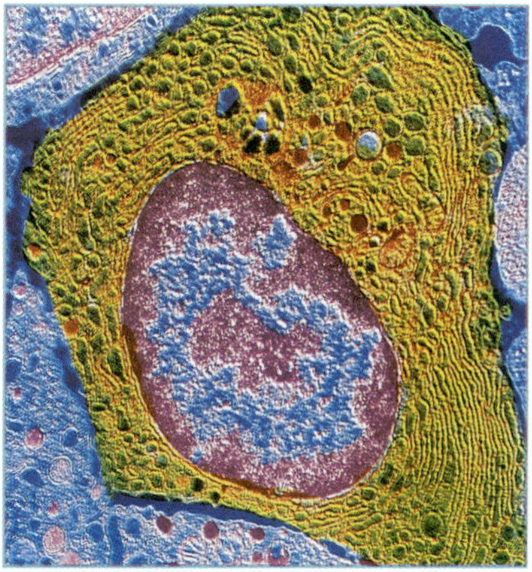

Doc. 2 – Un plasmocyte (ou lymphocyte B sécréteur).

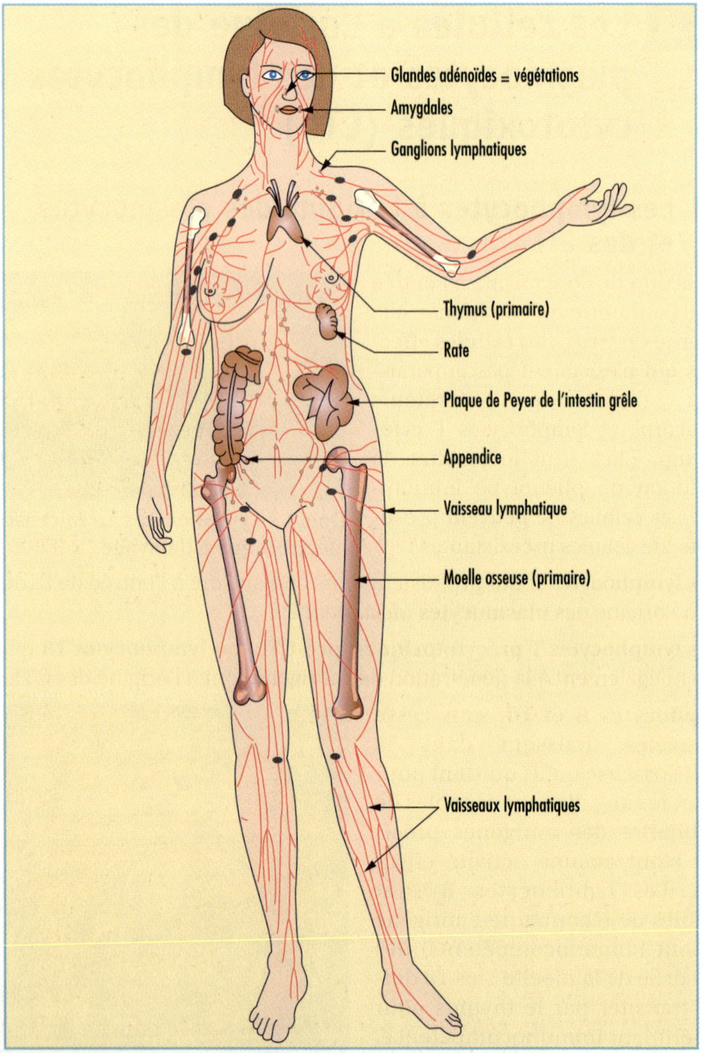

Doc. 3 – Organes lymphoïdes primaires et secondaires.

Les organes lymphoïdes primaires sont le lieu où les celules immunitaires sont produites et (ou) achèvent leur maturation. Les organes secondaires sont le siège des réactions immunitaires. Les vaisseaux lymphatiques transportent les antigènes de leur point d'entrée aux ganglions. Les lymphocytes peuvent passer des ganglions vers le sang et revenir.

2 Les récepteurs des lymphocytes B et T8

■ Les lymphocytes B sont capables de reconnaître un antigène grâce à des **anticorps membranaires** qui ont la même organisation moléculaire que les anticorps circulants (voir *document 5, chapitre 5*) mais ne peuvent être libérés dans le milieu intérieur. Un lymphocyte B (*document 4*) ne possède qu'un seul type d'anticorps membranaire : il ne peut reconnaître qu'un seul antigène (ou déterminant antigénique). Il existe dans l'organisme humain adulte environ 10^{12} lymphocytes B répartis en 10^7 clones ; chaque clone est donc constitué par 10^5 lymphocytes B portant tous le même anticorps membranaire : les lymphocytes d'un clone sont spécialisés dans la reconnaissance d'un même antigène déterminé.

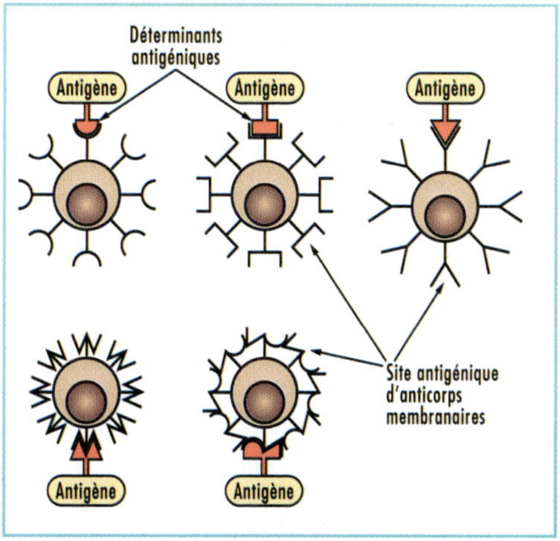

Doc. 4 – Schématisation de lymphocytes B appartenant à cinq clones différents. *Les anticorps membranaires d'un lymphocyte B sont identiques et spécifiques d'un déterminant antigénique (il existe environ 10^7 clones différents de lymphocytes B).*

■ Les lymphocytes T pré-cytotoxiques sont capables de reconnaître un antigène grâce à des **récepteurs membranaires**, différents des anticorps. Tous les récepteurs membranaires d'un lymphocyte T8 sont identiques, et il existe autant de clones spécialisés de lymphocytes T8 que de clones de lymphocytes B (10^7). L'ensemble des anticorps membranaires et des récepteurs T constitue le répertoire immunitaire d'un individu. Il faut bien saisir que ces clones de lymphocytes spécifiques **préexistent avant tout contact avec l'antigène**. Ainsi, avant toute infection par le VIH nous possédons des clones de lymphocytes B et de lymphocytes T8 capables de reconnaître spécifiquement les déterminants antigéniques des protéines du virus.

II Le déroulement des réactions immunitaires

1 Reconnaissance de l'antigène par les lymphocytes B et les lymphocytes T8 spécifiques

■ La reconnaissance des antigènes viraux, bactériens ou autres, a lieu dans les ganglions lymphatiques. Seuls les lymphocytes B et T8, porteurs de récepteurs membranaires, capables de se lier de façon spécifique à un antigène déterminé, sont aptes à reconnaître cet antigène ; ils sont ainsi sélectionnés : c'est la **sélection clonale**. Contrairement aux lymphocytes B, les lymphocytes T8 ne reconnaissent que les antigènes exprimés à la surface des cellules infectées et non les antigènes libres.

■ Cette reconnaissance des antigènes par des lymphocytes B et T8 spécifiques est cependant insuffisante pour déclencher leur transformation en plasmocytes ou CTL : l'intervention d'une troisième catégorie de cellules, les lymphocytes T4, est nécessaire.

2 Reconnaissance de l'antigène par un clone de lymphocytes T4 spécifiques

Les lymphocytes T4 préexistent à l'entrée de l'antigène ; ils possèdent, comme les lymphocytes T8, des récepteurs membranaires capables de se lier aux antigènes présentés à la surface des cellules infectées. Il existe des millions (10^7) de clones de lymphocytes T4. Chaque clone ne reconnaît qu'un seul antigène et, après reconnaissance, les lymphocytes du clone sélectionné subissent une **expansion** par mitoses et une **différenciation** en lymphocytes T4 sécréteurs d'**interleukines** et en lymphocytes **T4 mémoire**.

3 La formation des plasmocytes et des CTL

Les interleukines sécrétées par les lymphocytes T4 sécréteurs activent les lymphocytes B et T8 sélectionnés par leur reconnaissance de l'antigène (*document 5*). Chacun des clones sélectionnés subit une expansion (expansion clonale = nombreuses mitoses) suivie d'une différenciation :

– pour les lymphocytes B, en deux types de cellules, les **plasmocytes**, sécréteurs d'anticorps circulants de même spécificité que les anticorps membranaires des lymphocytes B d'origine et **les lymphocytes B mémoire** ;

– pour les lymphocytes T8, en **lymphocytes T cytotoxiques** spécifiques de l'antigène reconnu au départ.

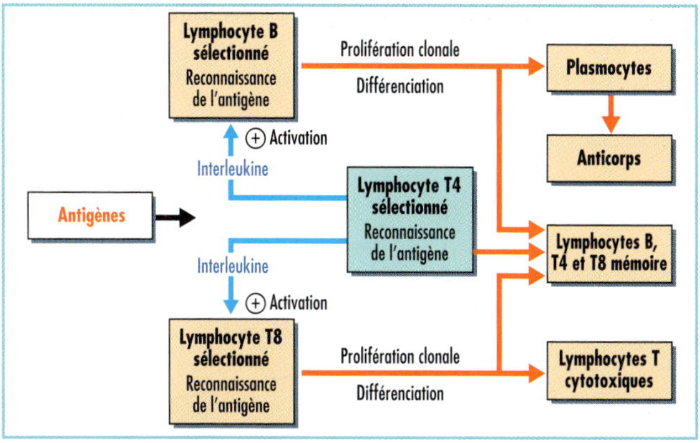

Doc. 5 – Réactions immunitaires aboutissant à la production de cellules effectrices dans un ganglion.

4 Disparition des lymphocytes T4 et maladies opportunistes

Alors même que les lymphocytes B et T8 sont toujours présents, dans le cas de l'infection par le VIH, on assiste, dans la phase de sida déclaré, à la chute des anticorps anti-VIH et à celle des lymphocytes T cytotoxiques spécifiques du VIH (voir le *document 4, chapitre 5*) ainsi que des anticorps et des CTL dirigés contre des antigènes divers, autres que le VIH. Cette chute est due à l'effondrement du nombre de lymphocytes T4 qui a pour conséquence la **disparition des interleukines** absolument indispensables à l'activation des lymphocytes B et T8 sélectionnés. Les lymphocytes B et T spécifiques de nombreux microbes ne sont plus activés : il en résulte le développement des maladies opportunistes.

III Mémoire immunitaire et vaccination

1 La mémoire immunitaire

■ Une fois que le système immunitaire a reconnu un antigène et réagit à sa présence, il présente une mémoire immunitaire : une seconde rencontre avec le même antigène induit une réponse plus rapide et plus importante (*document 6*).

La réponse primaire est caractérisée par un délai de plusieurs jours avant qu'apparaissent les anticorps (et les CTL) et une augmentation faible et peu durable du taux d'anticorps (et du nombre de CTL).

La réponse secondaire est caractérisée par un délai très court, de quelques heures, et une production d'anticorps (et de CTL) beaucoup plus importante.

■ Cette mémoire immunitaire repose sur l'existence des **cellules mémoire** (T4 et B mémoire) qui ont une durée de vie très longue et une très grande réactivité (peut-être liée à une plus grande densité de récepteurs membranaires) lors d'un deuxième contact avec l'antigène.

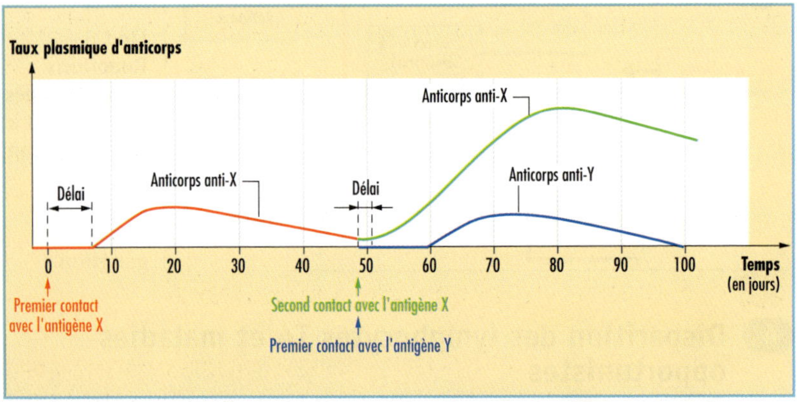

Doc. 6 – Évolution du taux d'anticorps spécifiques à la suite de deux contacts avec le même antigène. *On injecte un antigène X (premier contact) et on mesure le taux d'anticorps anti-X. Lorsque celui-ci est devenu très faible, on injecte à nouveau la même quantité d'antigène X (second contact) ainsi qu'un autre antigène Y (premier contact). On mesure le taux d'anticorps anti-X et anti-Y dans le plasma.*

2 La vaccination

■ La vaccination a pour effet d'induire une immunité vis-à-vis d'un microbe précis, c'est-à-dire de rendre l'organisme capable de neutraliser très rapidement l'infection par ce microbe, de sorte que les manifestations de la maladie n'apparaissent pas. **Elle repose sur la mémoire immunitaire**. Les vaccins sont très divers, mais leur dénominateur commun est la présence d'antigènes microbiens non pathogènes, mais ayant conservé la capacité de déclencher une réaction immunitaire (virus inactivés, protéines virales, toxine atténuée, etc.). La vaccination entraîne une réaction immunitaire avec la production d'effecteurs et de cellules mémoire (B et T4) spécifiques du microbe. Les anticorps et les lymphocytes T cytotoxiques disparaissent assez vite, mais les cellules mémoire rendent l'organisme capable de réagir très rapidement à une agression par le microbe pendant un temps plus ou moins long.

■ Dans le cas du sida, le virus mute sans cesse et les défenses immunitaires, même si elles fonctionnent, sont incapables de vaincre le VIH. Pour l'instant, aucun vaccin neutralisant, c'est-à-dire capable d'empêcher le virus de pénétrer dans les T4, n'a pu être mis au point.

IV Le phénotype immunitaire et son évolution

1 L'apparition d'un nouveau phénotype immunitaire

À un moment donné, le phénotype immunitaire correspond aux clones existants de lymphocytes B et T (T8 et T4), de cellules mémoire, de cellules effectrices (plasmocytes, CTL) et de molécules effectrices (anticorps).

Lors de la pénétration dans l'organisme d'un nouvel antigène, il y a production de nouveaux plasmocytes, de CTL et d'anticorps, ainsi que de nouvelles cellules mémoire : il y a donc **changement de phénotype immunitaire**.

2 L'évolution du phénotype immunitaire au cours de la vie

■ Dès le troisième mois de la grossesse, et surtout durant le dernier trimestre, il y a **transfert** des anticorps de la mère vers le fœtus jusqu'alors dépourvu de système immunitaire fonctionnel. Cela lui confère une **immunisation passive** par réception d'anticorps préformés par la mère. Ces anticorps maternels protègent le bébé plusieurs mois après la naissance, mais finissent par disparaître. Le système immunitaire de l'enfant prend progressivement le relais au fur et à mesure des rencontres avec les antigènes présents dans son environnement ; c'est, cette fois, une **immunisation active** : le phénotype immunitaire change sans cesse en s'adaptant à son environnement.

■ Le phénotype immunitaire peut être artificiellement modifié, soit en provoquant une immunisation passive par injection d'anticorps, c'est la **sérothérapie** ; soit en provoquant une immunisation active par **vaccination**.

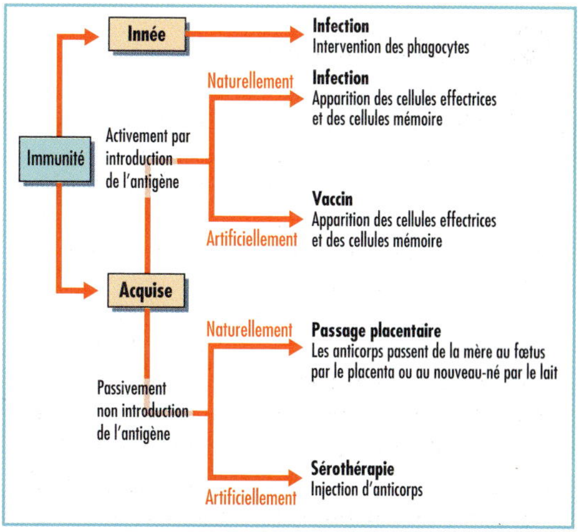

Doc. 7 – Immunité innée et immunité acquise activement ou passivement.

■ L'évolution permanente du phénotype immunitaire permet le maintien de l'intégrité de l'organisme. Cette évolution du phénotype immunitaire retrace l'histoire des expositions aux antigènes d'un individu avec son environnement (*document 7*).

■ Grâce à des mécanismes génétiques originaux, l'organisme produit sans cesse, mais de façon aléatoire, des lymphocytes B, T8 et T4 d'une diversité telle, qu'à un instant donné, il en existe toujours qui sont capables de reconnaître l'un des quelques 100 millions de milliards d'antigènes grâce à leurs anticorps membranaires ou leurs récepteurs T. Ce renouvellement au hasard des lymphocytes B et T peut conduire à la naissance de clones capables de reconnaître des molécules appartenant à l'organisme qui leur donne naissance : ces clones autoréactifs sont éliminés dans la moelle osseuse ou le thymus. Les autres constituent **le répertoire immunitaire de l'individu**. Parfois, les clones autoréactifs persistent et sont à l'origine de maladies auto-immunes.

Ne confondez pas sérum et sang

Le sérum est le liquide formé à partir du plasma lors de la coagulation du sang. C'est donc une solution totalement dépourvue de cellules. Un transfert d'immunité par injection de sérum (sérothérapie) ne peut donc être dû qu'à des anticorps (molécules protéiques) et non à des lymphocytes T cytotoxiques (CTL).

Les lymphocytes T et B

Il ne faut pas oublier que si les lymphocytes B sont capables de reconnaître sans intermédiaire les déterminants antigéniques (les antigènes) et de se lier à eux, les lymphocytes T ne les reconnaissent qu'inclus dans la membrane des cellules infectées.

La chute des lymphocytes T4 et l'apparition des maladies opportunistes

■ Il ne faut pas oublier que les lymphocytes T4 sont le pivot des réactions immunitaires acquises, d'où la gravité de leur destruction par le VIH responsable du sida.

■ La chute des lymphocytes T4 fait disparaître des clones de ces lymphocytes spécifiques de microbes pathogènes. En l'absence de ces lymphocytes T4, les lymphocytes B et T8 spécifiques de ces mêmes microbes ne sont plus activés et il n'y a plus de production d'effecteurs spécifiques, d'où l'apparition de maladies opportunistes dans le cas du sida.

Les réactions immunitaires

■ Entraînez-vous à distinguer les trois phases d'une réaction immunitaire spécifique :
- **phase d'induction** (reconnaissance et sélection clonale) ;
- **phase d'activation** déclenchée par les interleukines (expansion clonale par mitoses, différenciation en plasmocytes ou CTL et cellules mémoire) ;
- **phase effectrice** (intervention des anticorps et des CTL).

■ Apprenez à reconnaître les caractères d'une réaction immunitaire spécifique : reconnaissance de l'antigène, spécificité, délai, mise en mémoire.

À propos des schémas

Entraînez-vous à schématiser un anticorps ; à reconnaître un plasmocyte en insistant sur la liaison entre sa structure (réticulum très dense avec beaucoup de ribosomes) et sa fonction (synthèse de protéines = anticorps) ; à reconnaître ou à schématiser des figures de phagocytose (*documents 8a et 8b*).

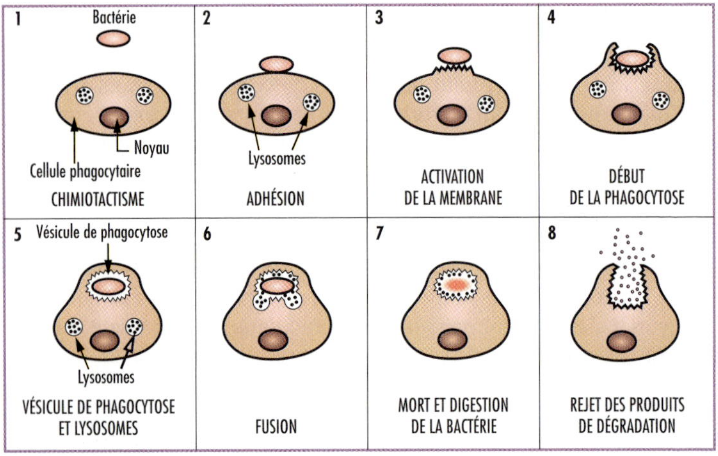

Doc. 8a – Déroulement de la phagocytose.

Complémentarité des mécanismes de l'immunité innée et de l'immunité acquise

Ne croyez pas que les mécanismes effecteurs de l'immunité innée et de l'immunité acquise sont totalement indépendants. La phagocytose de Bactéries et de virus par les cellules phagocytaires (macrophages, polynucléaires) est un des principaux mécanismes de l'immunité innée. Contre plusieurs types de Bactéries (exemple : les Pneumocoques à capsule), cette phagocytose ne peut avoir lieu ; les phagocytes deviennent capables de phagocyter ces Bactéries lorsqu'elles sont recouvertes de molécules d'anticorps (liaisons spécifiques entre ces anticorps et les antigènes de surface des Bactéries).

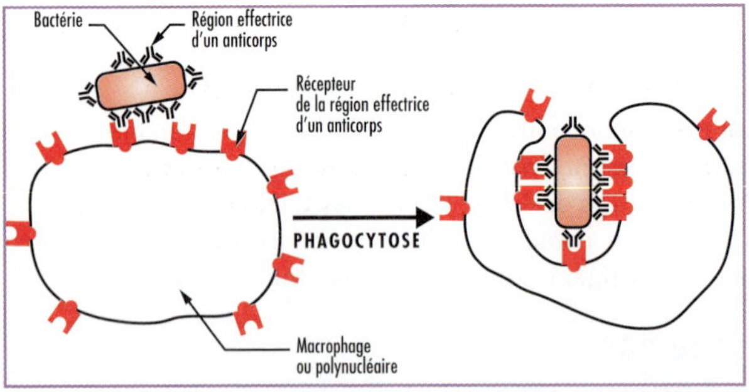

Doc. 8b – Phagocytose d'une bactérie par l'intermédiaire des anticorps.
Les molécules d'anticorps sont liées aux déterminants antigéniques de la bactérie par leurs sites antigéniques, et se fixent sur la cellule phagocytaire par leur région constante effectrice à des récepteurs spécifiques membranaires de cette cellule.

Vérifier ses connaissances

Dans les exercices 1 à 4, relevez les affirmations inexactes et corrigez-les.

1 Les lymphocytes B…

a. achèvent leur maturation dans le thymus.

b. circulent dans l'organisme.

c. engendrent après stimulation antigéniques des plasmocytes sécréteurs d'anticorps.

d. possèdent chacun une grande variété d'anticorps membranaires.

e. apparaissent en réponse à la pénétration d'un antigène. ▸ corrigé p. 111

2 Les lymphocytes T4…

a. ont pour origine des cellules souches situées dans la moelle osseuse.

b. deviennent immunocompétents dans la moelle osseuse.

c. ont pour récepteurs des anticorps membranaires.

d. reconnaissent directement les antigènes libres.

e. ne sont pas indispensables à l'apparition des anticorps. ▸ corrigé p. 111

3 Les lymphocytes T pré-cytotoxiques (T8)…

a. reconnaissent les antigènes présentés par les cellules infectées.

b. sont à l'origine de la lutte contre les virus extracellulaires.

c. engendrent des lymphocytes T cytotoxiques immédiatement après avoir reconnu l'antigène.

d. préexistent à l'entrée d'un antigène.

e. possèdent des récepteurs aux interleukines. ▸ corrigé p. 111

4 Le phénotype immunitaire d'un individu est caractérisé par…

a. l'absence d'anticorps à la naissance.

b. un répertoire de lymphocytes B qui n'évolue pas au cours de la vie.

c. les mêmes anticorps chez toutes les personnes. ▸ corrigé p. 111

S'entraîner

Dans les exercices 5 et 6, en exploitant les informations tirées du document proposé, relevez les affirmations inexactes et corrigez-les.

5 Le *document A* est relatif aux variations de la concentration d'anticorps dans le sang d'un enfant dans les mois qui suivent sa naissance.

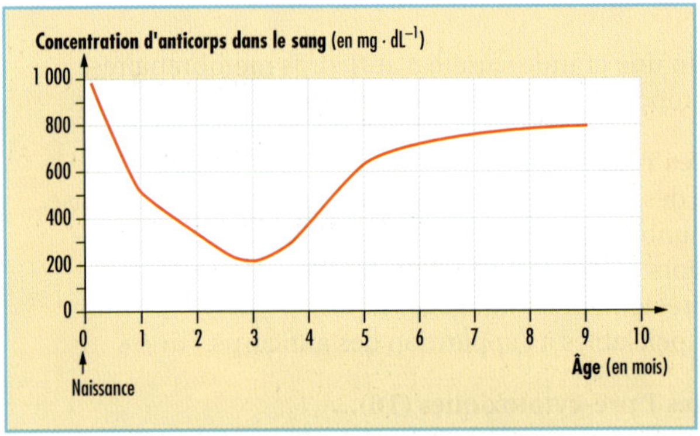

Doc. A – Concentration d'anticorps dans le sang.

a. Le système immunitaire à la naissance est plus efficace que celui de l'enfant âgé de trois mois.
b. Le nouveau-né à la naissance possède des anticorps acquis activement durant la vie intra-utérine.
c. La baisse de la concentration en anticorps est due à l'absence de stimulation antigénique.
d. Le système immunitaire de l'enfant est encore inactif à six mois.
▸ corrigé p. 111

6 Un test ELISA a été effectué afin de rechercher la présence possible d'anticorps anti-VIH chez un enfant âgé de deux mois : il s'est révélé positif.
a. Le phénotype immunitaire de l'enfant est certainement caractérisé par l'existence de plasmocytes sécréteurs d'anticorps anti-VIH.
b. Sa mère est séropositive vis-à-vis du VIH.
c. Il possédait ces anticorps avant la naissance.
d. Il sera certainement positif durant toute sa vie.
e. Il sera certainement atteint du sida. ▸ corrigé p. 111

Dans les exercices 7 à 9, tirez des informations du document proposé pour répondre à la question posée.

7 Le bacille tétanique est une bactérie qui se multiplie dans les plaies mais y reste localisée. Il n'envahit pas l'organisme. Par contre, il sécrète une toxine qui, en se fixant sur les centres nerveux, est responsable de la gravité de la maladie.
Le vaccin antitétanique contient de l'anatoxine tétanique qui est une toxine tétanique ayant perdu toute virulence après traitement par le formol, à 40 °C, pendant un mois.
Des personnes n'ayant jamais été victimes du tétanos ont reçu trois injections de vaccin antitétanique : la deuxième neuf semaines après la première, et la troisième dix mois après la deuxième.
Le *document B* donne la concentration moyenne d'anticorps antitétanique (en UI par mL de plasma) de ces personnes.
Montrez que les mécanismes intervenant au cours de cette vaccination sont caractéristiques d'une réaction immunitaire. ▸ corrigé p. 112

	1re inj.			2e inj.		
	avant la 1re inj.	1 sem. après la 1re inj.	3 sem. après la 1re inj.	9 sem. après la 1e inj.	1 sem. après la 2e inj.	4 mois après la 2e inj.
Taux d'anticorps	< 0,01	< 0,01	0,03	0,03	0,35	0,21

	3e inj.				
	10 mois après la la 2e inj.	5 jours après la 3e inj.	12 jours après la 3e inj.	30 jours après la 3e inj.	18 mois après la 3e inj.
Taux d'anticorps	0,08	1,1	10,1	9	0,37

Doc. B – Le vaccin antitétanique protège exclusivement contre le tétanos.

8 Gowan injecte 1 mL d'une solution d'anatoxine tétanique (toxine rendue non virulente) :
– à des rats témoins ;
– à des rats « expérimentaux » immédiatement après une période de canulation du canal lymphatique principal (canal thoracique) de cinq jours. Cette canulation a pour conséquence d'extraire de grandes quantités de lymphocytes du corps des animaux.
Pour les deux lots de rats, la quantité d'antitoxine antitétanique (anticorps) apparue dans le plasma des animaux après cette injection, fut trop faible

pour être mesurée avec les techniques de l'époque. Trois semaines plus tard, Gowan injecte aux rats des deux lots une deuxième dose de 1 mL d'anatoxine tétanique. Le *document C* présente les concentrations d'antitoxine antitétanique apparue dans le sang des animaux à la suite de cette injection.

Déterminez le but de l'expérience menée par Gowan et la conclusion qu'il a pu en tirer. ▸ corrigé p. 112

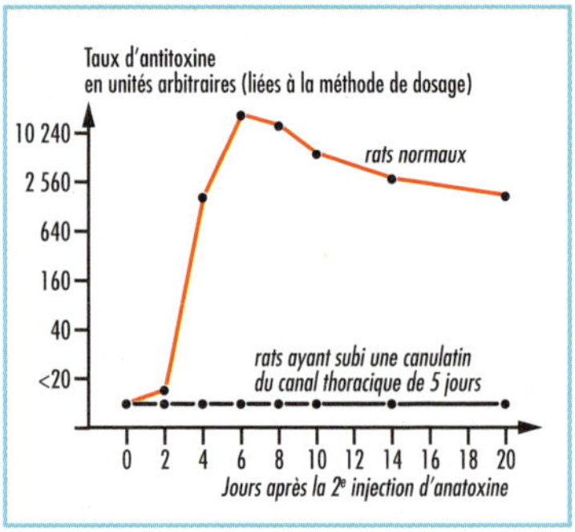

Doc. C

9 En 1960, des chercheurs s'interrogent sur le rôle du thymus et de la moelle osseuse dans les réponses immunitaires. Ils utilisent des souris adultes privées de thymus par voie chirurgicale à la naissance. Ces souris sont également soumises, au même âge, à l'action de rayons X qui ont pour effet de détruire toutes les cellules du système immunitaire et notamment celles de la moelle osseuse.

Ces souris sont réparties en trois lots et leur système immunitaire est plus ou moins rétabli à l'aide de cellules prélevées chez des souris de même lignée. L'aptitude à produire des anticorps vis-à-vis d'un antigène est ensuite testée par une injection de globules rouges de mouton (GRM) antigéniques. Le *document D*, rassemble les résultats obtenus.

Indiquez l'origine des cellules nécessaires à la production d'anticorps.

▸ corrigé p. 112

Lots de souris / Traitements	1er lot	2e lot	3e lot
Temps t1	Injection de cellules de thymus	Injection de cellules de moelle osseuse	Injection de cellules de thymus + cellules de moelle osseuse
Temps t2 (8 jours plus tard)	Injection de GRM	Injection de GRM	Injection de GRM
Temps t3 (quelques jours plus tard)	Prélèvement de sérum, puis mise en contact avec des GRM : pas d'agglutination	Prélèvement de sérum, puis mise en contact avec des GRM : pas d'agglutination	Prélèvement de sérum, puis mise en contact avec des GRM : agglutination

Doc. D – L'agglutination des GRM est provoquée par des anticorps anti-GRM.

1 **a.** Les lymphocytes B achèvent leur maturation, c'est-à-dire l'acquisition de leurs anticorps membranaires dans la moelle osseuse (ils deviennent immunocompétents).
d. Chaque lymphocyte B ne possède qu'un seul type d'anticorps membranaire.
e. Les clones de lymphocytes B préexistent avant tout contact antigénique.

2 **b.** Les lymphocytes T4 deviennent immunocompétents dans le thymus.
c. Les récepteurs T ne sont pas des anticorps membranaires.
d. Les lymphocytes T ne reconnaissent pas les antigènes libres mais seulement ceux qui leur sont présentés au niveau de la membrane des cellules infectées.
e. Les lymphocytes T4 sont indispensables à la production de plasmocytes sécréteurs d'anticorps à partir des lymphocytes B.

3 **b.** Les lymphocytes T n'agissent pas sur les virus extracellulaires ; ils ne détruisent que les cellules infectées.
c. Comme dans toute réaction immunitaire, il y a multiplication des lymphocytes T pré-cytotoxiques ayant reconnu un antigène avant leur différenciation en cellules effectrices.
e. Ils ne possèdent des récepteurs aux interleukines qu'après la reconnaissance d'un antigène.

4 **a.** À la naissance, il existe des anticorps d'origine maternelle.
b. À la suite d'un contact antigénique, il y a une réaction immunitaire des lymphocytes B spécifiques de l'antigène et production de lymphocytes B mémoire plus nombreux et donc susceptibles de réagir plus rapidement à un nouveau contact avec le même antigène.
c. Le phénotype immunitaire est propre à un individu car il dépend des antigènes avec lesquels il a été confronté au cours de sa vie.

5 **a.** La concentration d'anticorps est minimale vers l'âge de trois mois, par suite de l'élimination et de la dégradation des anticorps maternels reçus pendant la vie fœtale : le phénotype immunitaire du nouveau-né confère une protection plus grande que celle de l'enfant de trois mois.
b. Les anticorps maternels sont acquis passivement et non activement par le fœtus.
c. La baisse de la concentration des anticorps est due à leur dégradation, leur élimination.
d. L'augmentation de la concentration d'anticorps entre 3 et 6 mois est due à la production d'anticorps par l'enfant, donc à l'activité de son système immunitaire.

6 **a.** Les anticorps anti-VIH chez le bébé de deux mois peuvent être uniquement d'origine maternelle. Ils ne traduisent pas obligatoirement une infection de l'enfant, et donc une réaction immunitaire vis-à-vis du VIH avec production de plasmocytes.

b. S'il a des anticorps à deux mois, ils proviennent au moins en partie de sa mère (sans doute en totalité) : celle-ci est donc séropositive.

c. Effectivement, les anticorps passent de la mère au fœtus durant le dernier trimestre de la gestation.

d. Il ne sera séropositif toute sa vie que si sa mère lui a transmis aussi le virus. Dans ce cas, il produit ses propres anticorps anti-VIH. Dans l'autre cas, il devient séronégatif après disparition des anticorps maternels.

e. On ne peut rien conclure à partir d'un test de séropositivité à deux mois.

7 Après la première injection d'anatoxine, la production d'anticorps antitétanique s'effectue avec un délai de plus d'une semaine et reste modeste (0,03 UI comme concentration maximale). À la suite de la deuxième et surtout de la troisième injection, la production d'anticorps est beaucoup plus rapide et importante. Cela traduit l'existence d'une mémoire caractéristique des réactions immunitaires. Avant la troisième injection, même si la concentration d'anticorps est faible, le phénotype immunitaire de l'individu est caractérisé par la présence de lymphocytes B à mémoire spécifiques de l'anatoxine tétanique qui assurent une réponse immunitaire rapide et importante.

8 Gowan étudie la production d'anticorps antitétaniques par des rats de deux lots différents en fonction d'un seul facteur : le nombre des lymphocytes. Il a donc pour objectif d'étudier leur rôle dans la production d'anticorps et de répondre à la question : les lymphocytes sont-ils à l'origine des cellules productrices d'anticorps ? Contrairement aux rats « normaux », ceux qui sont privés d'une grande partie de leurs lymphocytes par canulation ne produisent pas d'anticorps à la suite d'une double injection d'anatoxine. Cela confirme l'hypothèse sur le rôle des lymphocytes dans la production d'anticorps.

9 Puisqu'il n'y a pas agglutination, les souris du premier et du deuxième lot n'ont pas produit d'anticorps contrairement aux souris du lot 3.
Les cellules thymiques seules ou les cellules de la moelle osseuse seules sont insuffisantes pour permettre une réaction immunitaire productrice d'anticorps ; il faut une participation de ces deux types de cellules.

➲ C'est dans le thymus que s'effectue la maturation des lymphocytes T, et dans la moelle osseuse celle des lymphocytes B. Cette expérience date du début des années 1960 ; plus tard, on a montré que les lymphocytes T4 sont indispensables à la production d'anticorps par les lymphocytes B.

7 La réalisation des phénotypes sexuels

POUR COMMENCER

► Chez les Mammifères, la reproduction sexuée exige l'existence de deux phénotypes, l'un mâle et l'autre femelle. Les différences visibles (caractères sexuels secondaires) : présence de mamelles, pilosité, voix, taille, musculature, comportement, etc., sont plus ou moins prononcées.

► Dans tous les cas cependant, mâles et femelles diffèrent par (*document 1*) les caractères sexuels **primordiaux**, qui sont les glandes génitales représentées par des testicules producteurs de spermatozoïdes chez le mâle, et des ovaires producteurs d'ovules chez la femelle.

Ils diffèrent aussi par les caractères sexuels **primaires**, constitués par les voies génitales et les organes génitaux externes :

– chez le mâle (*document 1a*), ce sont les canaux (épididymes et spermiductes) vecteurs des spermatozoïdes, le pénis, organe d'accouplement, ainsi que les glandes annexes, vésicules séminales et prostate, qui sécrètent le liquide séminal, nutritif pour les spermatozoïdes, et avec lesquels il constitue le sperme ;

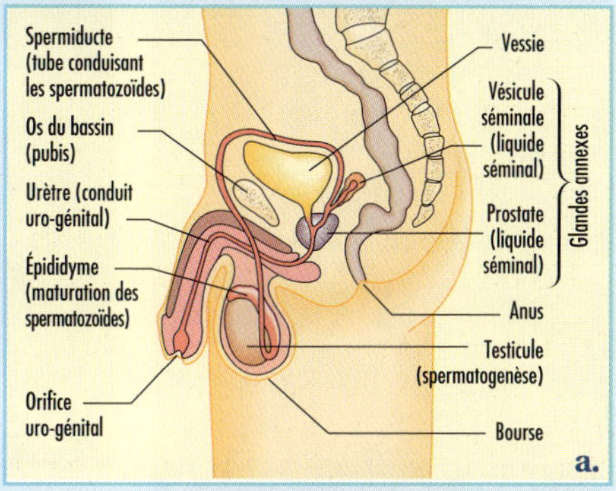

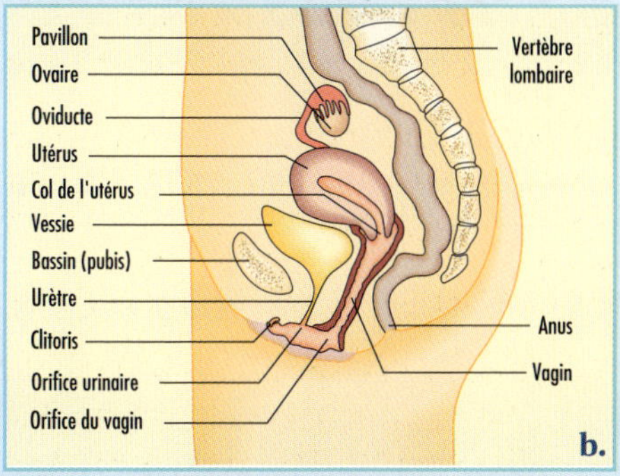

Doc. 1 – Appareil génital masculin (a) et féminin (b) vus de profil.

– chez la femelle (*document 1b*), ce sont les oviductes (trompes dans l'espèce humaine), l'utérus et le vagin, ainsi que les organes génitaux externes (vulve).

► Les phénotypes mâle et femelle sont, chez les Mammifères, liés à l'existence de deux **caryotypes** différents :

– chez l'homme, une des paires de chromosomes homologues (la 23e) est constituée de deux chromosomes différents X et Y (*document 2a*) ;

– chez la femme, cette 23e paire est formée de deux chromosomes semblables entre eux (XX) et au chromosome X masculin (*document 2b*).

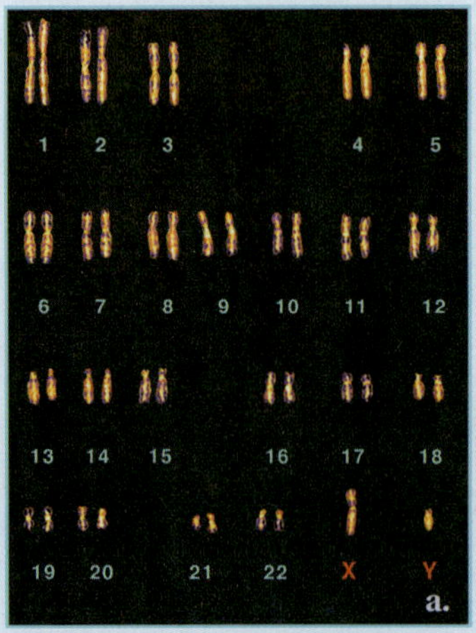

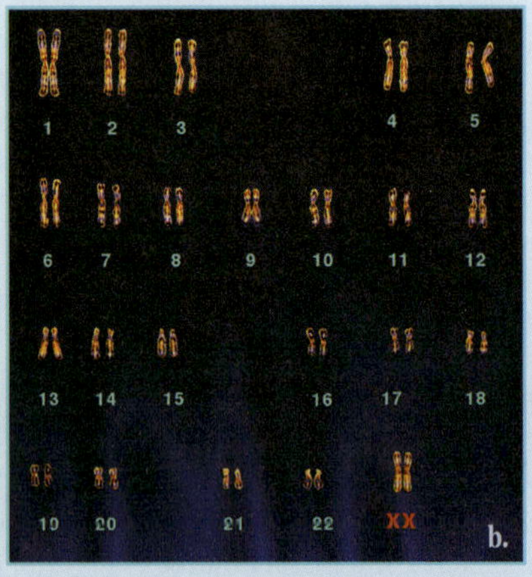

Doc. 2 – Caryotypes humains. a. *Caryotype masculin.* **b.** *Caryotype féminin.*

I Différenciation des gonades et réalisation du phénotype sexuel

■ Au cours du développement, l'organisme passe par un **stade indifférencié**, c'est-à-dire identique chez l'embryon mâle et l'embryon femelle (*document 3*) : gonades indifférenciées, coexistence de voies génitales mâles et femelles.

■ L'événement crucial de la réalisation du phénotype sexuel est la détermination ou non des gonades indifférenciées en testicules : s'ils apparaissent, ils entraînent la masculinisation de l'organisme ; en leur absence, le phénotype sexuel évolue vers le type femelle, que les ovaires soient présents ou non.

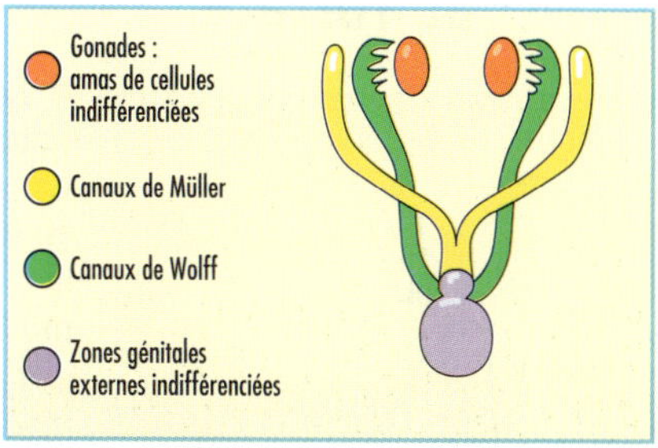

Doc. 3 – Appareil génital indifférencié.

II Le déterminisme génétique de la nature des gonades

La différenciation des gonades en testicules obéit à un déterminisme génétique strict. En s'exprimant dans les cellules de la gonade indifférenciée, le gène SRY porté par le chromosome Y (*document 4*) active la cascade d'événements qui conduit à la transformation des gonades en testicules.
En l'absence de ce gène, la gonade évolue en ovaire.

Les gènes AZFa, AZFb et AZFc sont impliqués, pour leur part, dans le déroulement de la spermatogenèse.

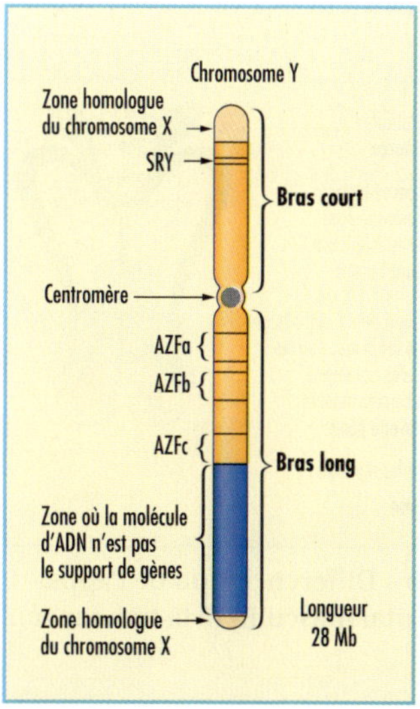

Doc. 4 – Le chromosome Y.

III La réalisation des phénotypes sexuels durant la vie embryonnaire et fœtale

■ Les testicules embryonnaires puis fœtaux assurent la réalisation du phénotype sexuel mâle grâce à leur fonction endocrine. Ils sécrètent deux hormones : la testostérone et l'hormone anti-müllerienne ou AMH (*document 5*).

■ **La testostérone** assure le maintien et la différenciation des conduits génitaux mâles (canaux de Wolff), la formation des glandes annexes et la masculinisation des organes génitaux externes (*document 6*).

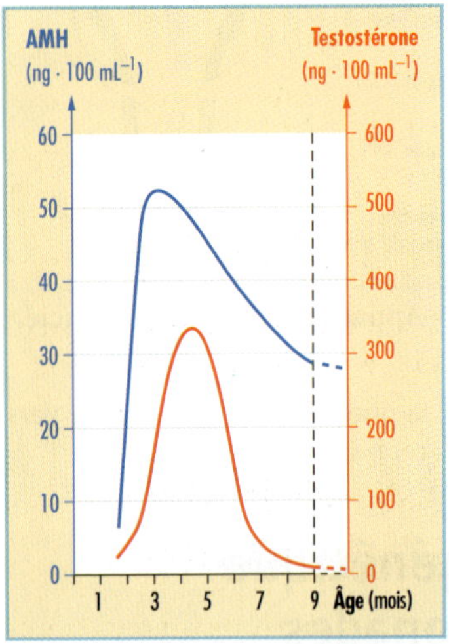

Doc. 5 – Concentration de testostérone et d'hormone anti-müllerienne (AMH) dans le sang d'un fœtus humain.

■ **L'hormone anti-müllerienne** entraîne la disparition des canaux de Müller (*document 6*).

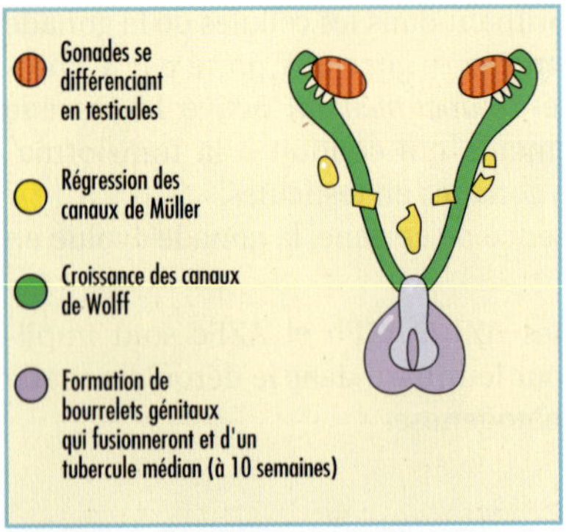

Doc. 6a – Différenciation de l'appareil génital masculin (vers la 8e semaine de la vie embryonnaire).

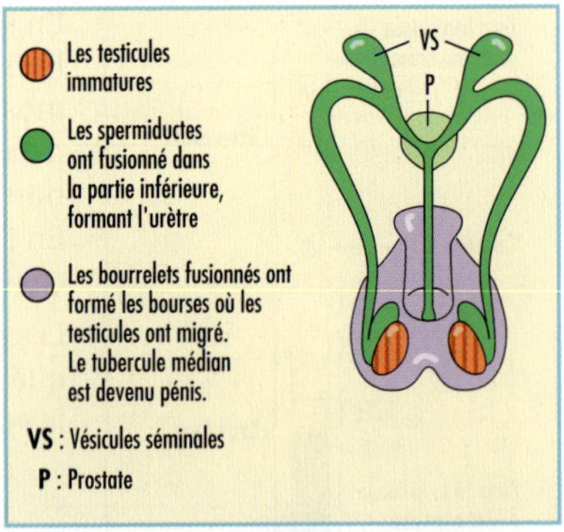

Doc. 6b – Différenciation de l'appareil génital masculin (à la naissance).

Les ovaires fœtaux ne secrètent ni de testostérone ni d'AMH. En l'absence de testostérone, les conduits génitaux mâles (canaux de Wolff) disparaissent et les oganes génitaux externes se féminisent (partie inférieure du vagin, vulve, clitoris). En l'absence d'AMH, les conduits génitaux femelles (canaux de Müller) se différencient en oviducte, utérus et vagin (partie supérieure).

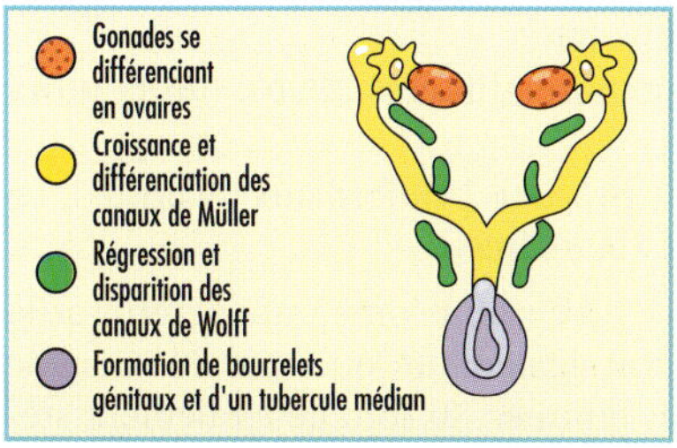

Doc. 7a – Différenciation de l'appareil génital féminin (à la 12e semaine de la vie fœtale).

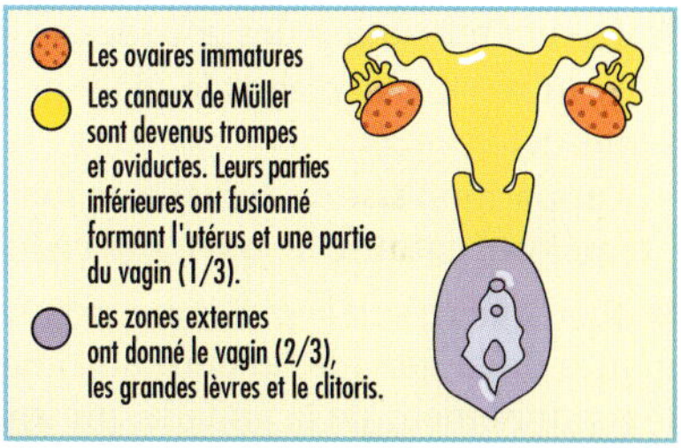

Doc. 7b – Différenciation de l'appareil génital féminin (à la naissance).

IV La puberté et la mise en place des phénotypes sexuels adultes

À la puberté, les gonades (caractères sexuels primordiaux) deviennent fonctionnelles, produisant gamètes et hormones (*documents 8 et 9*). Sous l'action de ces hormones (testostérone chez le mâle et œstrogènes chez la femelle), les caractères sexuels primaires deviennent fonctionnels, et les caractères sexuels secondaires apparaissent.

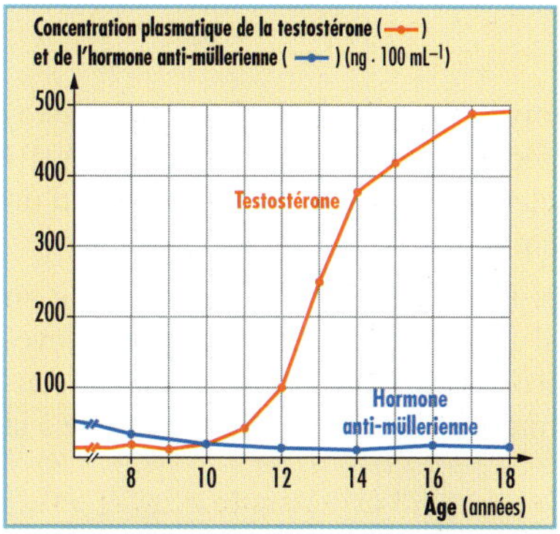

Doc. 8 – Hormones testiculaires durant la période pré-pubertaire et pubertaire.

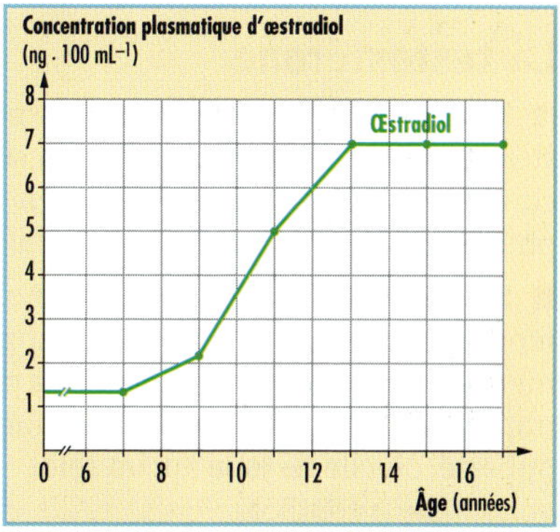

Doc. 9 – Hormone ovarienne (œstradiol) durant la période pré-pubertaire et pubertaire.

Les gonades

■ Les gonades indifférenciées renferment des cellules génitales (germinales) primordiales à $2n$ chromosomes et des cellules somatiques (non destinées à devenir des gamètes) également diploïdes.

■ La différenciation des gonades se marque par :

– la mise en place chez le mâle de cordons séminifères pleins, futurs tubes séminifères ;

– l'apparition chez la femelle de follicules ovariens primordiaux (ovocyte I, en préméiose, entouré de quelques cellules folliculaires).

■ Bien que ce soit la présence ou l'absence du chromosome Y qui détermine la nature de la gonade, le chromosome X doit également jouer un rôle dans le fonctionnement de la gonade, puisque les femmes X0 sont généralement stériles ainsi que les hommes XXY.

Les gènes et la différenciation sexuelle

■ Le gène **SRY** est indispensable à la réalisation du phénotype masculin ; c'est un gène architecte. Mais la réalisation du phénotype sexuel mâle résulte aussi de l'intervention d'un grand nombre d'autres gènes, comme ceux qui sont responsables de la synthèse des hormones ou de celle des récepteurs aux hormones, etc.

■ Il est nécessaire de bien concevoir que les gènes qui interviennent dans la différenciation sexuelle ne sont pas obligatoirement situés sur les chromosomes X ou Y (mis à part le gène SRY). Ainsi, le gène responsable de la synthèse de l'AMH est situé sur le chromosome 19, et le gène responsable de la synthèse de son récepteur sur le chromosome 12.

La testostérone

■ Il peut y avoir une **anomalie** du phénotype sexuel liée au fait que la testostérone soit non fonctionnelle, non sécrétée ou non décodée, alors que l'AMH continue à être sécrétée et à agir normalement, d'où la mise en place d'un phénotype féminin sans voies génitales féminines.

■ La **concentration** de testostérone, très importante chez le fœtus mâle au moment de la différenciation de l'appareil génital, baisse ensuite pour redevenir très importante au moment de la puberté. L'AMH, par contre, a une concentration importante durant la vie embryonnaire et fœtale, puis faible à nulle à la puberté, où elle ne joue aucun rôle.

Les hormones ovariennes

Les hormones ovariennes ne jouent aucun rôle dans la différenciation des voies génitales au cours de la vie fœtale.

En revanche, elles ont un rôle essentiel au moment de la puberté en provoquant le développement des voies génitales et en déclenchant l'apparition des caractères sexuels secondaires.

Un moyen mnémotechnique

Si vous oubliez les termes de **canaux de Wolff** et de **canaux de Müller**, n'hésitez pas à utiliser ceux de canaux masculins (ou mâles) et de canaux féminins (ou femelles).

Vérifier ses connaissances

Dans les exercices 1 à 4, relevez les affirmations inexactes et corrigez-les.

1 Le gène SRY…

a. code l'hormone AMH.
b. est situé sur la partie commune aux chromosomes X et Y.
c. code la testostérone.
d. est à l'origine de la formation des cordons séminifères.
e. s'exprime après la différenciation des voies génitales. ▸ corrigé p. 123

2 La différenciation des organes génitaux externes…

a. résulte directement de l'action de l'AMH.
b. résulte de l'action de la testostérone.
c. peut être affectée par des mutations touchant le gène responsable de la synthèse des récepteurs à la testostérone.
d. dépend directement de l'expression du gène SRY.
e. est indépendante de la différenciation des gonades. ▸ corrigé p. 123

3 Les canaux de Müller…

a. sont à l'origine de la différenciation de l'ovaire.
b. ont un devenir qui dépend de la présence de l'ovaire.
c. disparaissent sous l'action d'une hormone testiculaire.
d. peuvent persister chez le mâle en cas de mutation du gène qui code pour le récepteur à l'AMH.
e. se différencient chez la femme en oviducte, utérus et partie supérieure du vagin. ▸ corrigé p. 123

4 À la naissance, un phénotype sexuel observable contraire au sexe chromosomique peut exister…

a. en cas de mutation du gène SRY rendant non fonctionnel le polypeptide qu'il code.
b. en cas de mutation du gène de l'AMH qui a pour effet de rendre non fonctionnelle cette protéine.
c. en cas de mutation d'un des gènes intervenant dans la synthèse de la testostérone. ▸ corrigé p. 123

S'entraîner

Dans les exercices 5 à 9, en exploitant les informations tirées du document proposé, relevez les affirmations exactes et corrigez celles qui sont fausses.

5 La structure de la gonade présentée par le *document A* :

– est en accord avec un caryotype de type XX.
– est acquise après la naissance.
– résulte directement de l'expression du gène SRY.
– est associée à l'expression du gène AMH. ▸ corrigé p. 123

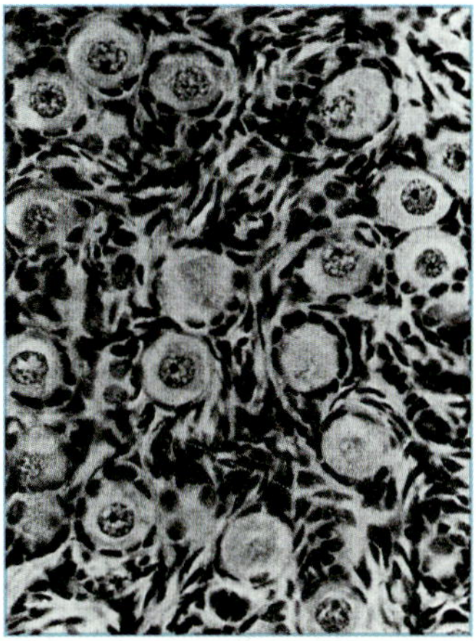

Doc. A – Coupe transversale de gonade.

6 L'appareil génital humain schématisé par le *document B* :

– existe vers le cinquième mois de la vie fœtale.
– peut évoluer en appareil génital féminin.
– ne peut évoluer en appareil génital masculin.
– aura une évolution qui ne dépend que du caryotype XX.
– aura une évolution différente suivant le caryotype des cellules des voies génitales.

▸ corrigé p. 123

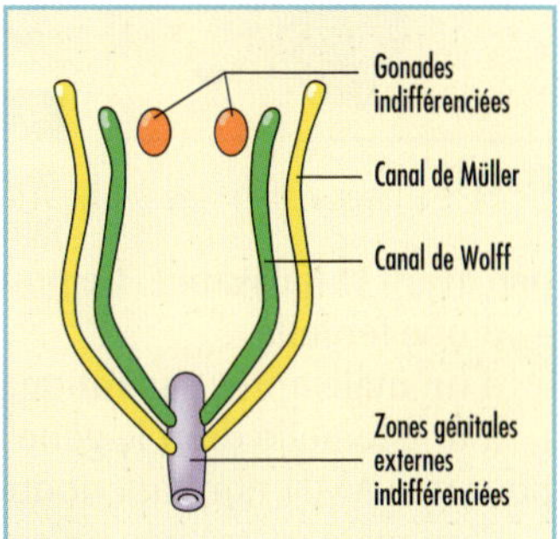

Doc. B – Appareil génital au stade des gonades indifférenciées.

7 Les concentrations d'AMH indiquées dans le *document C* :

– sont celles d'un organisme dont le caryotype est XX.
– sont impliquées dans la différenciation des voies génitales mâles.
– sont à l'origine de la féminisation des organes génitaux externes.
– déterminent la suppression des voies génitales féminines vers le deuxième mois de la vie embryonnaire.
– sont responsables du développement des caractères sexuels secondaires masculins à la puberté. ▸ corrigé p. 124

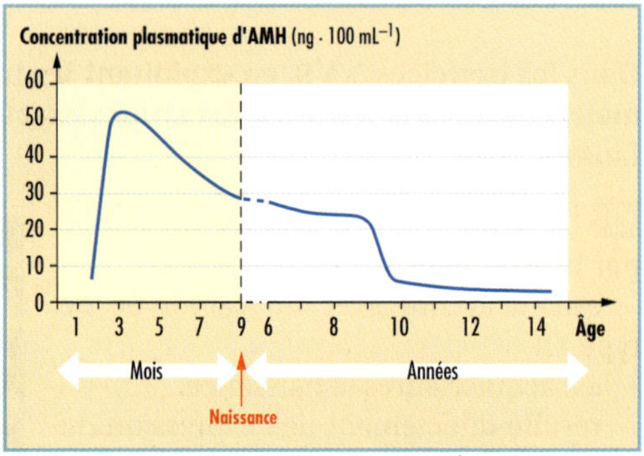

Doc. C – Variations de la concentration plasmatique de l'hormone anti-müllerienne chez un individu de la période prénatale à la puberté.

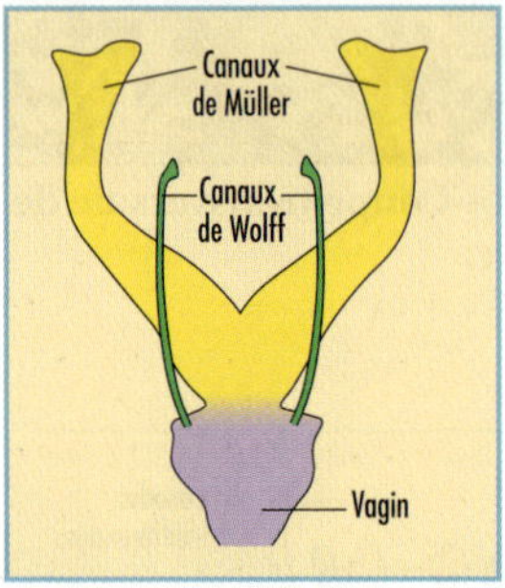

Doc. D

8 Le *document D* représente les voies génitales d'un Lapin peu avant la naissance. Ce pourrait-être celles :

– d'un fœtus femelle.
– d'un fœtus mâle.
– d'un fœtus femelle après castration.
– d'un fœtus mâle après castration.

▸ corrigé p. 124

9 Le *document E* représente les voies génitales d'un Lapin peu avant la naissance. Ce pourrait être celles :

– d'une femelle.
– d'un mâle après castration précoce.
– d'une femelle dont le gène responsable code pour une AMH non fonctionnelle.
– d'un mâle castré très précocement auquel on a implanté un cristal de testostérone.

▸ corrigé p. 124

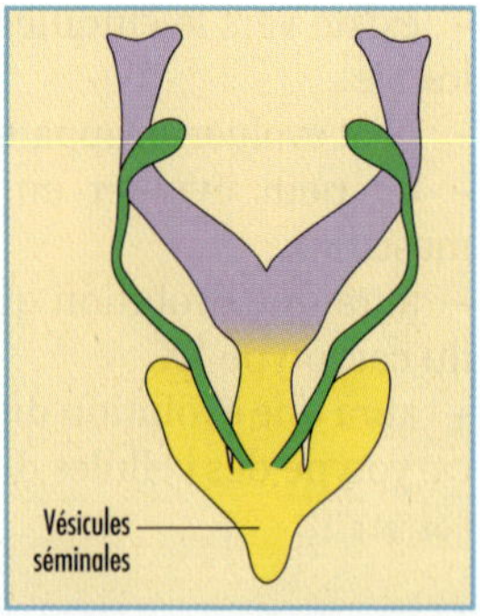

Doc. E

1 a. Le gène SRY code une protéine (parfois appelée TDF) qui déclenche la différenciation de la gonade indifférenciée en testicule.

b. Ce gène est situé sur une partie propre au chromosome Y.

c. Ce gène entraîne la différenciation de la gonade en testicule mais n'intervient pas dans la chaîne métabolique qui conduit à la production de testostérone.

e. Il s'exprime avant la différenciation des voies génitales puisque la différenciation des glandes génitales précède et entraîne celle des voies génitales.

2 a. L'AMH intervient uniquement sur les canaux de Müller et non sur les organes génitaux externes.

d. Le gène SRY n'intervient qu'indirectement dans la différenciation des organes génitaux externes : il entraîne seulement la différenciation des gonades en testicules, et c'est la testostérone produite ensuite par ceux-ci qui entraîne la différenciation masculine des organes génitaux externes.

e. La différenciation des organes génitaux externes dépend de la différenciation des gonades : c'est la testostérone secrétée par les testicules fœtaux qui provoque leur masculinisation.

3 a. Les canaux de Müller désignent des voies génitales embryonnaires qui n'interviennent en rien dans la différenciation des ovaires.

b. Le devenir des canaux de Müller dépend de la présence des testicules fœtaux et non des ovaires ; la castration précoce d'un fœtus femelle ne modifie pas la différenciation des canaux de Müller en oviducte et utérus.

4 b. Une AMH non fonctionnelle entraîne la persistance des canaux de Müller mais n'empêche pas la masculinisation des organes génitaux externes.

5 La coupe de gonade ne montre que des follicules primordiaux ; en conséquence, il s'agit d'une coupe d'un ovaire fœtal. Elle est donc en accord avec un caryotype XX. En revanche, cette structure est acquise avant la naissance. Elle ne résulte pas de l'expression du gène SRY qui entraîne au contraire la différenciation de la gonade en testicule. Ce n'est pas l'ovaire fœtal qui secrète l'AMH mais le testicule.

6 La différenciation des gonades au cours du développement embryonnaire s'effectue vers la 7e semaine ; en conséquence, l'appareil génital schématisé avec les gonades indifférenciées ne peut exister vers le 5e mois. En revanche, puisque rien n'est encore différencié, il peut évoluer en appareil génital masculin ou féminin. Sa différenciation ne dépend pas du caryotype XX mais du caryotype XY des cellules des glandes génitales. Par contre, le caryotype des voies génitales n'intervient pas dans leur différenciation : tout dépend de la présence ou non des hormones testiculaires.

7 La sécrétion importante d'AMH durant la vie embryonnaire et fœtale, en particulier durant le troisième mois, indique que les glandes génitales sont des testicules : il s'agit d'un fœtus masculin ; en conséquence, le caryotype n'est pas XX mais XY. L'AMH, présente chez l'embryon, entraîne la disparition des canaux de Müller, mais non la masculinisation des canaux de Wolff, et n'a pas d'action sur les organes génitaux externes.
Les concentrations d'AMH à la puberté diminuent considérablement en accord avec le fait que cette hormone n'intervient pas dans le développement des caractères sexuels secondaires masculins à la puberté (c'est la testostérone qui est active).

8 On voit des canaux de Müller bien développés, un vagin et des canaux de Wolff atrophiés : il s'agit donc de voies génitales femelles et, sans doute, d'un fœtus femelle et non d'un fœtus mâle. Ce phénotype correspond aussi bien à un fœtus caryotypiquement mâle que femelle, si la castration a été effectuée précocement, avant la différenciation des glandes génitales.

9 Sur le schéma, on observe à la fois des voies génitales mâles et femelles bien développées ; la présence de vésicules séminales conforte la différenciation des voies génitales mâles.
Puisque le développement des canaux de Wolff exige la présence de testostérone, il s'agit d'un fœtus mâle et non femelle.
Il ne peut s'agir d'un fœtus mâle après castration précoce car dans ce cas, les canaux de Wolff ne seraient pas développés. L'AMH est secrétée par le testicule et non par l'ovaire fœtal, donc la troisième affirmation est fausse. En revanche, un fœtus mâle castré très précocement ne secrète pas d'AMH d'où la persistance des canaux de Müller, le cristal de testostérone étant suffisant au développement des canaux de Wolff : la dernière affirmation est donc correcte.

8 Rôle des hormones gonadiques

POUR COMMENCER

- Chez le Mammifère mâle, la production de spermatozoïdes est continue à partir de la puberté.
- La testostérone assure la masculinisation de l'appareil génital durant la vie fœtale et le développement des voies génitales et des caractères sexuels secondaires à la puberté.
- Chez la femelle, les hormones ovariennes sont indispensables au développement des voies génitales et des caractères sexuels secondaires à la puberté.
- Chez la femelle pubère, l'ovaire présente un fonctionnement cyclique caractérisé par l'émission périodique d'un ovule ; chez la femme, un tous les vingt-huit jours en moyenne.
- Chez les grands Singes africains et l'Homme, il existe un cycle menstruel marqué par des règles périodiques. Ces règles sont d'origine utérine ; dans l'espèce humaine elles sont décalées d'environ deux semaines par rapport à l'ovulation et marquent le début d'un nouveau cycle ovarien.
- La fécondation a lieu dans le tiers externe des trompes, lieu que les spermatozoïdes, déposés dans le vagin, doivent donc rejoindre.

I Testostérone et reproduction

1 Testostérone et phénotype masculin

■ La testostérone est secrétée par les **cellules de Leydig** appartenant au tissu interstitiel situé entre les tubes séminifères (*document 1*).

Dans les tubes séminifères sont localisées les cellules de la **lignée germinale** (des spermatogonies aux spermatozoïdes) et les cellules nourricières et de soutien des cellules germinales, les **cellules de Sertoli**. Avant la naissance, la testostérone sécrétée par les cellules de Leydig et l'AMH sécrétée par les cellules de Sertoli assurent la réalisation du phénotype sexuel mâle.

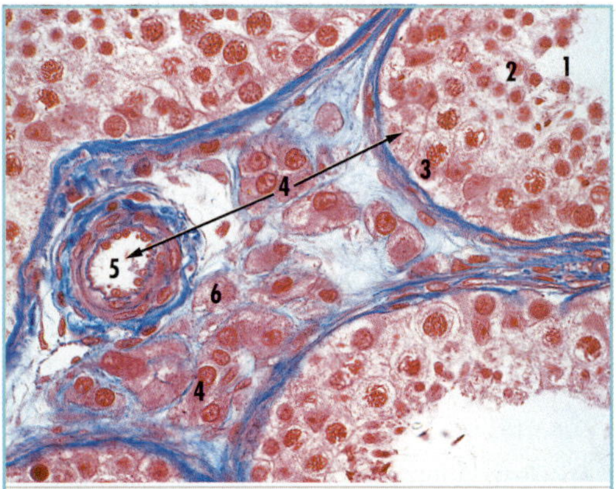

Tube séminifère
1. Lumière
2. Cellules germinales
3. Cellules nourricières (de Sertoli)

Tube interstitiel
4. Cellules de Leydig
5. Capillaire sanguin
6. Cellules du tissu conjonctif

⟶ Cibles de la testostérone (directement : cellules de Sertoli ; par l'intermédiaire de la circulation : voies génitales, vésicules séminales, prostate).

Doc. 1 – Coupe transversale de testicule.

■ À la puberté, la reprise de l'activité sécrétoire des cellules de Leydig entraîne une nouvelle augmentation de la concentration plasmatique de testostérone, responsable des changements phénotypiques pubertaires.

■ Chez l'adulte, la testostérone exerce aussi des rôles fondamentaux sur le plan physiologique et comportemental.

2 Testostérone et activité de l'appareil génital

■ La stabilité de la concentration plasmatique en testostérone est indispensable au maintien de l'activité des vésicules séminales et de la prostate (*document 2*) ainsi qu'à l'accomplissement de la spermatogenèse. Ainsi, la castration d'un Mammifère adulte est suivie d'une régression du volume et de la masse des vésicules séminales et de la prostate, qui cessent de produire le liquide séminal.

■ La testostérone est nécessaire à la réalisation d'une spermatogenèse complète (*document 2* bis) : elle exerce son action en agissant sur les cellules de Sertoli des tubes séminifères.

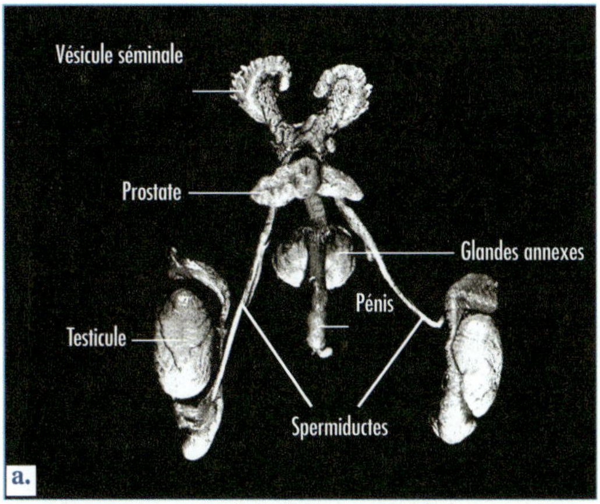

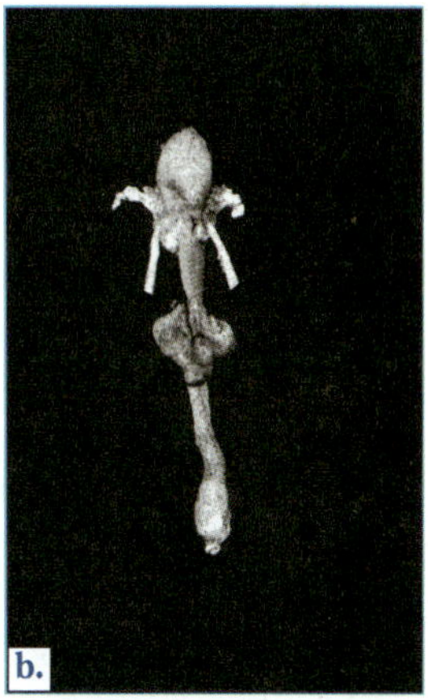

Doc. 2 – Appareil génital d'un rat adulte. a. *Avant castration.* **b.** *Trois semaines après castration, on peut noter la régression des glandes annexes de l'appareil génital.*

Caractères du traitement	Poids des testicules (mg)	Diamètre moyen des tubes séminifères (mm)
Rats témoins	1 780	325
Rats + EDS	980	180
Rats + EDS + 25 mg de testostérone	1 740	315
Rats + EDS + 5 mg de testostérone	1 635	304
Rats + EDS + 1 mg de testostérone	1 070	260

Doc. 2 *bis* – Action de la testostérone sur la spermatogenèse. *On a pesé les testicules et mesuré le diamètre des tubes séminifères de rats intacts (témoins), de rats dont les cellules interstitielles ont été spécifiquement détruites par l'EDS (éthane diméthane sulfonate) et de rats dont les cellules interstitielles ont été détruites et qui reçoivent des doses variables de testostérone (25, 5 ou 1 mg) tous les trois jours jusqu'au 21e jour, date à laquelle les rats sont sacrifiés. Noter que chez les rats du 3e et du 4e lot la testostérone suffit pour maintenir à l'état normal les tubes séminifères.*

3 Testostérone et comportement

Par son action sur les centres nerveux, la testostérone est indispensable à la réalisation des différents éléments du comportement reproducteur. La castration est en effet suivie d'une disparition plus ou moins rapide des différentes composantes du comportement sexuel.

II Un aspect fondamental du phénotype féminin adulte : le cycle menstruel

1 Le cycle des structures ovariennes

■ Chez les primates adultes et en particulier dans l'espèce humaine, contrairement à celle du testicule, l'activité de l'ovaire est cyclique (cycle ovarien) ; on parle aussi de **cycle menstruel**, car le début des règles marque la fin d'un cycle et le début du suivant. Chaque cycle comprend deux phases : la phase folliculaire (pré-ovulatoire) et la phase lutéale (post-ovulatoire) séparées par l'ovulation (*document 3*).

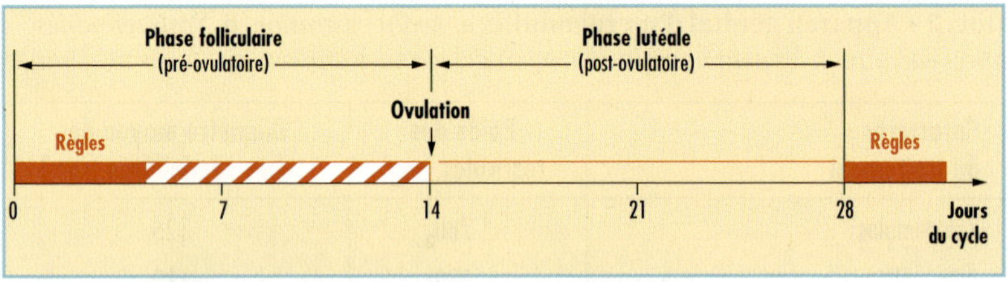

Doc. 3 – Les différentes phases d'un cycle menstruel.

■ Durant la phase pré-ovulatoire, les follicules recrutés, follicules antraux (ou cavitaires), de 4 à 5 mm de diamètre, (*documents 4 et 5a*) augmentent rapidement de taille ; dès le cinquième jour du cycle, un follicule (sélectionné) croît plus rapidement que les autres : c'est le **follicule dominant** qui seul arrive à maturité environ 14 jours après le début du cycle ; son diamètre est alors de 25 mm environ (*document 4*). L'ovocyte I qu'il contient reprend sa méiose et donne un ovocyte II dans les heures qui précèdent **l'ovulation** (*document 5b*).

■ Après l'ovulation débute la phase lutéale ; le follicule rompu se transforme en quelques jours en un **corps jaune** de 2 à 3 cm de diamètre (*document 5c*), grâce à la multiplication des cellules de la granulosa qui se chargent d'une substance jaunâtre et sont envahies par des vaisseaux sanguins qui s'insinuent entre elles.

■ Huit à dix jours après, le corps jaune commence sa dégénérescence qui est complète 4 à 6 jours plus tard, et est associée au début des règles. Durant cette phase post-ovulatoire, aucun follicule antral ne se développe dans l'ovaire.

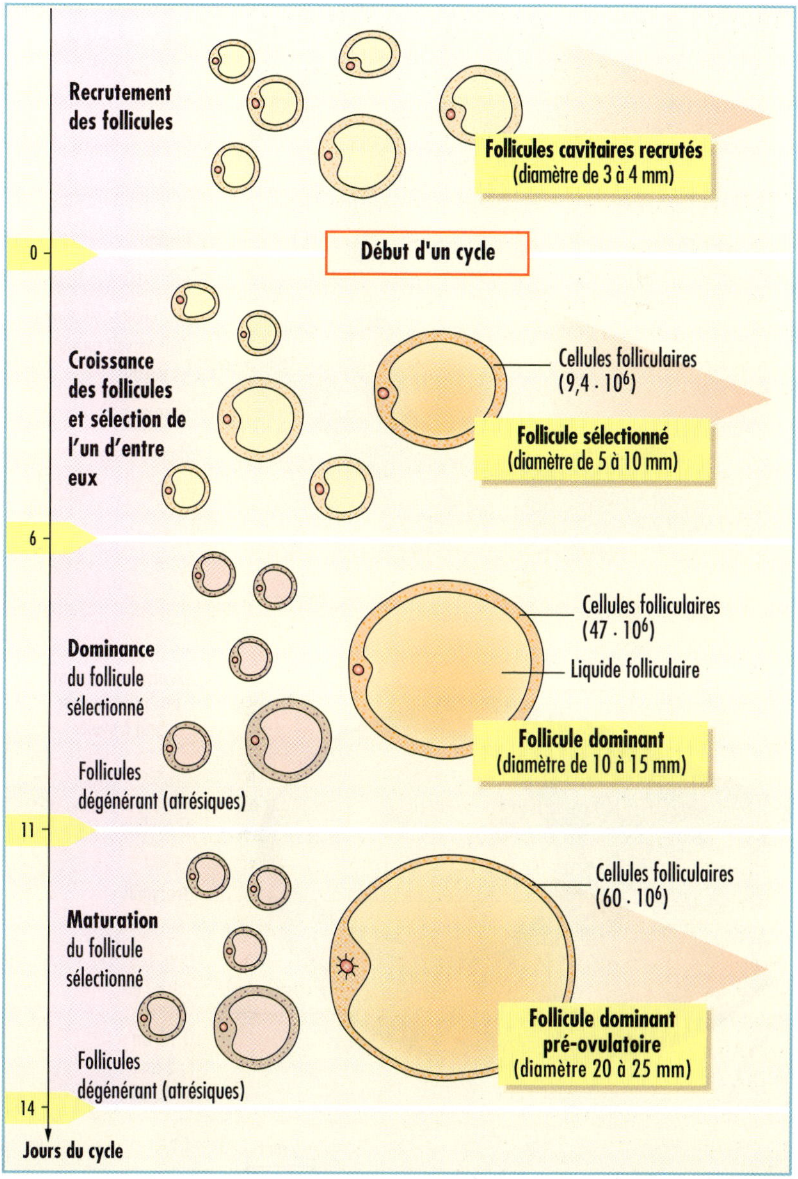

Doc. 4 – Étapes de la croissance folliculaire du début d'un cycle à l'ovulation.

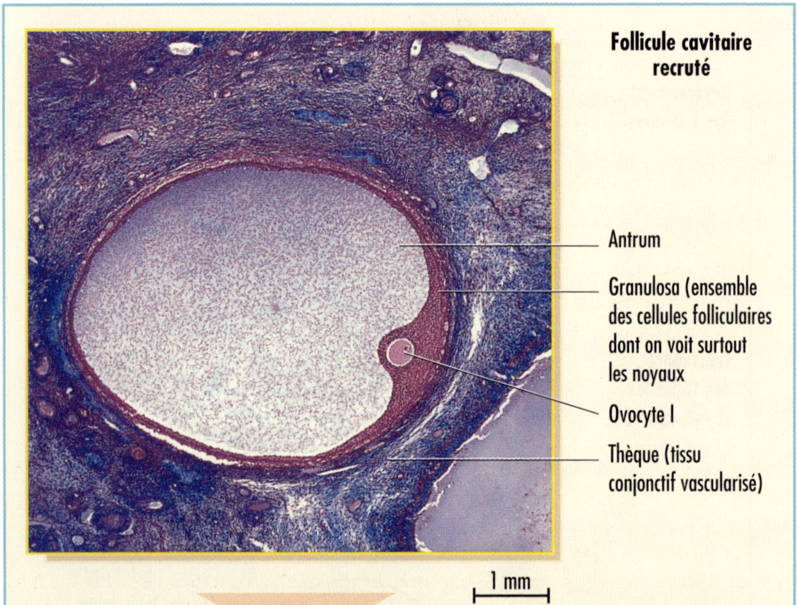

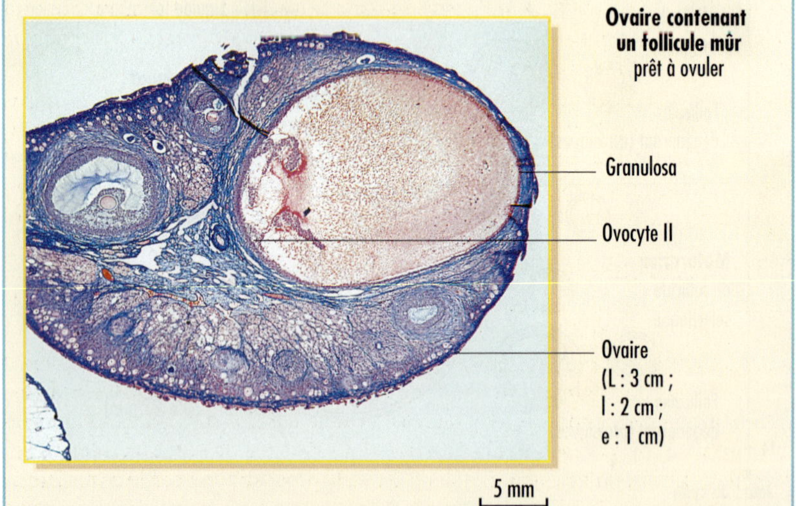

Doc. 4 (suite) – *Attention de bien noter la différence d'échelle.*

2 Le cycle des hormones ovariennes

Le cycle des structures ovariennes s'accompagne d'un cycle des hormones ovariennes (*document 5d*) avec trois caractéristiques essentielles :
- présence seule d'**œstradiol** durant la phase folliculaire ; sa concentration plasmatique augmente avec le nombre des cellules folliculaires qui la sécrètent durant la croissance des follicules, puis celle du follicule dominant seul ;
- **pic d'œstradio**l, 48 heures avant la ponte ovulaire ;
- présence de **progestérone** uniquement durant la phase lutéale ; le corps jaune qui la sécrète produit également de l'œstradiol.

La dégénérescence du corps jaune entraîne l'effondrement des concentrations d'œstradiol et surtout celle de progestérone qui devient nulle. Cet effondrement marque la fin du cycle menstruel.

3 Le cycle des voies génitales

Le cycle des hormones ovariennes a pour conséquence un cycle de leurs organes cibles : l'utérus lui-même et le col de l'utérus.

a. Phase folliculaire

■ À la fin des règles, la muqueuse en grande partie détruite est réduite à sa partie basale (épaisseur 0,5 mm) ; durant la phase folliculaire, l'œstradiol, en stimulant les mitoses de ses cellules, est à l'origine de sa cicatrisation qui se traduit par un épaississement de la muqueuse qui atteint 3 à 4 mm au moment de l'ovulation (*documents 5e et 7a*). Sous l'action de l'œstradiol, les cellules de la muqueuse acquièrent des récepteurs à la progestérone.

■ Le pic d'œstradiol conduit à la production par les cellules du col de l'utérus d'un mucus abondant à mailles larges, favorable au passage des spermatozoïdes (*document 6*). L'œstradiol stimule la contractilité du myomètre utérin et contribue ainsi à la progression des spermatozoïdes vers le lieu de fécondation situé au niveau des trompes. **Le pic d'œstradiol prépare donc à la fécondation.**

b. Phase lutéale

La progestérone inhibe la contractilité du myomètre et agit sur la muqueuse utérine en la préparant à héberger un embryon : les glandes utérines deviennent fonctionnelles, se ramifient et s'allongent, donnant à la muqueuse (*document 7b*), un aspect en dentelle. **Par ces deux actions, elle est indispensable à la gestation.** Elle agit en outre sur les glandes du col de l'utérus qui sécrètent alors un mucus peu abondant aux mailles serrées. En l'absence de gestation, l'arrêt des sécrétions hormonales, en particulier celle de la progestérone par le corps jaune, a pour conséquence la désintégration d'une partie de la muqueuse utérine et des capillaires sanguins qui l'irriguent ; ce processus est à l'origine des **règles**.

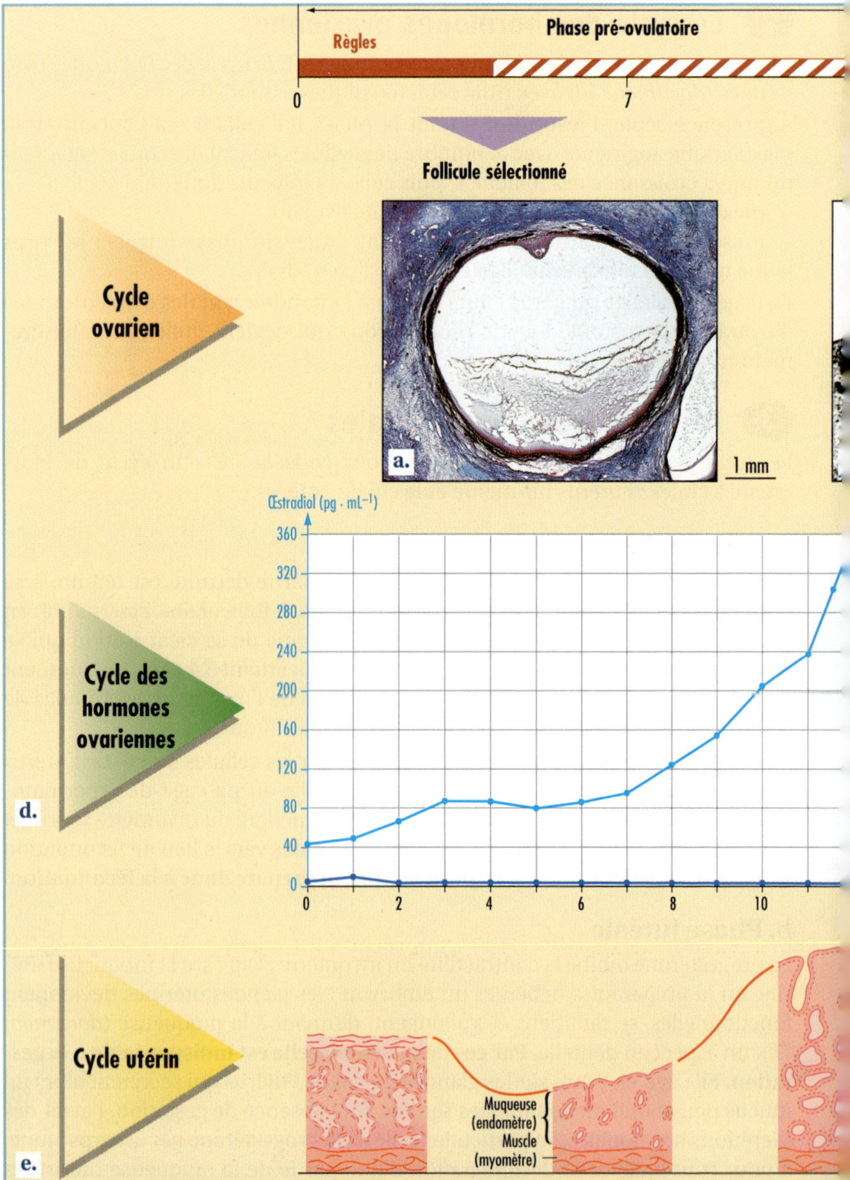

Doc. 5 – Les différents événements du cycle menstruel.

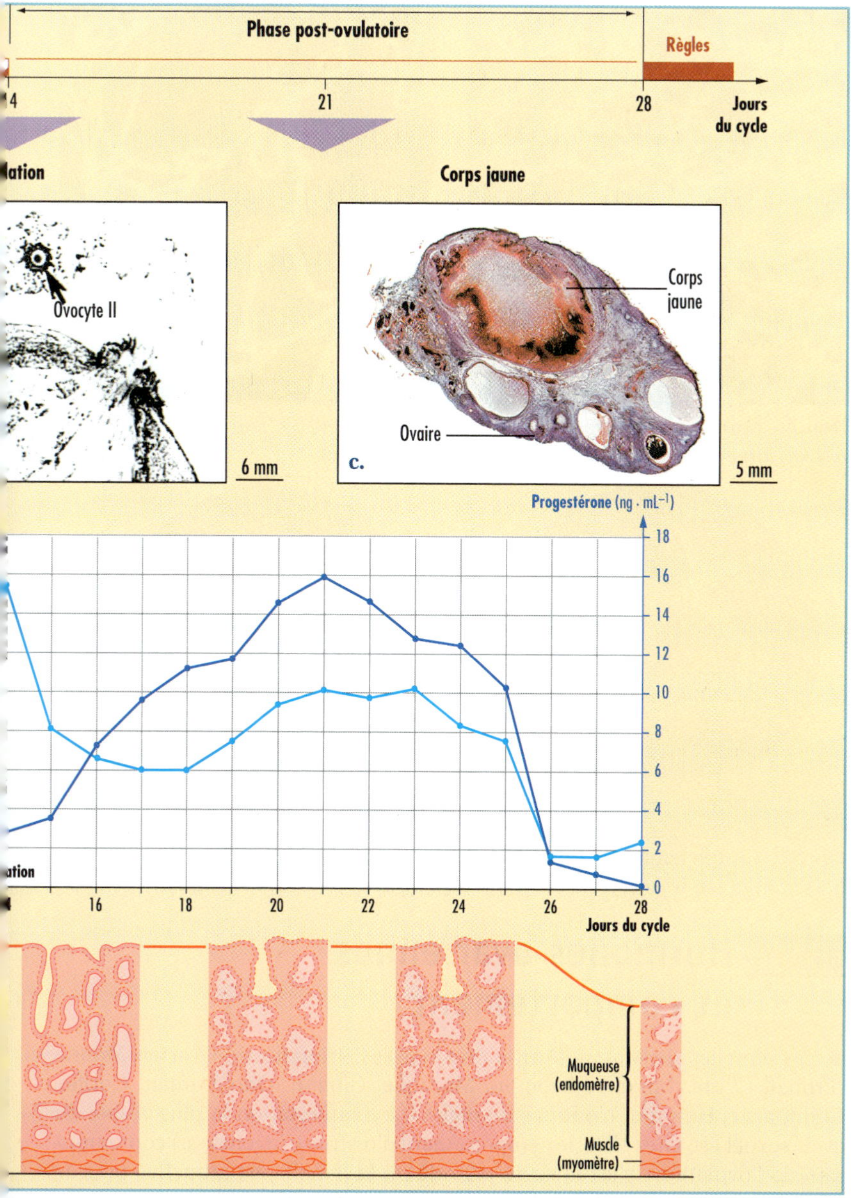
Phase post-ovulatoire
Règles
21
28
Jours du cycle
Corps jaune
Ovocyte II
6 mm
Corps jaune
Ovaire
c.
5 mm
Progestérone (ng · mL⁻¹)
18
16
14
12
10
8
6
4
2
0
16
18
20
22
24
26
28
Jours du cycle
Muqueuse (endomètre)
Muscle (myomètre)

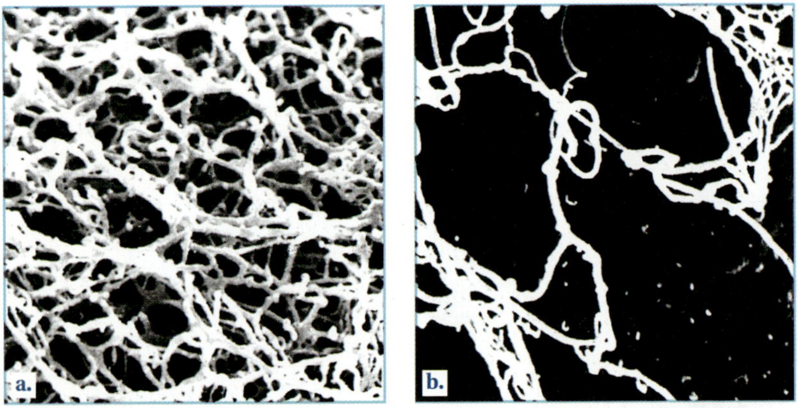

Doc. 6 – Mucus cervical. a. *Vers le 6e jour du cycle.* **b.** *Au 14e jour du cycle, il est à mailles larges, permettant le passage des spermatozoïdes.*

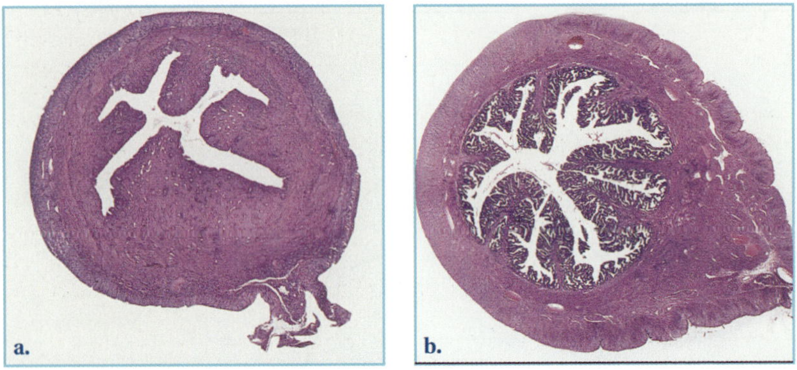

Doc. 7 – Coupe transversale de l'utérus. a. *Durant la phase folliculaire.* **b.** *Durant la phase lutéale (dentelle utérine). Observations chez la Lapine.*

III Hormones ovariennes et comportement

■ Les femelles de Mammifères autres que les Primates de l'Ancien Monde (Primates Catarrhiniens : Babouin, Macaque, Gibbon, Orang-outan, Gorille, Chimpanzé, Homme) n'ont pas de règles. La manifestation la plus visible du cycle sexuel est, chez elles, le comportement d'œstrus (rut, chaleur) contemporain de l'ovulation ; c'est la seule période où la femelle est attractive pour le mâle, est réceptive et accepte l'accouplement. Pour ces Mammifères, on parle de cycle **œstrien** et pour les Primates, de cycle **menstruel**.

Le message hormonal du « pic d'œstradiol » déclenche les différentes manifestations du comportement d'œstrus : attractivité (couleurs chez certaines espèces, émission d'odeurs, etc.) et réceptivité (acceptation du mâle).

■ Si chez certains Primates Catarrhiniens il existe des manifestations d'œstrus (coloration des parties périgénitales en particulier), la femelle attire et accepte cependant le mâle en dehors des périodes d'ovulation, même si les rapports sexuels sont plus fréquents au moment de l'ovulation (*document 8*). Chez les Primates Hominidés (Gorille, Chimpanzé et Homme), la période des rapports sexuels occupe une grande partie du cycle menstruel.

L'espèce humaine est cependant la seule où la sexualité n'est plus du tout corrélée au cycle menstruel.

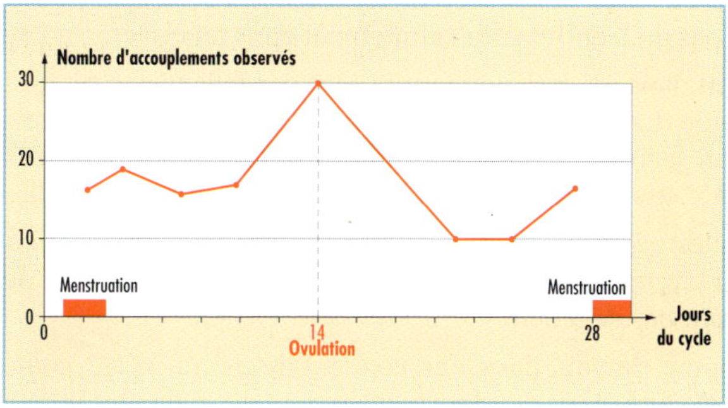

Doc. 8 – Comportement sexuel des femelles Macaque Rhésus durant un cycle menstruel. *Le degré d'attraction et d'acceptation du mâle est estimé par le nombre d'accouplements observés.*

IV Des hormones sexuelles soumises à régulation

■ **Chez l'homme**, les concentrations plasmatiques de testostérone varient entre 300 et 1 200 ng·100 mL^{-1}. Si la testostéronémie s'abaisse de façon prolongée au-dessous de 300 ng·100 mL^{-1}, la spermatogenèse est gravement perturbée ainsi que les sécrétions des glandes annexes et, en conséquence, la personne est stérile. Une relative **stabilité de la testostéronémie** est donc indispensable pour assurer la fonction de reproduction : la testostéronémie est un paramètre soumis à régulation.

■ **Chez la femme**, une production insuffisante d'œstrogènes ou de progestérone peut être à l'origine d'une stérilité. Là encore, les variations cycliques des hormones sexuelles sont assurées grâce à l'intervention d'un système de régulation.

■ **Dans les deux cas**, les cellules sécrétrices d'hormones (cellules de Leydig, cellules du follicule et du corps jaune) sont les cellules effectrices de ce système de régulation.

La testostérone

■ Ne croyez pas que la testostérone soit le seul facteur indispensable à la spermatogenèse.

■ « Constance » de la concentration de la testostérone dans le milieu intérieur ne signifie par valeur fixe, mais valeur fluctuant dans une fourchette (300 à 1 200 ng·100 mL^{-1}).

À propos des follicules

■ Dans un ovaire non pubère, il existe des follicules cavitaires. Il y a donc un développement folliculaire permanent aboutissant à des follicules cavitaires qui n'atteignent jamais 4 à 5 mm et dégénèrent. L'existence d'un follicule cavitaire n'implique donc pas qu'il entrera obligatoirement dans un cycle.

■ Les follicules entrant dans un cycle, au jour 0, sont des follicules cavitaires ayant entre 4 et 5 mm de diamètre. Il ne faut pas croire que des follicules primordiaux, primaires ou secondaires peuvent entrer dans un cycle : seuls des follicules cavitaires ayant atteint une certaine taille (4 à 5 mm) en sont capables.

■ Il existe des follicules cavitaires nombreux, plus petits, qui ne sont pas recrutés au début d'un cycle. Ils pourront l'être après croissance au cours de cycles suivants s'ils n'ont pas dégénéré.

■ Il ne faut pas s'étonner de voir, dans une coupe d'ovaire, un corps jaune entouré de follicules cavitaires ; ces derniers peuvent être des follicules qui ne sont pas arrivés à maturité et dégénèreront ou des follicules en attente, si leur diamètre est inférieur à 4 mm.

■ Il ne faut pas s'étonner que du mucus cervical de début de phase folliculaire et de phase lutéale aient la même structure.

Le comportement reproducteur

Il indique bien que les cellules cibles des hormones gonadiques n'appartiennent pas uniquement à l'appareil génital, mais sont également des cellules nerveuses intervenant dans ce comportement.

L'action des hormones

Ayez toujours à l'esprit qu'une hormone agit toujours dans un premier temps en se fixant à des **récepteurs spécifiques des cellules cibles**. Cette fixation déclenche au sein de la cellule un ensemble de mécanismes (dont la connaissance n'est pas exigible), qui se traduisent par la réponse perceptible de l'organe cible. Ainsi, la fixation d'œstradiol sur les récepteurs des cellules de la muqueuse utérine entraîne la réplication de l'ADN et donc des mitoses.

Les informations fournies par les dosages sur les hormones ovariennes

Ces dosages hormonaux renseignent sur l'activité de l'ovaire.
Par exemple, si la concentration de progestérone est toujours nulle, cela signifie qu'il n'y a jamais de corps jaune actif et donc d'ovulation.
Inversement, la présence de progestérone indique qu'il y a eu un cycle avec ovulation, et la durée de la présence de progestérone indique si la phase lutéale est normale ou non.
L'absence de pic d'œstradiol indique qu'aucun follicule n'est arrivé à maturité.

Situer la méiose par rapport au développement folliculaire

La phase de croissance de l'ovocyte I est terminé avant l'entrée du follicule dans un cycle, mais l'achèvement de la première division de la méiose n'a lieu que quelques heures avant l'ovulation. Pratiquement, dans un ovaire, les ovocytes sont des ovocytes I bloqués en prophase de première division de méiose.

Durée de vie d'un gamète femelle et du spermatozoïde

La durée de vie d'un gamète femelle dans les voies génitales femelles est de l'ordre de 24 heures ; celle du spermatozoïde, dans les mêmes conditions de 48 à 72 heures.

Vérifier ses connaissances

Dans les exercices 1 à 4, relevez les affirmations inexactes et corrigez-les.

1 La présence de progestérone à concentration élevée dans le milieu intérieur signifie…

a. qu'il existe dans l'ovaire un follicule dominant arrivé à maturité.
b. que les règles viennent de se produire.
c. qu'il n'existe aucun follicule cavitaire dans l'ovaire.
d. qu'il existe un corps jaune fonctionnel.
e. que le mucus cervical est à mailles larges. ▸ corrigé p. 141

2 Un follicule cavitaire de 2 à 3 mm de diamètre…

a. comprend un ovocyte ayant achevé sa première division de méiose.
b. sécrète beaucoup d'œstradiol.
c. est en fin de phase folliculaire.
d. sécrète de la progestérone.
e. peut exister dans un ovaire impubère. ▸ corrigé p. 141

3 La testostérone…

a. est sécrétée par les tubes séminifères.
b. agit sur les tubes séminifères.
c. n'agit que sur les voies génitales.
d. est sécrétée et n'agit qu'au moment de la puberté.
e. est indispensable à la production de liquide séminal.
f. n'agit en ce qui concerne le sperme que sur la production de spermatozoïdes. ▸ corrigé p. 141

4 L'œstradiol dans l'espèce humaine…

a. joue un rôle important durant la vie embryonnaire et fœtale.
b. est secrétée uniquement par le follicule dominant durant la phase folliculaire.
c. présente à un moment du cycle un pic de concentration rendant impossible la fécondation. ▸ corrigé p. 141

S'entraîner

Dans les exercices 5 à 9, en exploitant les informations tirées du document proposé, relevez les affirmations inexactes et corrigez-les.

5 La structure ovarienne présentée par le *document A* :

- peut être observée dans un ovaire impubère.
- ne peut exister dans l'ovaire d'une femme ménopausée.
- est associée à un mucus abondant et à mailles larges.
- est indispensable à la mise en route d'une grossesse.
- existe durant la phase lutéale.

▸ corrigé p. 141

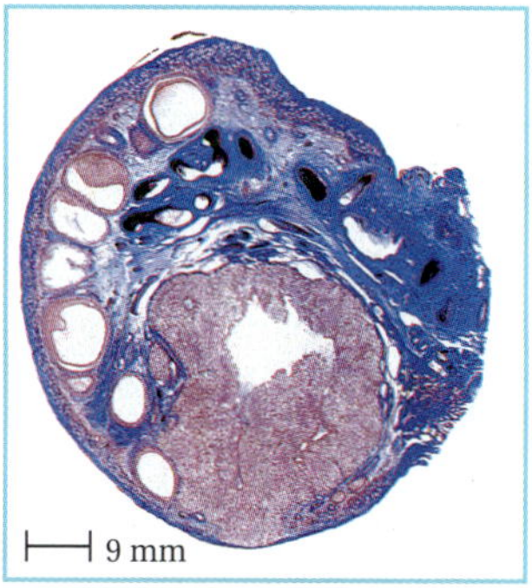

Doc. A – Coupe d'ovaire.

6 La présence de cette structure dans un ovaire (*document B*) est significative :

- du début d'une phase folliculaire.
- du milieu d'une phase lutéale.
- de règles prochaines.
- d'une sécrétion d'œstradiol et de progestérone.
- d'une ovulation très proche.

▸ corrigé p. 141

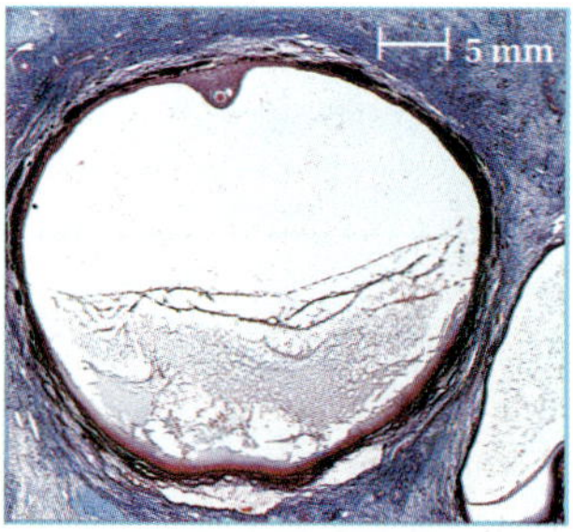

Doc. B – Un follicule dans un ovaire.

7 Cette structure (*document C*) observée dans un ovaire :

- a été recrutée au cours d'un cycle ovarien.
- peut exister dans un ovaire impubère.
- sécrète beaucoup d'œstradiol.
- est un follicule primaire. ▸ corrigé p. 142

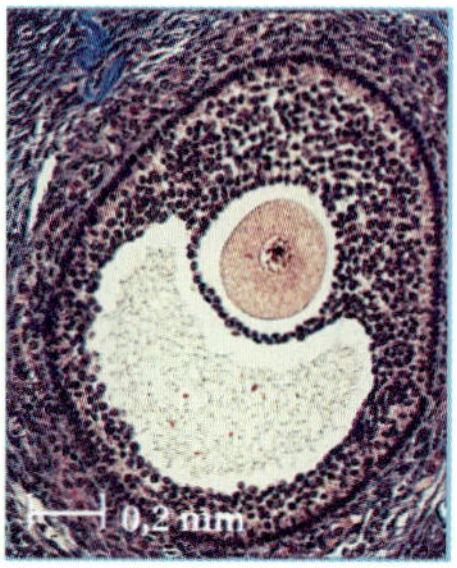

Doc. C

8 **Une telle structure du mucus cervical (*document D*) peut être :**
- observée au 12e jour d'un cycle ovarien.
- associée à une contractilité minimale du myomètre utérin.
- favorable au passage des spermatozoïdes.
- observée au 18e jour d'un cycle ovarien.
- associée à une dentelle utérine.

▶ corrigé p. 142

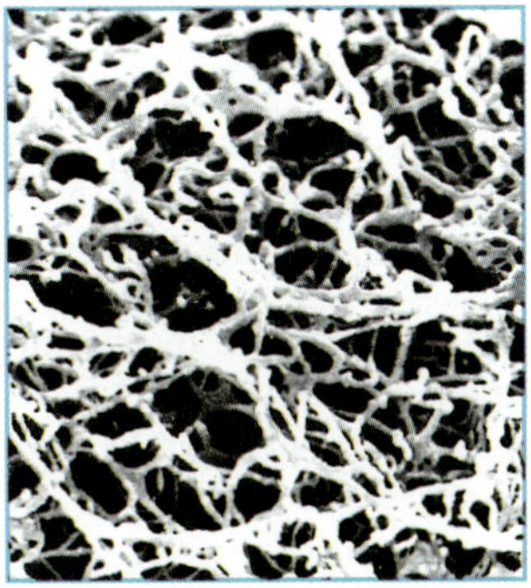

Doc. D – Mucus cervical.

9 **Le graphe présenté par le *document E* est relatif à une femme :**
- ne présentant pas de croissance folliculaire.
- chez laquelle la phase lutéale est très courte.
- dont les cycles sont de 24 jours.
- chez laquelle les règles résultent d'une privation hormonale.
- dont la muqueuse utérine a présenté l'aspect en dentelle à un moment du cycle. ▶ corrigé p. 142

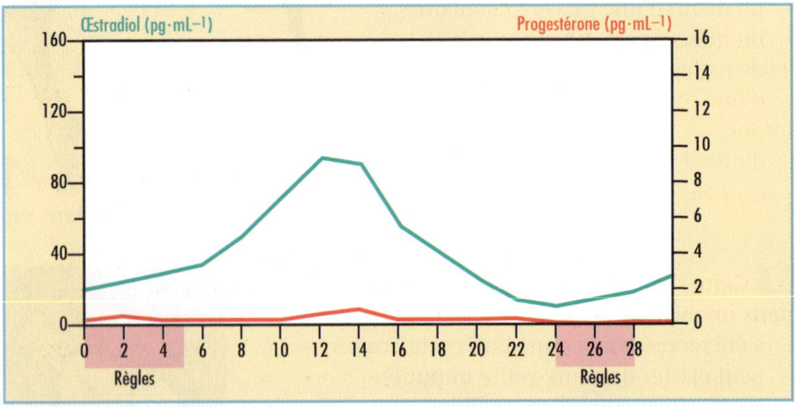

Doc. E – Concentration en œstradiol et en progestérone chez une femme.

1 **a.** La présence de progestérone indique l'existence d'un corps jaune fonctionnel provenant de la transformation du follicule dominant après l'ovulation.
b. Les règles ont lieu à la suite de la chute de la concentration plasmatique de la progestérone, et non lorsqu'elle est à concentration élevée.
c. Durant la phase lutéale, il existe des follicules cavitaires en attente, notamment ceux qui se développeront au cours du cycle suivant.
e. Durant la phase lutéale, le mucus est à mailles serrées.

2 **a.** L'ovocyte achève sa première division de méiose peu avant l'ovulation lorsque le follicule a 20 à 25 mm de diamètre et non 2 ou 3 mm.
b. Un follicule cavitaire en début de cycle a 4 ou 5 mm de diamètre et secrète peu d'œstradiol ; en conséquence, un follicule de 2 à 3 mm en secrète peu aussi.
c. En fin de phase folliculaire, le diamètre du follicule est de 20 à 25 mm.
d. Les follicules ne secrètent pas de progestérone.

3 **a.** La testostérone est secrétée par les cellules interstitielles (de Leydig) et non par celles des tubes séminifères.
c. La testostérone agit sur les tubes séminifères (spermatogenèse) et sur le système nerveux (comportement).
d. La testostérone est secrétée durant la vie embryonnaire, fœtale et chez l'adulte, et non uniquement au moment de la puberté.
f. La testostérone est indispensable à la sécrétion du liquide séminal par la prostate et les vésicules séminales.

4 **a.** Les hormones ovariennes ne jouent pas de rôle dans la différenciation du phénotype sexuel.
b. L'œstradiol est aussi secrété par le corps jaune.
c. Le pic d'œstradiol vers le milieu du cycle menstruel facilite au contraire la fécondation (action sur le mucus cervical, la contractilité du myomètre).

5 La structure ovarienne du *document A* occupe une grande partie de l'ovaire et a une cavité résiduelle au centre : il s'agit d'un corps jaune. En conséquence, cette structure ne peut exister dans un ovaire impubère ni dans celui d'une femme ménopausée car dans ces deux cas, il n'y a pas de cycle ovarien complet, pas d'ovulation et donc pas de formation de corps jaune.
Le corps jaune secrète de la progestérone qui entraîne un mucus cervical à mailles serrées et non larges. Le corps jaune présent durant la phase lutéale persiste pendant les premiers mois de la grossesse (corps jaune de grossesse).

6 Cette structure (*document B*), d'après l'échelle fournie, a un diamètre de l'ordre de 20 mm, avec une grande cavité centrale et un ovocyte encore présent : il s'agit d'un follicule arrivé à maturité. Sa présence indique qu'on n'est pas en début de phase folliculaire, ni au milieu de la phase lutéale, ni à proximité des règles. De plus, la sécrétion de progestérone est à peine ébauchée ; en revanche, l'ovulation est proche.

7 La structure du *document C,* d'après l'échelle fournie, a un diamètre inférieur à 1 mm. On y voit un ovocyte et une cavité : c'est un follicule cavitaire (antral) jeune. Il ne s'agit pas d'un follicule primaire, où il n'y a pas de cavité, ni d'un follicule recruté au début d'un cycle, qui est plus volumineux (3 à 4 mm). Il ne secrète pas d'œstradiol. Un tel follicule existe dans un ovaire impubère.

8 Le mucus cervical du *document D* est à mailles serrées. En conséquence, il n'est pas favorable au passage des spermatozoïdes. Il ne peut pas être observé au 12e jour du cycle ovarien, car à cette période le mucus est à mailles larges. Il peut être observé au 18e jour du cycle ovarien, lorsque le corps jaune secrète de la progestérone. Il peut donc être associé à une contractilité minimale du myomètre utérin et à l'existence d'une dentelle utérine au niveau de l'endomètre.

9 Les concentrations plasmatiques des hormones ovariennes indiquent l'existence d'un cycle au cours duquel il y a eu croissance folliculaire (augmentation de la concentration d'œstradiol), mais avec une phase lutéale très courte (quasiment pas de progestérone). La muqueuse utérine n'a pas présenté au cours du cycle l'aspect en dentelle qui dépend de la présence de progestérone. En revanche, la sécrétion accrue d'œstradiol a quand même permis un certain développement de cette muqueuse, et on peut penser que c'est la chute de la concentration d'œstradiol qui déclenche les règles.

9 Le maintien de la testostéronémie

POUR COMMENCER

▶ Le maintien de la concentration de testostérone (testostéronémie) entre des limites étroites est absolument nécessaire pour le fonctionnement efficace de l'appareil reproducteur : **la testostéronémie est un paramètre soumis à régulation.**

▶ Pour étudier la régulation de la concentration de testostérone il faut avoir en tête les traits fondamentaux de tout système de régulation. Pour cela, on peut s'appuyer sur celui de la glycémie, étudié en classe de Première, et qui maintient la concentration de glucose du milieu intérieur entre d'étroites limites. Le principe de ce système de régulation s'applique bien au maintien de la testostéronémie chez le mâle.

Tout système de régulation comprend un système réglé et un système réglant.

▶ **Le système réglé** est un compartiment de l'organisme. Dans le cas de la glycémie, ce compartiment est le milieu intérieur, ensemble des liquides extracellulaires formé par le plasma, la lymphe interstitielle et la lymphe canalisée. Le paramètre de ce compartiment soumis à régulation est la glycémie.

Le paramètre réglé tend à varier sous l'action de facteurs externes (apports alimentaires dans le cas de la glycémie) et de facteurs internes (consommation variable de glucose par les cellules).

▶ **Le système réglant** maintient, par son action, les variations du paramètre dans d'étroites limites. Il comprend :

– **Des capteurs** de la valeur à tout instant du paramètre réglé. Dans le cas de la glycémie, ce sont les cellules alpha et bêta du pancréas. Ces capteurs détectent toute déviation du paramètre à régler par rapport à une valeur de référence, et émettent en conséquence un message. Ainsi, en cas de hausse de la glycémie, les cellules bêta émettent davantage d'insuline et les cellules alpha moins de glucagon. Cette augmentation de l'insulinémie et cette baisse de la glucagonémie sont des messages hormonaux. Dans d'autres systèmes de régulation (thermorégulation, par exemple), les capteurs émettent des messages nerveux.

– **Un système de transmission** des messages émis par les capteurs : dans le cas de la glycémie, c'est le milieu intérieur mis en mouvement par l'appareil circulatoire.

– **Des organes effecteurs :** ils comprennent des cellules capables de décoder les messages émis par les capteurs et d'y réagir par un changement de leur activité. Ce changement d'activité a pour effet de s'opposer à la variation du paramètre détectée par les capteurs. Dans le cas de la glycémie, les cellules effectrices sont, entre autres, les cellules du foie qui répondent à une hausse de l'insulinémie en stockant le glucose sous forme de glycogène.

Puisque l'action du système réglant, par l'intermédiaire des effecteurs s'oppose à la perturbation on parle de régulation par **rétroaction négative** (*feed-back* négatif).

I Le système réglé ; le paramètre à réguler

- Le compartiment réglé est le **milieu intérieur**. Le paramètre à régler est la **concentration de testostérone**. Elle doit rester comprise entre 300 et 1 200 ng·100 mL^{-1} pour assurer une production permanente de spermatozoïdes et une production continue de liquide séminal.
- Le facteur perturbant constamment la testostéronémie est sa dégradation permanente, son catabolisme, par les cellules hépatiques et son élimination par les urines. Cette perturbation tend à faire diminuer constamment la concentration de testostérone.
- Le maintien d'une testostéronémie à peu près constante implique une production de testostérone par les cellules interstitielles du testicule qui compense la dégradation. Les cellules interstitielles (cellules de Leydig) sont les **cellules effectrices** du système réglant.

II Un élément du système réglant : le système de commande de l'activité du testicule

1 Les messages hypophysaires

- Le fonctionnement du testicule est tributaire de **messages hormonaux** émis par l'hypophyse. Les messagers (les hormones) sont les **gonadostimulines FSH et LH**, et les messages sont les concentrations plasmatiques de ces hormones.

Les cellules de Leydig répondent à LH par une sécrétion de testostérone.

La cible de FSH est constituée par les cellules de Sertoli des tubes séminifères ; par leur intermédiaire, FSH (Follicle Stimulating Hormone) est indispensable à l'accomplissement de la spermatogenèse.

■ Seule LH (Luteinizing Hormone) agit donc sur la testostéronémie. Puisque la testostérone est indispensable à la réalisation de la spermatogenèse, LH joue donc un rôle primordial dans la régulation du fonctionnement de l'ensemble de l'appareil reproducteur.

2 La commande neurohormonale de l'activité hypophysaire

La sécrétion de gonadostimulines par l'hypophyse dépend d'une neurosécrétion de **GnRH**.

a. La relation fonctionnelle entre hypophyse et hypothalamus

L'hypophyse (*document 1*) est une glande endocrine formée de deux parties, l'une postérieure et l'autre antérieure, dans laquelle sont localisées les cellules sécrétrices de LH et de FSH. Son activité est totalement tributaire de sa relation avec une région du cerveau appelée **hypothalamus**.

La relation fonctionnelle entre l'hypothalamus et l'hypophyse est assurée (*document 1*) par un système vasculaire particulier, le **système porte hypophysaire**. Des axones des neurones hypothalamiques se terminent au contact d'un premier système capillaire de la tige hypophysaire. Lorsque les corps cellulaires de ces neurones émettent des potentiels d'action, ceux-ci, en arrivant à l'extrémité de l'axone, provoquent la libération d'une substance, la GnRH.

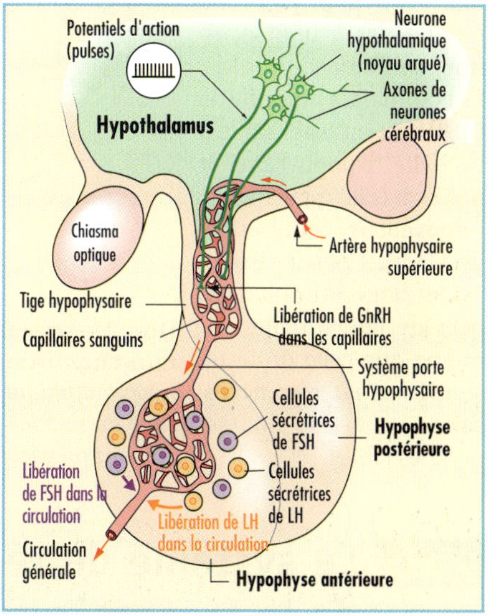

Doc. 1 – Relation fonctionnelle entre l'hypothalamus et l'hypophyse.

Passant dans le sang des capillaires, la GnRH est emportée par la circulation jusqu'à un deuxième système de capillaires situé dans l'hypophyse antérieure, où elle est libérée. Là, elle est captée par les récepteurs des cellules hypophysaires et celles-ci répondent par une sécrétion de FSH et de LH.

b. La sécrétion de GnRH

La GnRH est libérée par un neurone comme l'est un neuromédiateur ; mais, au lieu de diffuser uniquement dans un espace synaptique, elle est libérée dans le sang, et agit à distance sur d'autres cellules : c'est pour cette raison qu'on la qualifie de neurohormone.

Les neurones hypothalamiques à GnRH ont une **activité pulsatile** : ils émettent des bouffées de potentiels d'action toutes les 120 minutes environ chez l'homme. Il en résulte que les sécrétions de LH puis celles de testostérone sont elles aussi pulsatiles (*document 2*).

De nombreuses données expérimentales montrent que l'hypophyse ne répond pas à une sécrétion continue de GnRH. La commande pulsatile de GnRH est indispensable à l'activité hypophysaire, et par là, à celle du testicule. En revanche, la pulsatilité de LH n'est pas indispensable pour stimuler les cellules interstitielles, de même que celle de testostérone n'est pas nécessaire vis-à-vis de ses organes cibles.

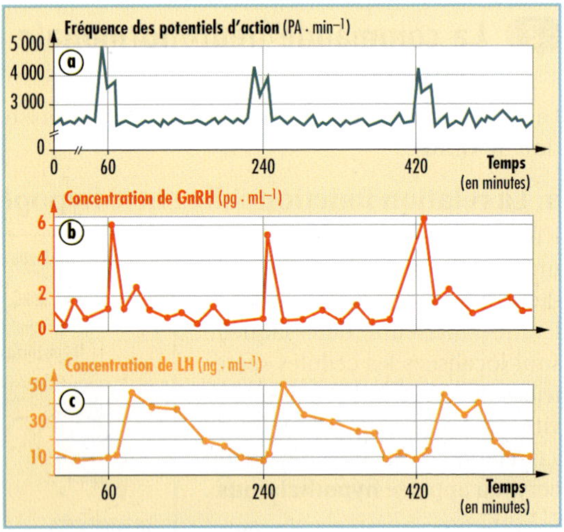

Doc. 2 – Activité neurohormonale de l'hypothalamus chez un singe Rhésus. a. *Activité des neurones hypothalamiques.* **b.** *Concentration de GnRH dans le sang du système porte.* **c.** *Concentration de LH dans la circulation générale.*

III Le système de régulation de la testostéronémie

1 Le CHH capteur de l'information « concentration de testostérone »

■ **Le complexe hypothalamo-hypophysaire** (CHH) ajuste sa commande en fonction des variations du paramètre à régler : la testostéronémie (*document 3*).

La sécrétion de LH par les cellules hypophysaires est fonction de la concentration de testostérone.

Toute baisse de la testostéronémie entraîne une augmentation de la sécrétion de LH et, inversement, une hausse provoque un ralentissement de la sécrétion de LH. Puisqu'une augmentation de la concentration de testostérone entraîne une diminution de la sécrétion de LH, on dit souvent que la testostérone exerce une rétroaction négative sur le complexe hypthalamo-hypophysaire (CHH).

■ Plus physiologiquement, cela signifie que le complexe hypothalamo-hypophysaire qui commande la sécrétion de testostérone par les cellules interstitielles du testicule, capte en permanence la valeur de la testostéronémie, la compare à une valeur de référence dite valeur consigne, génétiquement déterminée, et adapte sa commande à la déviation constatée par rapport à cette valeur.

Les capteurs sont à la fois les neurones hypothalamiques et les cellules hypophysaires. Les premiers réagissent par une variation de la fréquence des pulses de GnRH, les secondes par l'amplitude de leur sécrétion de LH.

2 Schéma du système de régulation

L'action du système réglant (*document 3*) est de capter en permanence la concentration de testostérone et d'ajuster en conséquence la sécrétion de testostérone par les cellules effectrices, les cellules de Leydig. Le système réglant s'oppose à la perturbation, de sorte qu'on dit qu'il agit par **rétroaction négative** (*feed-back* négatif).

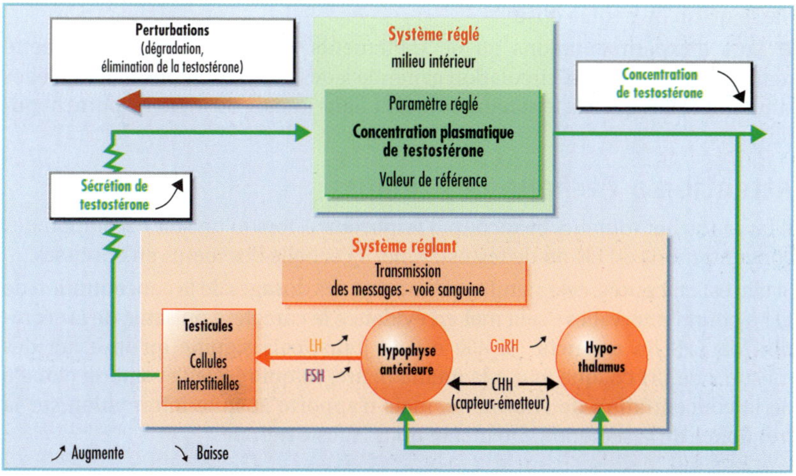

Doc. 3 – Schéma fonctionnel du système de régulation de la concentration de testostérone dans le cas d'une baisse importante de la testostéronémie.

Ne pas confondre paramètre réglé (testostérone) et paramètre du système réglant (LH)

■ Le paramètre du système réglant intervient dans la régulation du paramètre réglé. L'hormone hypophysaire commande la sécrétion de testostérone et inversement la testostérone freine la production de LH ; exprimé ainsi, on a l'impression que les deux actions ont la même signification : ce n'est pas exact. La testostérone régit **directement** le fonctionnement de tout l'appareil reproducteur, alors que LH n'agit pas directement sur la prostate, les vésicules séminales, etc. **Un paramètre réglé est directement essentiel à la survie ou, ici, à la reproduction d'un organisme.**

■ La testostéronémie est donc le **paramètre réglé** dont la stabilité doit être assurée (c'est l'équivalent de la glycémie dans la régulation de celle-ci) et la concentration de LH un **message hormonal** qui doit varier afin de rétablir la testostéronémie au voisinage de la valeur consigne quand elle s'en écarte (LH joue un rôle comparable à celui de l'insuline dans la régulation de la glycémie).

Ne pas confondre le sang du système porte hypophysaire et celui de la circulation générale

■ Le sang du système porte est celui dans lequel est déversée la GnRH, et qui irrigue aussitôt l'hypophyse antérieure sans passer par la circulation générale. La concentration en GnRH du sang de ce système porte est beaucoup plus forte que celle du sang de la circulation générale (où la concentration de GnRH est si basse qu'on ne peut la doser).

■ Lors d'expérimentations ou de traitements à la GnRH, on injecte cette neurohormone dans la circulation générale à des concentrations telles qu'elles simulent celles qui existent naturellement dans le sang du système porte hypophysaire.

Attention à l'échelle des temps

Il faut attacher toujours beaucoup d'importance, lorsqu'on suit l'évolution des concentrations de LH ou de testostérone, à l'échelle des temps en abscisses.

Si elle est en heures, cela signifie qu'on a fait des dosages de la concentration de LH à courts intervalles ; cela met en évidence le caractère pulsatile de la sécrétion de LH. En revanche, si elle est en jours, cela signifie qu'on à fait des mesures de LH chaque jour à la même heure, ce qui révèle l'évolution globale de la concentration de l'hormone, mais n'apporte aucune information sur la fréquence de la sécrétion. De même pour la testostérone.

Vérifier ses connaissances

Dans les exercices 1 à 5, relevez les affirmations inexactes et corrigez-les.

1 La testostérone est une hormone…

a. dont la concentration baisse par suite de sa dégradation.

b. dont les récepteurs sont situés uniquement au niveau des cellules de l'appareil génital.

c. dont la sécrétion physiologique pulsatile est une propriété propre aux cellules qui la sécrètent, les cellules de Leydig du testicule.

d. qui agit comme un messager local sur les tubes séminifères.

▸ corrigé p. 153

2 Les cellules hypophysaires sécrétrices de gonadostimulines…

a. reçoivent chez l'adulte une stimulation par la neurohormone GnRH, et cela à raison d'une pulse toutes les 24 heures chez les Primates.

b. sont directement stimulées par des neurones hypothalamiques au niveau des synapses classiques.

c. augmentent considérablement leur sécrétion sous l'action de la testostérone.

d. sécrètent leurs hormones en dehors de toute stimulation, donc de façon autonome. ▸ corrigé p. 153

3 La neurohormone GnRH…

a. a sa concentration maximale dans le sang qui irrigue les testicules.

b. est indirectement nécessaire à la sécrétion de testostérone.

c. est libérée par les axones des neurones hypothalamiques au contact des cellules hypophysaires sécrétrices de gonadostimulines.

d. a sa fréquence d'émission augmentée par la testostérone. ▸ corrigé p. 153

4 Les cellules de Leydig…

a. sont des capteurs de la concentration de testostérone.

b. répondent directement à un message hypothalamique, celui de GnRH.

c. sont munis de récepteurs à LH.

d. répondent uniquement à une stimulation pulsatile de LH.

e. sont sous le contrôle de la gonadostimuline FSH. ▸ corrigé p. 153

5 Dans le système de régulation de la testostéronémie dans le milieu intérieur…

a. les cellules interstitielles du testicule jouent le rôle de capteur du système réglant.

b. la gonadostimuline LH est, dans le système réglant, un messager agissant sur les cellules effectrices.

c. l'hypothalamus contient des capteurs du paramètre à régler.

d. des perturbations du milieu extérieur peuvent influer sur la fonction reproductrice par l'intermédiaire de l'hypothalamus. ▸ corrigé p. 153

S'entraîner

Dans les exercices 6 et 7, en exploitant les informations tirées du document proposé, relevez les affirmations inexactes et corrigez-les.

6 Il est possible que la coupe de testicule (*document A*) soit relative à un Mammifère…

a. hypophysectomisé.

b. dont l'hypophyse est fonctionnelle mais ne possède pas de neurones hypothalamiques.

c. dont le système porte hypophysaire a été interrompu.

d. dont les récepteurs à la testostérone sont non fonctionnels.

▸ corrigé p. 154

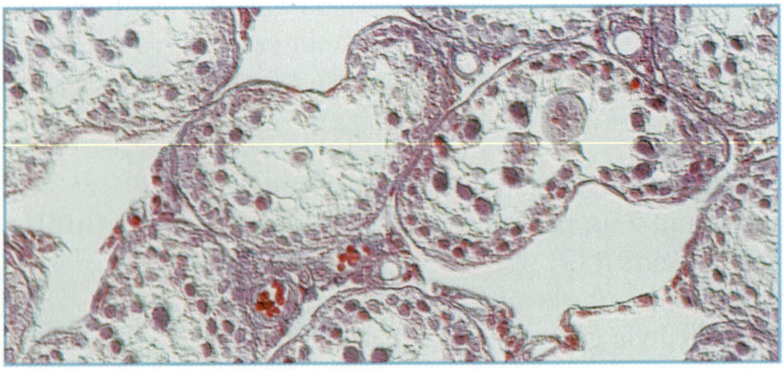

Doc. A – Coupe transversale de testicule de rat.

7 **Ces caractéristiques de la concentration de LH *(document B)*...**

a. seraient également visibles en faisant des mesures une fois par jour.

b. sont dépendantes de la sécrétion de testostérone.

c. révèlent la propriété d'activité rythmique propre aux cellules de l'hypophyse.

▸ corrigé p. 154

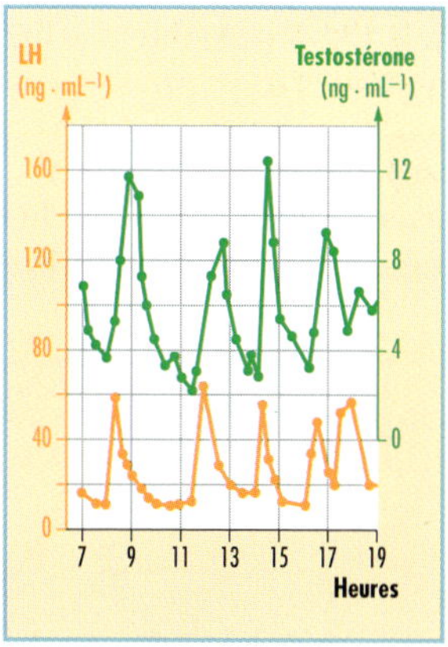

Doc. B – Concentration de LH et de testostérone chez un singe Rhésus mâle adulte.

8 **Trouvez à partir de l'analyse du *document C*, les arguments qui montrent que :**

a. La testostérone ralentit la fréquence des pulses de GnRH.

b. La testostérone agit en permanence sur les neurones hypothalamiques.

▸ corrigé p. 154

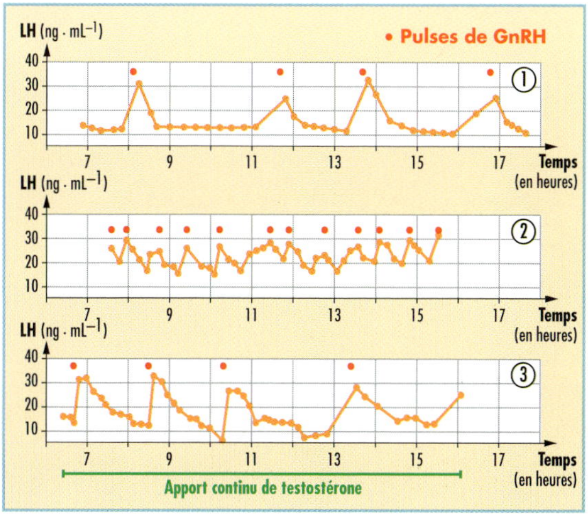

Doc. C – Évolution de la concentration de LH chez un singe Rhésus au cours d'une journée.

1. *Avant castration.*

2. *Après castration.*

3. *Après castration et après deux jours de traitement à la testostérone.*

9 **Est-il possible d'affirmer à partir du *document C* que la testostérone agit sur l'hypophyse ?** ▸ corrigé p. 154

10 **Trouvez à partir de l'analyse du *document D*, des arguments en accord avec l'idée que la sécrétion de LH est dépendante de l'activité de neurones hypothalamiques.** ▸ corrigé p. 154

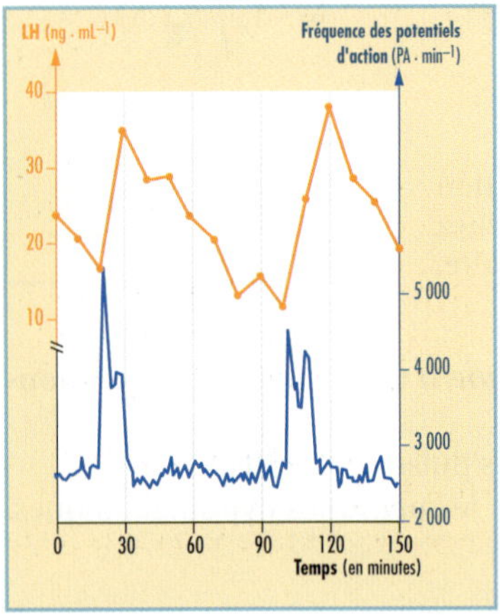

Doc. D– Activité des neurones hypothalamiques et concentration en LH dans la circulation générale (chez un singe Rhésus).

1 a. La testostéronémie est un paramètre du milieu intérieur soumis à régulation, ce qui implique que la production de testostérone compense globalement sa dégradation.
b. Il existe des récepteurs à la testostérone en dehors des organes génitaux, notamment au niveau du système nerveux central (action de la testostérone sur le comportement sexuel) et du complexe hypothalamo-hypophysaire.
c. La sécrétion pulsatile de testostérone n'est pas une propriété propre aux cellules de Leydig mais est due au caractère pulsatile de la sécrétion de LH, gonadostimuline dont dépend la sécrétion de testostérone par les cellules de Leydig.

2 a. Les cellules hypophysaires sont effectivement stimulées par GnRH mais avec une rythmicité d'un pulse toutes les deux heures et non d'un pulse toutes les 24 heures.
b. Les cellules hypophysaires sont stimulées par la neurohormone GnRH et non directement par un neuromédiateur libéré par les neurones hypothalamiques ; ces derniers n'établissent pas de contacts synaptiques directs avec les cellules hypophysaires.
c. Les cellules hypophysaires diminuent leur sécrétion de LH quand la concentration de testostérone augmente (rétrocontrôle négatif).
d. Sans stimulation par GnRH, les cellules hypophysaires ne sécrètent pas de gonadostimulines.

3 a. La concentration maximale de GnRH se trouve dans le sang du système porte hypophysaire. Dans les conditions physiologiques GnRH est tellement diluée dans la circulation générale qu'on ne peut la doser.
c. La GnRH est libérée par les neurones hypothalamiques au contact des capillaires du premier réseau du système porte hypophysaire.
d. La testostérone exerce un rétrocontrôle négatif sur les neurones hypothalamiques sécréteurs de GnRH et diminue donc la fréquence d'émission de cette neurohormone.

4 a. Les cellules de Leydig sont les cellules qui sécrètent la testostérone et non les capteurs de la testostéronémie ; ce sont des cellules effectrices.
b. Elles répondent à LH et non à GnRH.
d. Non ; LH injectée en continu est aussi efficace sur les cellules de Leydig.
e. FSH a comme cellules cibles les cellules de Sertoli des tubes séminifères, et non les cellules de Leydig.

5 a. Les cellules interstitielles jouent le rôle de cellules effectrices.

6 Le *document A* montre des tubes séminifères où la spermatogenèse n'arrive pas à terme car on ne voit pas de spermatozoïdes. C'est compatible avec un animal hypophysectomisé (absence de gonadostimulines), avec un animal dépourvu de neurones hypothalamiques sécréteurs de GnRH, avec un animal dont le système porte hypophysaire a été rompu de sorte que GnRH ne peut atteindre les cellules hypophysaires sécrétrices de gonadostimulines. C'est également compatible avec la dernière explication, car la testostérone est indispensable à la réalisation complète de la spermatogenèse, et sans récepteurs sur les cellules cibles (cellules de Sertoli des tubes séminifères), elle ne peut pas agir.

7 Le graphe du *document B* traduit le caractère pulsatile de la sécrétion de LH (5 pulses en 12 heures) chez le singe Rhésus mâle. Cette pulsatilité est impossible à détecter si on se contente de faire des mesures de la concentration de LH une seule fois par jour.
Les graphes traduisent seulement que la pulsatilité de la testostérone suit celle de LH ; ils ne montrent nullement l'action de la testostérone sur la sécrétion de LH. Les pulses de GnRH précèdent ceux de LH ; la pulsatilité de LH dépend de celle de GnRH.

8 **a.** Avant castration, il y a 4 pulses de LH en 10 heures ; après castration, le rythme est de 12 pulses en 8 heures. Comme le rythme de sécrétion de LH dépend de celui de GnRH, on peut dire que les testicules diminuent la fréquence d'émission des pulses de GnRH. L'injection de testostérone à l'animal castré rétablit le rythme initial de l'animal non castré. On en déduit que les testicules agissent sur la sécrétion de GnRH par l'intermédiaire de la testostérone qu'ils sécrètent.
b. Puisque la castration est suivie d'une augmentation de la rythmicité de la sécrétion de GnRH c'est que celle-ci est en permanence ralentie. La rythmicité intrinsèque des neurones hypothalamiques est plus élevée que celle qui existe chez l'animal non castré.

9 Le *document C* ne permet pas de dissocier l'action de GnRH de celle de la testostérone sur l'hypophyse. On ne peut pas affirmer à partir de ce seul document que la testostérone agit sur l'hypophyse. Il faudrait un document donnant l'amplitude des sécrétions de LH chez un animal dont les neurones hypothalamiques sécréteurs de GnRH sont détruits, et qui recevrait des injections de GnRH à rythme constant ; on étudierait alors l'amplitude des pics de LH avant et après castration.

10 Le *document D* montre que la rythmicité de la sécrétion de LH est la même que celle des salves de potentiels d'action des neurones hypothalamiques, et que les pics de LH suivent ceux d'activité des neurones.

10 Complexe hypothalamo-hypophysaire et activité de l'ovaire

POUR COMMENCER

► Le cycle ovarien est marqué chez la femme par :
– une première phase dite **folliculaire** ou pré-ovulatoire caractérisée dans un premier temps par la croissance de plusieurs **follicules antraux** (cavitaires), puis par celle du follicule dominant seul ; elle s'achève par **l'ovulation** ;
– une deuxième phase dite **lutéale** ou post-ovulatoire ou encore du corps jaune, caractérisée par la présence d'un **corps jaune** fonctionnel.

► Ce cycle ovarien s'accompagne d'un cycle hormonal avec :
– production croissante d'**œstradiol** durant la phase folliculaire jusqu'au pic d'œstradiol ;
– production d'**œstradiol et de progestérone** durant la phase lutéale.

► Ce cycle hormonal en agissant sur les effecteurs conditionne la possibilité de fécondation et de gestation.

► **Les règles**, caractéristiques du cycle menstruel, sont la conséquence de la chute des concentrations d'hormones ovariennes en fin de cycle.

► Avec la physiologie sexuelle de la femelle chez les Mammifères, on ne peut pas parler de système de régulation au sens strict. Il ne s'agit pas, en effet de maintenir un paramètre au voisinage d'une constante. **Ce qui est soumis à régulation c'est l'ensemble du cycle**, c'est-à-dire les variations des concentrations d'hormones ovariennes associées, chez la femme, à l'émission d'un seul ovocyte à un moment précis du cycle.

I Le système de commande du cycle ovarien

1 Vue d'ensemble

■ La maturation des follicules ovariens jusqu'à terme (ovulation) et leur transformation en corps jaunes ainsi que les sécrétions hormonales associées nécessitent que l'ovaire reçoive des messages **hormonaux** émis par l'hypophyse.

■ Le système de commande du cycle ovarien est assuré, comme pour les Mammifères mâles, par le **complexe hypothalamo-hypophysaire** (CHH). Ce sont les mêmes **gonadostimulines FSH et LH** qui sont émises par l'hypophyse des femelles. Mais, au lieu des cellules interstitielles et des cellules de Sertoli des testicules, elles ont pour cibles les cellules des follicules ovariens.

La sécrétion de ces gonadostimulines est également totalement dépendante (*document 1*) de la neurohormone **GnRH** émise par les neurones hypothalamiques de la région médiobasale de l'hypothalamus, et atteignant l'hypophyse par l'intermédiaire du système porte hypophysaire.

Là aussi, GnRH est sécrétée de façon pulsatile et cette **pulsatilité** est absolument indispensable à la réponse hypophysaire : en son absence, l'hypophyse ne répond pas (*document 2*).

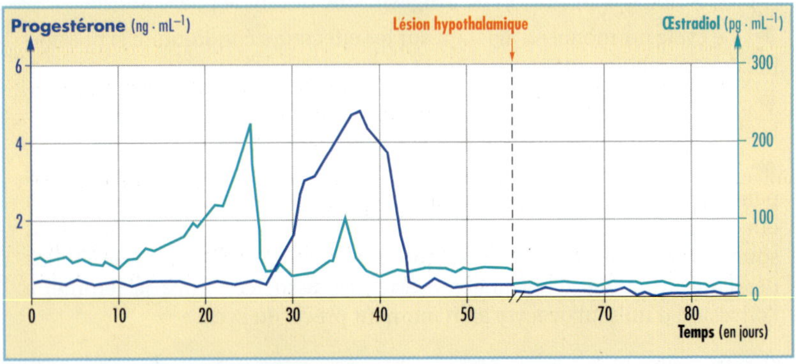

Doc. 1 – Conséquences de la destruction de l'hypothalamus médiobasal sur le fonctionnement ovarien. *Chez une femelle de singe Rhésus, on observe un arrêt du cycle ovarien et de celui des hormones ovariennes.*

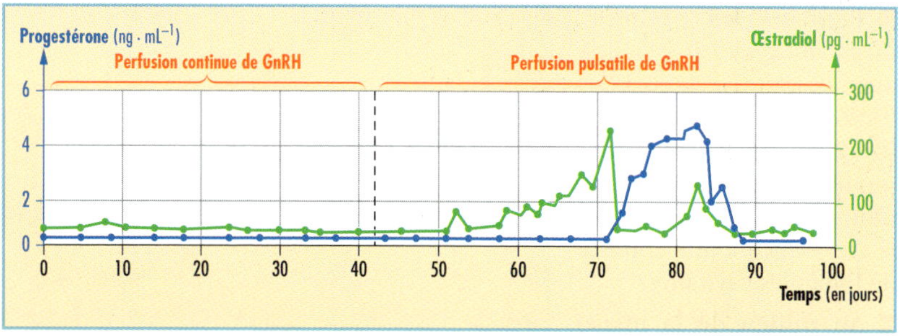

Doc. 2 – Conséquences de la perfusion de GnRH chez une femelle de singe Rhésus après destruction des neurones hypothalamiques de la région médiobasale. *Seule la perfusion pulsatile est efficace pour rétablir le cycle ovarien.*

2 Le rôle des gonadostimulines

■ **FSH** est absolument indispensable à l'évolution des follicules cavitaires de 4 à 5 mm de diamètre, en follicules mûrs (25 mm de diamètre) aptes à émettre un ovule. En revanche, FSH n'est pas nécessaire à la transformation d'un follicule primordial en follicule primaire, secondaire ou cavitaire (antral) de moins de 4 ou 5 mm de diamètre.

FSH est aussi nécessaire à la production d'œstradiol par les follicules en croissance au cours de la phase folliculaire.

■ **LH** est une gonadostimuline agissant à tous les moments du cycle ovarien.

Durant la phase folliculaire, elle est indispensable à la production d'œstradiol par les follicules ovariens. En son absence, même si le follicule croît sous l'action de FSH, il ne synthétise que peu ou pas d'œstradiol.

Durant la période de l'ovulation, elle déclenche l'ovulation du follicule arrivé à maturité et sa transformation en corps jaune.

Durant la phase lutéale, elle agit sur le corps jaune et déclenche la production de progestérone. En l'absence de LH, le corps jaune, même s'il survit quelques jours, ne sécrète pas de progestérone.

3 La sécrétion cyclique des gonadostimulines détermine les cycles ovarien et hormonal

■ Chez le mâle, les gonadostimulines conditionnent une production quasi constante de spermatozoïdes et de testostérone. Chez la femelle, elles font évoluer les structures ovariennes et leurs sécrétions hormonales. En relation avec cette différence fondamentale, leurs sécrétions sont cycliques chez la femme (*document 3*).

■ **Pendant les premiers jours du cycle**, il y a une augmentation de la concentration plasmatique de FSH (de 20 à 30 %). Bien que modérée, cette augmentation suffit pour déclencher la croissance d'une cohorte de follicules cavitaires.

■ **Au milieu de la phase folliculaire**, la concentration de FSH baisse, reprenant sa valeur des premiers jours du cycle. Elle devient alors insuffisante pour assurer la croissance de plusieurs follicules ; seul le follicule dominant continue à se développer ; en somme, ce dernier devient extrêmement sensible à FSH (mais les mécanismes en jeu ne sont pas encore clairement élucidés). Les autres follicules dégénèrent (atrésie).

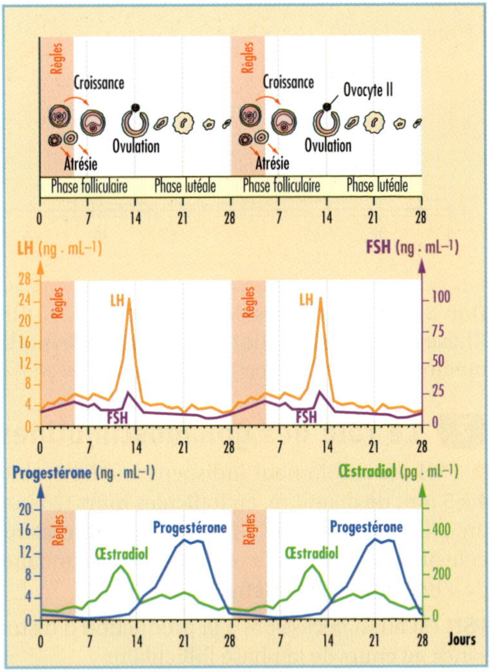

Doc. 3 – Les cycles sexuels chez la femme.

Les concentrations de FSH et de LH pendant la phase folliculaire sont toujours suffisantes pour déclencher la synthèse et la production d'œstradiol par le follicule ovarien.

■ **La fin de la phase folliculaire** est caractérisée par un pic de FSH et surtout de LH (dont la concentration est multipliée six à dix fois). C'est ce pic de LH qui déclenche l'**ovulation**.

■ **Durant la phase lutéale**, les concentrations de FSH et de LH sont basses. LH, cependant, régit l'activité du corps jaune, en lui faisant synthétiser et sécréter de la progestérone et de l'œstradiol. La concentration de FSH est insuffisante pour assurer la croissance d'une nouvelle cohorte de follicules.

Cependant, chez les Primates, l'arrêt du fonctionnement du corps jaune en fin de cycle n'est pas dû à une chute de la sécrétion de LH. C'est une propriété intrinsèque du corps jaune cyclique qui cesse de répondre à LH.

II Le complexe hypothalamo-hypophysaire, capteur d'informations sur les concentrations d'hormones ovariennes

Comme chez le mâle, le complexe hypothalamo-hypophysaire est aussi capteur d'informations sur l'activité ovarienne ; ces informations sont fournies par la concentration plasmatique des hormones ovariennes (paramètre soumis à régulation).

En l'absence d'hormones ovariennes (femme ménopausée ou ovariectomisée), on constate qu'il n'y a plus de sécrétion cyclique des gonadostimulines (notamment une absence du pic de LH, voir le *document 4*) et que la concentration des gonadostimulines est constamment élevée. Cela indique que les hormones ovariennes agissent sur l'hypophyse de deux façons : en freinant la sécrétion des gonadostimulines d'une part, en déclenchant des pics de sécrétion d'autre part. Nous allons voir comment expliquer cela.

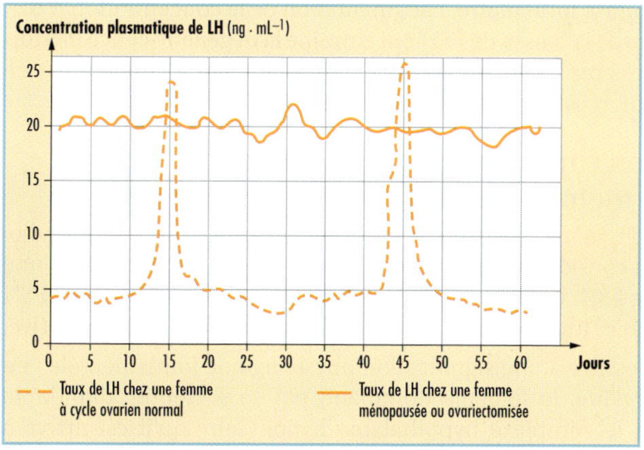

Doc. 4 – Évolution de la concentration plasmatique de LH chez une femme à cycle ovarien normal et chez une femme ménopausée ou ovariectomisée.

1 La réponse des capteurs hypophysaires au message : « concentration d'œstradiol »

Elle est différente suivant les concentrations de l'œstradiol (*document 5*).

a. Concentration comprise entre 0 et 200 pg·mL^{-1} (durant les jours 1 à 10–11 de la phase folliculaire)

L'hypophyse réagit à une augmentation de la concentration d'œstradiol par une diminution de la sécrétion de FSH et de LH (*documents 5 et 3*) et inversement en cas de diminution. On parle de **rétroaction négative** pour désigner cette action de l'œstradiol sur les capteurs hypophysaires, car l'œstradiol entraîne une diminution de la sécrétion des gonadostimulines qui, par leur action sur les follicules, déclenchent sa sécrétion. Cette réponse des capteurs hypophysaires à l'œstradiol est très importante durant la phase folliculaire.

En effet :

– **au tout début de la phase folliculaire**, la concentration très basse d'œstradiol (et de la progestérone) entraîne une augmentation de celle de FSH, initiatrice de la croissance d'une cohorte de follicules ;

– **au milieu de la phase folliculaire**, l'augmentation de la concentration d'œstradiol est à l'origine de la baisse de FSH qui entraîne la dégénérescence des follicules ovariens, excepté celle du follicule dominant. En l'absence de ce rétrocontrôle négatif, plusieurs follicules arriveraient à maturité.

b. Concentration supérieure à 200 pg·mL^{-1} (pendant au moins 24 heures)

Les capteurs hypophysaires réagissent à une concentration élevée d'œstradiol par une production considérablement accrue de LH (*document 5*) et, dans une moindre mesure, de FSH. Parce que l'œstradiol augmente la production de FSH et de LH indispensables à sa propre production, on parle de **rétroaction positive.**

Cette rétroaction positive a une signification physiologique fondamentale : en fin de phase folliculaire, le follicule dominant, par sa sécrétion abondante d'œstradiol, avertit le complexe hypothalamo-hypohysaire qu'il est arrivé à **maturité** ; ce dernier réagit à cette information par un message, le **pic de LH, qui déclenche l'ovulation** et le passage de la phase folliculaire à la phase lutéale.

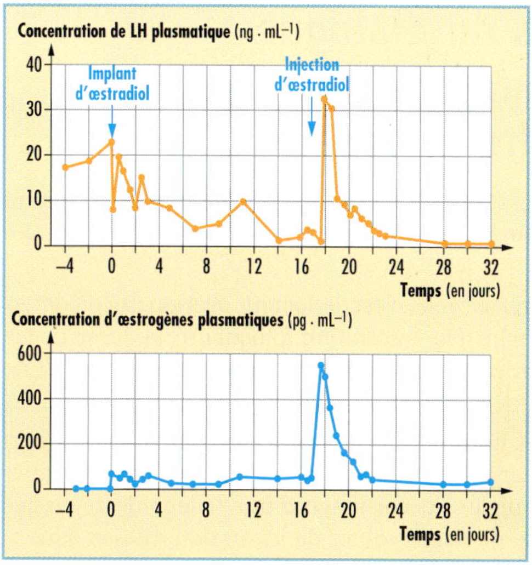

Doc. 5 – Effets de l'œstradiol sur la sécrétion de LH chez une guenon Rhésus ovariectomisée.
Au jour j = 0 *une capsule libérant de faibles doses d'œstradiol est mise en place (baisse de LH : mise en évidence du rétrocontrôle négatif). Au 17ᵉ jour, une forte dose d'œstradiol est injectée (pic de LH : mise en évidence du rétrocontrôle positif).*

2 La réponse des capteurs hypophysaires au message : « concentration de progestérone »

■ L'hypophyse réagit à une augmentation de la concentration de progestérone par une baisse de la sécrétion de FSH et de LH.

En présence de progestérone, l'hypophyse ne réagit pas à des concentrations élevées d'œstradiol (supérieures à 200 $pg{\cdot}mL^{-1}$) par un pic de LH. En somme, la progestérone inhibe l'ovulation.

■ Cette **rétroaction négative** de la progestérone sur l'hypophyse a une grande importance physiologique durant la phase lutéale :

– elle maintient la concentration de FSH sous le seuil nécessaire à la croissance folliculaire ;

– la chute de la concentration de progestérone, associée à celle de l'œstradiol en fin de cycle, est responsable de l'augmentation de FSH et donc du début d'un nouveau cycle, marqué par la reprise de la croissance d'une cohorte de follicules.

III Les aspects du dialogue entre le complexe hypothalamo-hypophysaire et l'ovaire

■ Le système réglant des concentrations d'hormones ovariennes repose sur un dialogue évolutif entre le **système de commande** hypothalamo-hypophysaire et les **effecteurs** ovariens.

Si le système de commande initie le cycle, c'est l'effecteur ovarien qui en détermine la durée. Le temps nécessaire à la maturation folliculaire, la durée de vie du corps jaune sont des propriétés propres à l'ovaire, et qui varient d'une espèce à l'autre.

■ Le système de régulation des hormones ovariennes est original par rapport à celui de la testostéronémie, car l'effet du système réglant n'est pas de ramener la valeur du paramètre à régler au voisinage d'une valeur de référence (constance). Il est, au contraire, de faire évoluer de façon déterminée dans le temps les paramètres à régler et donc de suivre les variations de ces paramètres pour guider leur évolution : on parle de **servomécanisme**.

■ Les caractéristiques de ce dialogue entre complexe hypothalamo-hypophysaire et ovaire durant les diverses phases du cycle et les conséquences fonctionnelles sur l'appareil reproducteur sont résumées par les schémas du *document 6*.

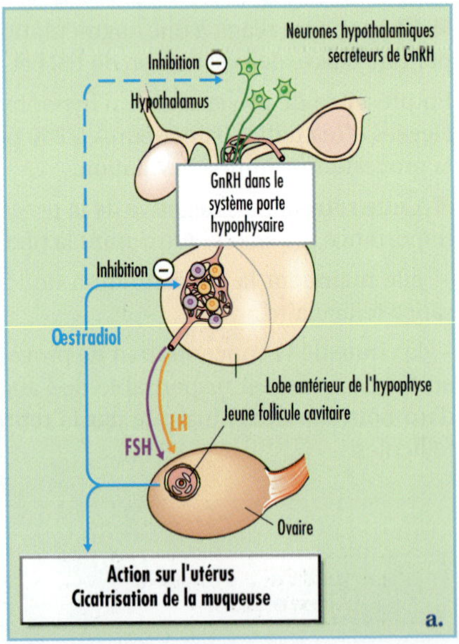

Doc. 6 – Fonctionnement du système de régulation des hormones ovariennes au cours du cycle ovarien : le dialogue entre ovaire et complexe hypothalamo-hypophysaire.

a. ***Début de la phase folliculaire*** : *la concentration d'œstradiol est basse, la rétroaction négative sur l'hypophyse faible ; en conséquence la sécrétion de FSH est relativement élevée permettant la croissance d'une cohorte de follicules cavitaires (un seul est représenté).*

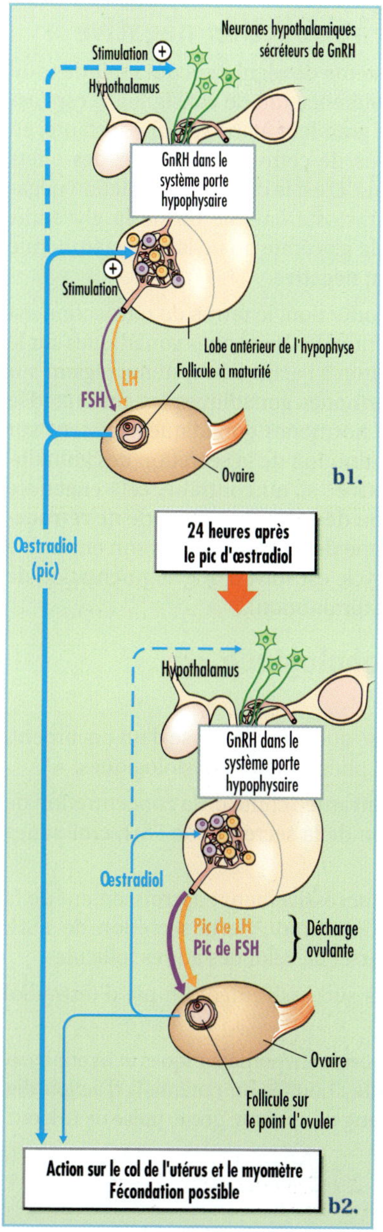

Doc. 6 (suite)

b1. ***Fin de phase folliculaire*** *(48 heures avant l'ovulation environ) : un follicule est arrivé à maturité et secrète beaucoup d'œstradiol. Les autres ont dégénéré.*

b2. *Le pic d'œstradiol exerce une rétroaction positive sur l'hypophyse et déclenche un pic de FSH et LH ; ce dernier initie l'ovulation.*

c. ***Phase post-ovulatoire*** *: la LH agit sur le corps jaune qui sécrète de l'œstradiol et de la progestérone. La rétroaction négative de ces hormones maintient le FSH à un niveau faible (absence de croissance folliculaire).*

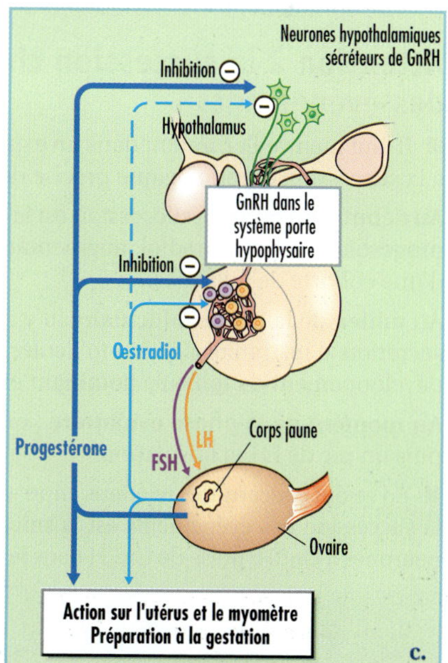

Ce que signifie l'expression « rétroaction négative »

■ Elle peut s'adresser à l'ensemble du système de régulation qui maintient un paramètre au voisinage d'une valeur de référence (ou de consigne). C'est l'action du système réglant qui maintient une grandeur à une valeur constante, en compensant en permanence les variations de cette grandeur par des effets inverses de ceux de la perturbation d'origine. C'est le cas de la rétroaction négative impliquée dans la régulation de la testostéronémie ou de la glycémie. Autrement dit, la boucle de régulation de la glycémie ou de la testostéronémie fonctionne sur le principe de la rétroaction négative.

■ Dans le cas de la physiologie de la reproduction, le terme de rétroaction est utilisé dans un sens plus étroit relatif à l'action des hormones gonadiques sur le complexe hypothalamo-hypophysaire, et non à l'action du système réglant sur le paramètre à régler. La sécrétion des hormones gonadiques est commandée par les gonadostimulines ; en retour, les hormones gonadiques agissent sur l'hypophyse. Si cela se traduit par une diminution de la sécrétion des gonadostimulines, on parle de **rétroaction négative** ; si, au contraire, cela engendre une augmentation de la sécrétion de LH ou de FSH, alors on parle de **rétroaction positive**. Cela n'implique pas le système de régulation dans son ensemble (ainsi, la chute de FSH vers le 8e jour du cycle est suivi d'une augmentation de la concentration d'œstradiol et non d'une diminution).

Attention à la succession chronologique des événements

■ Il faut bien veiller, autant dans un exposé que dans l'analyse d'un document, à la succession chronologique précise des phénomènes physiologiques.

Au début d'un cycle, la succession est la suivante : chute de la concentration de progestérone et d'œstradiol, augmentation de la sécrétion de FSH, croissance d'une cohorte de follicules.

Au milieu de la phase folliculaire, il y a successivement : accroissement de la sécrétion d'œstradiol par les follicules, diminution de la sécrétion de FSH, développement du follicule dominant et arrêt de celui des autres follicules.

Au moment de la phase ovulatoire : on a successivement un pic d'œstradiol puis un pic de LH et l'ovulation.

■ En ce qui concerne les relations entre neurones hypothalamiques et hypophyse, la succession des événements est la suivante : bouffée de potentiels d'action des neurones à GnRH, pulse de GnRH dans le sang du système porte, pulse de LH, etc.

Vérifier ses connaissances

Dans les exercices 1 à 4, relevez les affirmations inexactes et corrigez-les.

1 Chez la femme, FSH…

a. a une concentration qui, au début de la phase folliculaire, permet de ne déclencher la croissance que d'un seul follicule.
b. déclenche l'ovulation.
c. permet la croissance de follicules durant la phase folliculaire.
d. stimule la croissance des follicules antraux.
e. est indispensable pour assurer la transformation du follicule primaire en un petit follicule cavitaire. ▸ corrigé p. 170

2 La rétroaction négative de l'œstradiol sur le complexe hypothalamo-hypophysaire est à l'origine…

a. de l'augmentation de la concentration de FSH en début de cycle.
b. de la dégénérescence de plusieurs follicules cavitaires durant la phase folliculaire.
c. du pic de FSH.
d. de la sécrétion de FSH durant la phase folliculaire. ▸ corrigé p. 170

3 LH est une gonadostimuline…

a. qui ne joue aucun rôle durant la phase folliculaire.
b. indispensable au passage du stade follicule au stade corps jaune.
c. indispensable à la production de progestérone.
d. dont la chute en fin de cycle entraîne la mort du corps jaune.
e. qui exerce durant la phase lutéale une rétroaction positive sur le complexe hypothalamo-hypophysaire. ▸ corrigé p. 170

4 L'ovulation chez la femme…

a. est déclenchée par un pic de LH.
b. suit la reprise de la méiose de l'ovocyte.
c. a lieu après un pic de concentration plasmatique d'œstradiol.
d. nécessite la sécrétion de GnRH par l'hypothalamus.
e. a lieu lorsque la muqueuse utérine est prête à la gestation. ▸ corrigé p. 170

5 La liste ci-après indique un certain nombre de structures et de données sur les hormones intervenant au cours du cycle menstruel chez la femme.

Rassemblez celles qui peuvent coexister à un moment donné dans l'organisme féminin.

a. Présence de GnRH dans le sang du système porte hypophysaire.
b. Concentration élevée de progestérone dans le sang.
c. Absence de progestérone dans le sang.
d. Follicule à maturité.
e. Présence à la fois d'œstradiol et de progestérone dans le sang.
f. Mucus cervical abondant à mailles très larges.
g. Menstruation.
h. Myomètre très peu contractile.
i. Taux d'œstradiol supérieur à 200 $pg \cdot mL^{-1}$.
j. Taux maximal de LH et de FSH.
k. Présence d'un corps jaune fonctionnel.
l. Muqueuse utérine épaisse avec de nombreuses glandes sécrétrices.
m. Peu d'œstradiol, pas de progestérone, taux de FSH relativement élevé.

▸ corrigé p. 170

S'entraîner

6 Extraire du *document A* des informations qui confirment l'idée que l'œstradiol exerce, en fonction de sa concentration, soit une rétroaction négative, soit une rétroaction positive sur le complexe hypothalamo-hypophysaire. ▸ corrigé p. 170

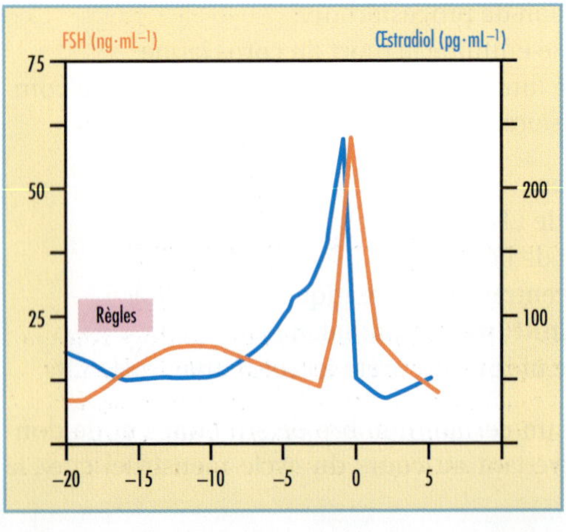

Doc. A – Concentration en œstradiol et en FSH dans la circulation générale d'une femme au long d'un cycle menstruel.

7 Extraire du *document B* des informations qui montrent que :

a. GnRH est indispensable à la production de gonadostimulines par l'hypophyse.

b. L'œstradiol n'a pas d'action sur l'hypophyse en l'absence de GnRH.

c. La guenon a présenté un cycle ovarien complet.

d. L'action sur l'hypophyse suffit pour la manifestation de la rétroaction positive de l'œstradiol. ▸ corrigé p. 171

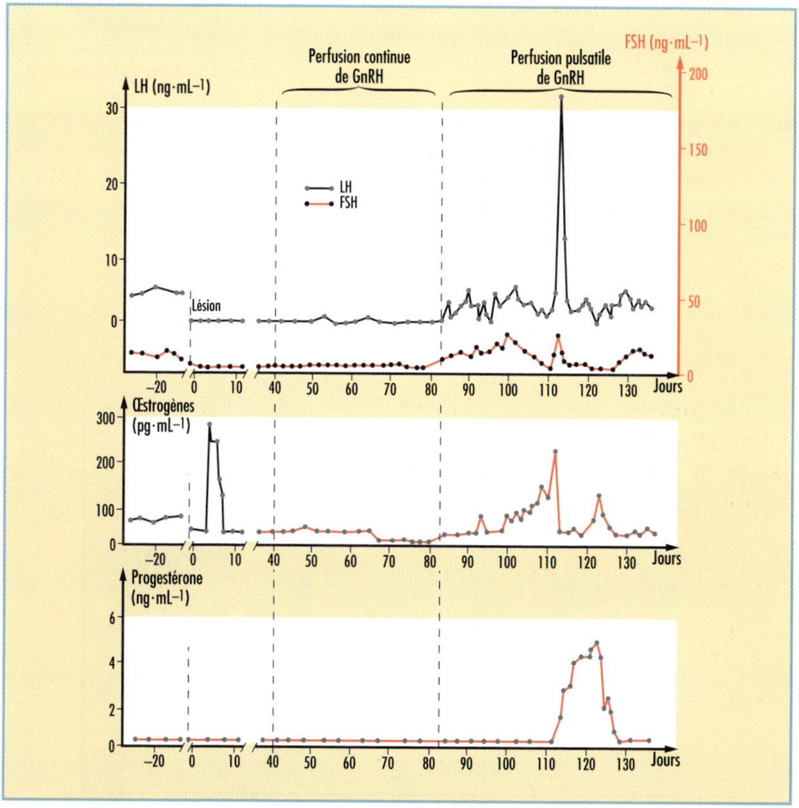

Doc. B – Expérience réalisée par E. Knobil sur une femelle de singe Rhésus dont les neurones hypothalamiques sécréteurs de GnRH ont été détruits.

Cette femelle reçoit une perfusion continue de GnRH puis des injections régulières de GnRH, à raison de 1 microgramme par minute, six minutes par heure. Deux jours après la destruction des neurones hypothalamiques, une forte dose d'œstradiol a été injectée à l'animal.

8 **Relevez, parmi les affirmations relatives au *document C*, les affirmations exactes, justifiez-les et corrigez celles qui sont fausses.**
Cette coupe d'ovaire…

a. a été réalisée en phase folliculaire.

b. montre une structure qui sécrète de la progestérone.

c. montre une structure stimulée par LH.

d. montre plusieurs structures qui sécrètent de l'œstradiol. ▸ corrigé p. 171

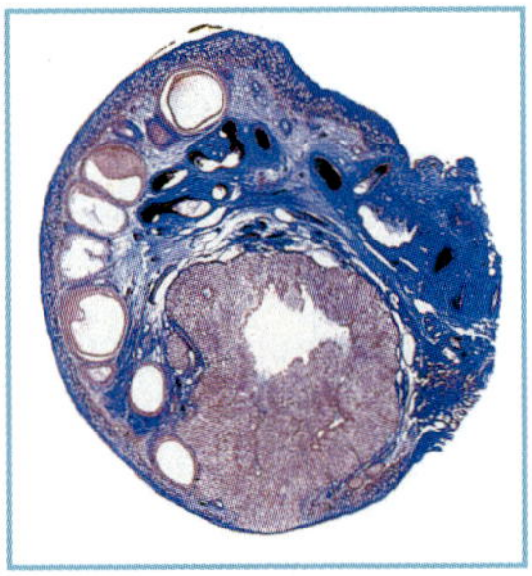

Doc. C – Coupe d'ovaire.

9 **Dites si l'analyse du *document D* permet d'affirmer que :**

a. GnRH est indispensable à la production de FSH et de LH.

b. Le rythme de la sécrétion de LH a de l'importance.

c. La sécrétion de LH dépend de la sécrétion pulsatile de GnRH.

d. L'œstradiol exerce une rétroaction positive.

e. L'œstradiol exerce une rétroaction négative. ▸ corrigé p. 171

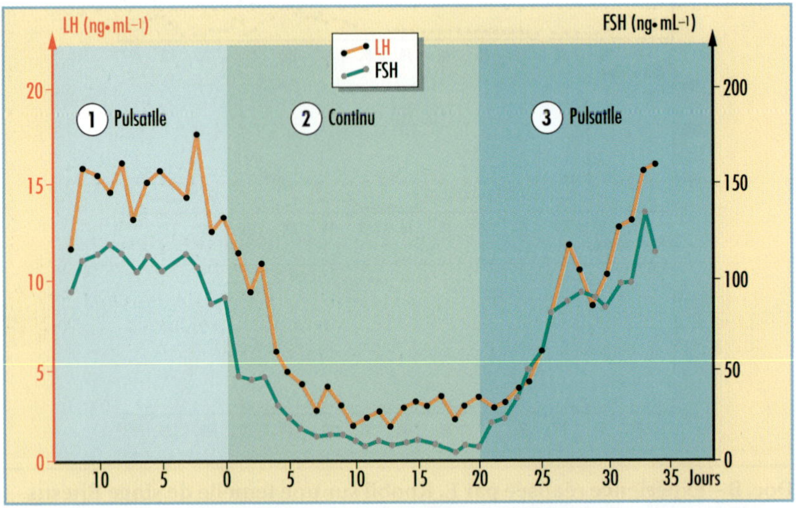

Doc. D – Injections de GnRH chez des guenons adultes castrées et dont le noyau arqué de l'hypothalamus a été lésé. 1. *Injections de GnRH suivant un mode pulsatile (1 µg/min pendant 6 minutes toutes les heures).* **2.** *Injection en continu d'une quantité de GnRH identique à celle injectée en 1 en 24 heures.* **3.** *À partir du 20e jour, injections de GnRH suivant les mêmes modalités qu'en 1.*

10 **Tirez de l'analyse du *document E* des arguments montrant que, chez les Primates, le complexe hypothalamo-hypophysaire du mâle a les mêmes propriétés que celui de la femelle.** ▸ corrigé p. 172

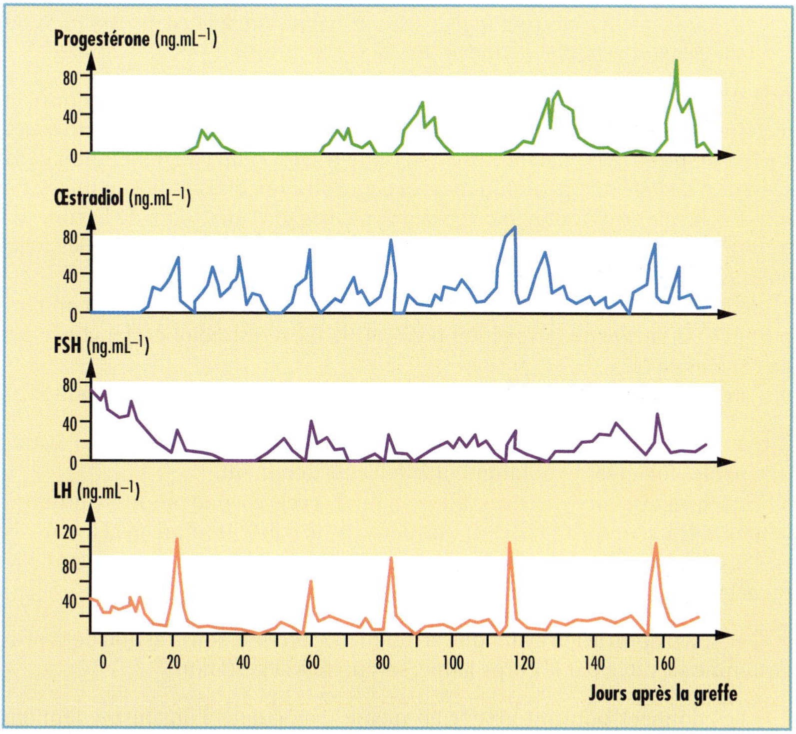

Doc. E – Résultats du protocole expérimental. *On a mesuré les concentrations journalières de FSH, de LH, d'œstradiol et de progestérone dans le sang d'un singe Rhésus mâle castré ayant reçu une greffe d'ovaire au jour 0.*

1 **a.** La concentration de FSH en début de phase folliculaire augmente et elle est suffisante pour initier la croissance d'une cohorte de follicules et non d'un seul.
b. C'est le pic de LH qui déclenche l'ovulation.
e. FSH est indispensable pour mener un follicule antral (cavitaire) de 4 à 5 mm au stade follicule à maturité, mais n'est pas nécessaire à la transformation du follicule primaire en un follicule antral.

2 **a.** et **b.** Exact. En effet, la chute des concentrations de progestérone et d'œstradiol lèvent le rétrocontrôle négatif exercé par ces hormones ovariennes sur le complexe hypothalamo-hypophysaire (CHH), d'où l'augmentation de la sécrétion de FSH. L'augmentation de la concentration d'œstradiol en milieu de phase folliculaire entraîne, par rétrocontrôle négatif, une baisse de la concentration de FSH, qui devient insuffisante pour stimuler la croissance des follicules, sauf celle du follicule dominant.
c. Le pic de FSH est opposé à la notion de rétroaction négative ; il est en rapport avec la notion de rétroaction positive : le pic d'œstradiol déclenche le pic de FSH (et de LH).
d. La sécrétion de FSH dépend de GnRH et non de l'œstradiol qui la module.

3 **a.** Durant la phase folliculaire, LH est indispensable à la sécrétion d'œstradiol par les follicules et notamment le follicule dominant.
d. La dégénérescence du corps jaune en fin de cycle est une propriété propre à cette structure, et n'est pas liée à une chute de la concentration de LH.
e. C'est à propos des hormones ovariennes qu'on parle de rétroaction positive ou négative.

4 **e.** L'ovulation a lieu avant que la muqueuse utérine, sous l'action de la progestérone sécrétée par le corps jaune, soit prête à la gestation.

5 Les données pouvant exister en même temps dans l'organisme féminin sont :
- **a, b, e, h, k, l ;**
- **a, c, d, f, i, j ;**
- **a, g, m.**

6 Il faut d'abord repérer les valeurs fournies par rapport au cycle menstruel.

Ici, le temps $t = 0$ correspond au pic de FSH (et à celui de LH non fourni) qui précède l'ovulation. Les valeurs fournies de $t = -20$ jours à $t = 0$ correspondent à la fin de la phase lutéale d'un cycle menstruel et à la phase folliculaire du cycle suivant.
En fin de phase lutéale, la concentration d'œstradiol baisse, puis reste basse durant les premiers jours de la phase folliculaire (jours – 15 à – 10). On constate que cela est associé à une augmentation de la concentration de FSH qui double

presque. Cela confirme le rétrocontrôle négatif de l'œstradiol sur le complexe hypothalamo-hypophysaire (CHH) : quand la concentration d'œstradiol est faible, le rétrocontrôle est peu intense, et, en conséquence, la sécrétion de FSH accrue.

L'augmentation de la concentration d'œstradiol à partir du jour – 10 est associée à une baisse de FSH ce qui confirme le rétrocontrôle négatif.

En revanche, le pic d'œstradiol à partir du jour – 3 est suivi d'un pic de FSH ce qui confirme qu'à forte concentration, l'œstradiol exerce un rétrocontrôle positif sur le CHH.

7 a. Après lésion des neurones hypothalamiques sécréteurs de GnRH, les concentrations de LH et de FSH deviennent nulles : l'hypophyse ne produit plus de gonadostimulines. La perfusion pulsatile de GnRH suffit pour rétablir la sécrétion de gonadostimulines. Donc GnRH est une neurohormone indispensable à la stimulation des cellules hypophysaires sécrétrices de FSH et de LH.

b. L'injection d'œstradiol entre les jours 3 et 6 à un animal dont les neurones hypothalamiques à GnRH ont été détruits n'a aucun effet sur les concentrations de FSH et de LH qui restent nulles.

c. Les graphes relatifs aux œstrogènes et à la progestérone montrent que, du 100e au 130e jour, on a tout d'abord une augmentation de la concentration d'œstrogènes aboutissant à un pic au 112e jour caractéristique de la phase folliculaire d'un cycle, puis, que la présence de progestérone à partir du 112e jour traduit la présence d'un corps jaune fonctionnel, et donc une phase lutéale.

d. Du 80e au 130e jour il n'y a pas de changement de rythme dans la perfusion pulsatile de GnRH, et pourtant, les sécrétions de gonadostimulines changent. Les pics de FSH et de LH ne sont pas dus à un pic de GnRH, mais traduisent la réponse de l'hypophyse au pic d'œstradiol (rétroaction positive).

8 Cette coupe d'ovaire montre un corps jaune. On observe en effet une structure en phase lutéale qui sécrète de la progestérone sous l'action de LH. Le corps jaune exerce une rétroaction négative sur le CHH, par l'intermédiaire de la progestérone et de l'œstradiol qu'il sécrète. On voit des follicules cavitaires en attente, mais ils sécrètent très peu d'œstradiol.

9 a. Pour pouvoir le dire de manière rigoureuse, il faudrait avoir les concentrations de LH et de FSH avant et après destruction des neurones hypothalamiques sécréteurs de GnRH.

b. Pour pouvoir apprécier l'importance de la rythmicité de LH, il faudrait avoir des données sur la réponse des cellules cibles de LH (cellules des follicules ovariens et du corps jaune) ; or rien n'est fourni.

c. Le passage de l'injection de GnRH du mode pulsatile à une perfusion en continu entraîne une chute de la concentration des deux gonadostimulines donc un arrêt de leur sécrétion et inversement. Cela montre donc que le caractère pulsatile de la sécrétion de GnRH est indispensable pour que l'hypophyse réagisse par une sécrétion de gonadostimulines.
d. Puisque la guenon est castrée et qu'on n'injecte pas d'œstradiol, on n'a aucune indication sur la rétroaction positive de l'œstradiol.
e. Même réponse pour la rétroaction négative.

10 Durant les 160 jours, on constate, en particulier grâce aux données sur la progestérone, l'existence de 5 cycles. Le CHH du mâle a donc été capable de piloter l'activité de l'ovaire greffé comme un CHH de femelle. En particulier, on constate l'existence de 5 pics de LH qui suivent 5 pics d'œstradiol. Le rétrocontrôle positif est aussi une propriété du CHH du mâle qui ne se manifeste évidemment pas dans les conditions physiologiques normales.

11 Maîtrise de la procréation

POUR COMMENCER

► Un caractère dérivé propre à l'espèce humaine est la dissociation qui existe entre sexualité et reproduction.

► Les connaissances acquises en la physiologie de la reproduction (*document 1*) ont, de plus, permis :

– la mise au point de procédés contraceptifs, notamment chimiques (contraception hormonale) permettant à un couple d'assumer sa sexualité en choisissant le moment d'avoir un enfant ;

– la détection très précoce d'une grossesse après l'arrêt de la contraception et un suivi attentif de celle-ci ;

– la mise au point de traitements visant à remédier à la stérilité d'un couple.

► Pour qu'un rapport sexuel soit suivi de fécondation, les spermatozoïdes émis au fond du vagin doivent atteindre les trompes, lieu de la fécondation. Ce transport dépend des caractéristiques du mucus cervical et de la contractilité du myomètre utérin (*document 6, chapitre 8*).

► La durée de vie des spermatozoïdes dans les trompes est de l'ordre de trois jours ; celle de l'ovule de 24 heures au maximum.

► Après fécondation, le développement de l'œuf s'effectue d'abord dans une trompe ; l'embryon atteint la cavité utérine 3 jours après, et se fixe dans la paroi utérine (nidation) 6 à 7 jours après la fécondation.

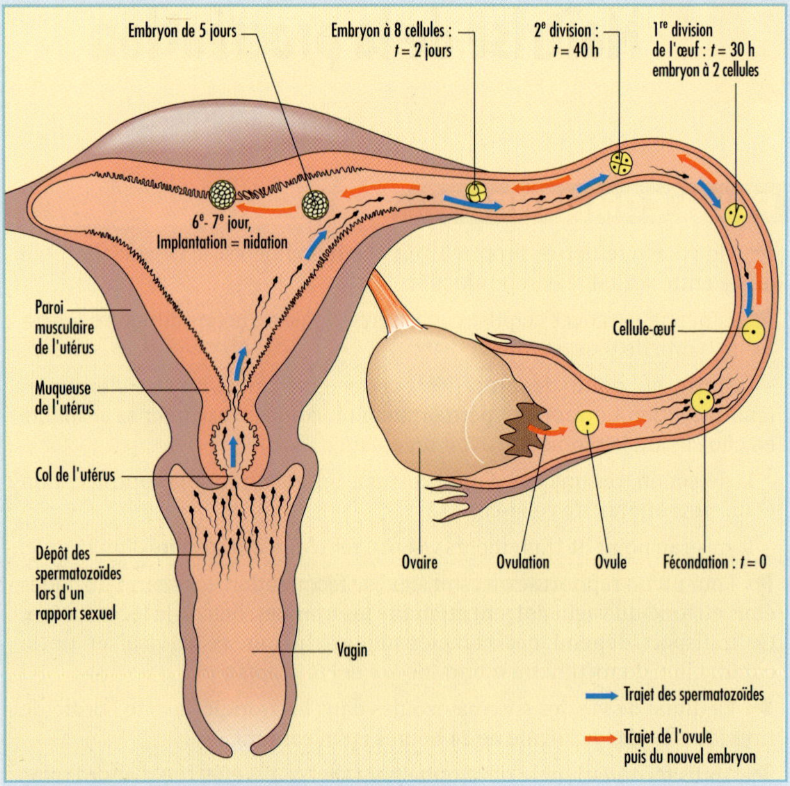

Doc. 1 – Fécondation et devenir de l'embryon.

I Contraception et contragestion hormonale

Les pilules contraceptives les plus fréquemment utilisées sont des pilules combinées comprenant un œstrogène et un progestatif de synthèse. Ces substances différentes des hormones naturelles (œstradiol et progestérone) agissent cependant sur les mêmes cibles.

Au cours d'un « cycle sous pilules », celles-ci sont prises pendant 21 jours ; un arrêt de 7 jours sépare le début d'un autre cycle sous pilules. Cet arrêt entraîne des règles, ce qui simule un cycle naturel.

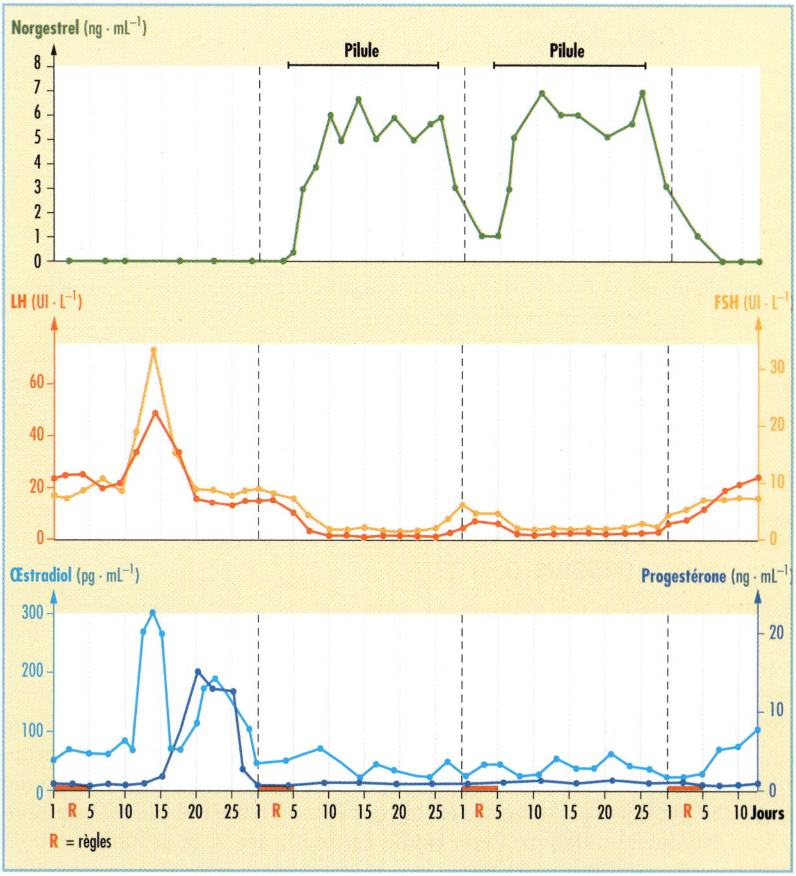

Doc. 2 – Évolution des concentrations plasmatiques des gonadostimulines LH et FSH et des hormones ovariennes naturelles chez une femme, au cours d'un cycle normal, puis de deux cycles sous pilules (Norgestrel).

1 Pilules contraceptives et évolution folliculaire

Au cours d'un cycle sous pilules (*document 2*), la concentration d'œstradiol reste toujours assez basse et celle de progestérone constamment nulle. La prise de pilules empêche donc la croissance folliculaire et, par suite, les phénomènes qui suivent cette croissance : l'ovulation et la transformation du follicule en corps jaune. La prise de pilule, empêchant l'ovulation et donc la fécondation, fait partie des méthodes contraceptives (= contra-conception).

L'absence de croissance folliculaire est due à des concentrations de LH et surtout de FSH toujours faibles par suite du rétrocontrôle négatif exercé par les hormones de synthèse de la pilule sur le complexe hypothalamo-hypophysaire.

2 Pilules contraceptives et voies génitales

■ Les composés contraceptifs agissent aussi à la périphérie sur les **organes génitaux**. Ainsi, le mucus cervical sécrété par les glandes du col de l'utérus est, sous l'action du progestatif de synthèse, constamment peu abondant, à mailles serrées, imperméable aux spermatozoïdes. Cette action périphérique de la pilule, s'ajoute à l'effet central sur le complexe hypothalamo-hypophysaire et renforce ainsi l'effet contraceptif de la pilule.

■ Les hormones de synthèse agissent aussi sur la **muqueuse utérine**. Celle-ci ne subit jamais les transformations qui la rendent apte à la nidation. Néanmoins, elles exercent un effet tonique sur la muqueuse utérine (stimulation des mitoses), de sorte que l'arrêt de la prise de pilules est suivi, un à deux jours après, d'une destruction partielle de la muqueuse et donc de règles.

3 La « pilule du lendemain » ou pilule contraceptive d'urgence

Cette méthode est une méthode de rattrapage après un rapport sexuel non protégé ; elle est utilisée en cas d'absence ou d'erreur de contraception. Elle consiste à prendre, au plus tard 72 heures après le rapport sexuel non protégé, un progestatif (progestérone) de synthèse fortement dosé. La progestérone à forte dose empêche le complexe hypothalamo-hypophysaire d'émettre un pic de LH. En conséquence, si l'ovulation n'a pas encore eu lieu au moment du rapport sexuel, elle est bloquée par la suite. De plus, le déséquilibre hormonal engendré par ces doses massives est tel, que la muqueuse utérine est impropre à une éventuelle nidation. **Cette pilule est inefficace si la gestation a déjà commencé (nidation).**

4 Le RU 486

■ Il est utilisé en France, uniquement après un test de grossesse positif, lorsque la femme le désire et pour une **grossesse de moins de 5 semaines**, non désirée.

■ Le RU 486 est le contragestif le plus efficace. C'est une substance dont la structure chimique est proche de celle de la progestérone (*document 3*) ; elle a une forte affinité pour les récepteurs à la progestérone des cellules cibles de cette hormone. Cependant, elle n'induit aucune réponse biologique. **C'est un antagoniste par compétition de la progestérone.**

■ Le RU 486 se fixe aux récepteurs des cellules de la muqueuse utérine et empêche celles-ci de répondre à la progestérone sécrétée par le corps jaune. Par son action antiprogestérone, le RU 486 peut exercer une action abortive. Son utilisation, sous contrôle médical, est autorisée dans le cadre de la loi sur l'interruption volontaire de grossesse (IVG).

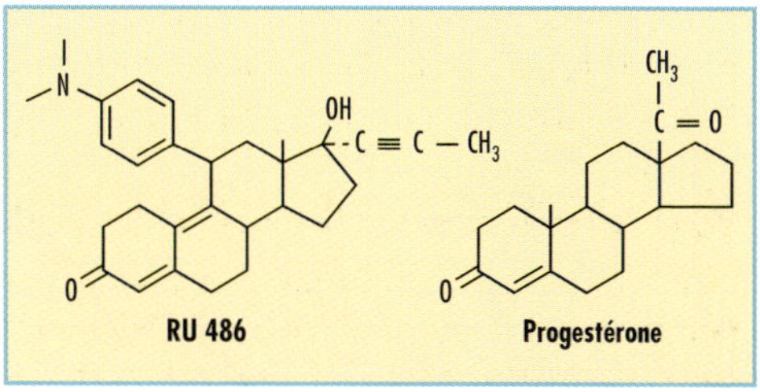

Doc. 3 – Formules chimiques développées du RU 486 et de la progestérone.

II HCG, message assurant la grossesse

À l'arrêt de processus contraceptifs, le cycle ovarien reprend normalement. Un des premiers signes indicateurs d'une possible grossesse est **l'absence de règles.** En effet, en cas de gestation, la muqueuse utérine dans laquelle s'implante l'embryon, environ six jours après la fécondation, ne se détruit pas. Ce changement de phénotype est dû à la poursuite de la sécrétion d'œstradiol et surtout de progestérone par le corps jaune.

Ce prolongement de l'activité endocrine du corps jaune est dû à un message hormonal émis par l'embryon dès le début de son implantation dans la muqueuse : il émet une hormone, **HCG** (gonadotrophine chorionique humaine), qui se fixe aux mêmes récepteurs des cellules du corps jaune que LH. Mais HCG, dont la durée de vie est plus longue que celle de LH, est plus active : elle est capable, contrairement à LH, de prolonger la durée de vie du corps jaune.

Les hormones hypophysaires n'interviennent donc pas pour maintenir une gestation ; au contraire, durant la grossesse, leur concentration reste constamment faible.

HCG est détectable dans le sang maternel dès le huitième jour qui suit l'ovulation. Sa concentration augmente ensuite très rapidement (*document 4*), doublant tous les un à deux jours, pour atteindre un maximum aux alentours de la dixième semaine de gestation. Le test de grossesse repose sur la recherche de HCG dans les urines.

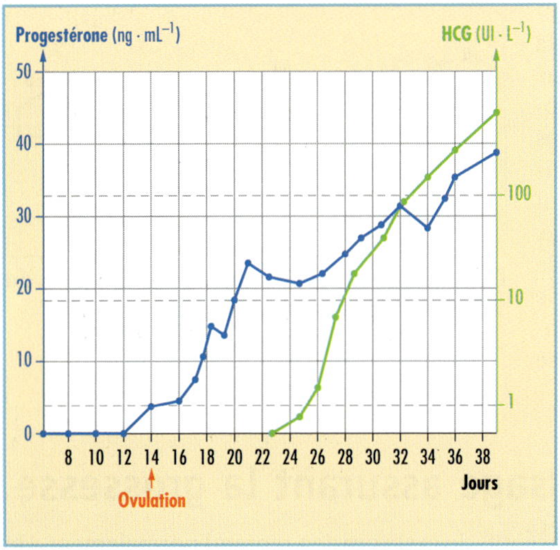

Doc. 4 – Apparition de HCG dans le milieu intérieur de la future mère. *La sécrétion d'HCG par des cellules embryonnaires ne débute qu'avec l'implantation de l'embryon soit vers le 8e jour après la fécondation ; la concentration de progestérone augmente alors, signe de la persistance de l'activité du corps jaune.*

III Le suivi de l'embryon et du fœtus

1 Dépistage de la trisomie 21

■ La loi propose aux femmes enceintes trois examens échographiques (11, 22 et 33 semaines de gestation) et des examens sanguins. Ces examens sont destinés à révéler d'éventuelles malformations de l'embryon et également à dépister une éventuelle trisomie 21. Un facteur de risque connu d'avoir un enfant trisomique 21 est l'âge maternel : à 20 ans le risque est de 1 sur 1 500, à 40 ans il est de 1 sur 100 et à 45 ans de 1 sur 10.

L'échographie du premier trimestre peut dépister une trisomie 21 à partir d'un paramètre, **la clarté nucale** : un épaississement des tissus mous au niveau de la nuque, supérieur à 3 mm souligne un risque de trisomie.

■ Les marqueurs sanguins analysés sont notamment deux protéines : l'hormone HCG et l'alpha-fœtoprotéine (AFP). Généralement, la concentration d'HCG aux 15e et 16e semaines est plus élevée chez la femme dont le fœtus est trisomique que chez celle dont le fœtus ne l'est pas. C'est l'inverse pour l'AFP.

Cependant, il existe des variations individuelles importantes. Les courbes de référence représentant les variations de la concentration de HCG (et celle d'AFP) chez une population de femmes porteuses de fœtus non trisomique et chez une population dont le fœtus est atteint de trisomie 21, se chevauchent (*document 5*).

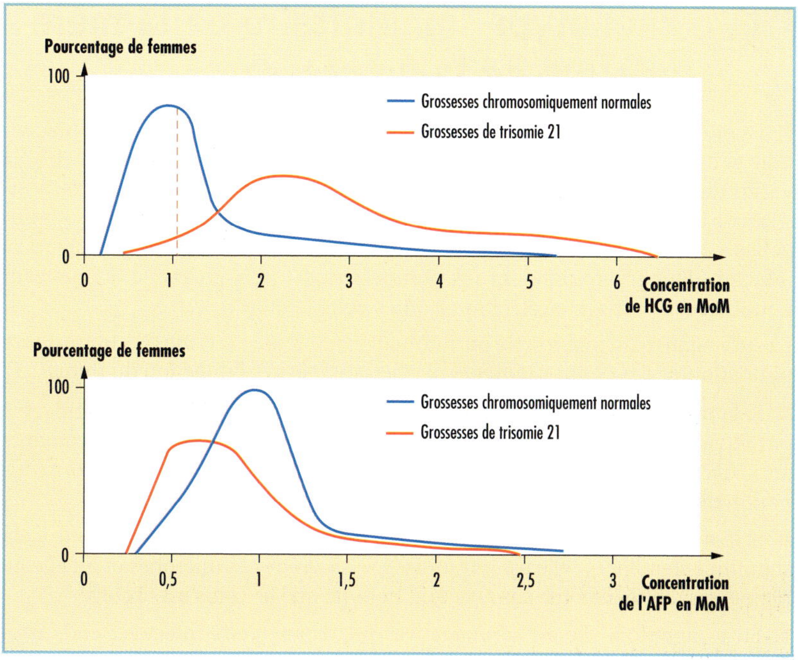

Doc. 5

Aussi, la détermination des concentrations d'HCG et d'AFP chez une femme enceinte ne permet pas de diagnostiquer une trisomie 21, mais seulement d'évaluer un **facteur de risque**. Cette évaluation prend aussi en compte l'âge maternel.

2 Diagnostic prénatal de la trisomie 21

Compte tenu du facteur de risque, on propose ou non à la femme enceinte de faire un diagnostic de trisomie 21. Cette proposition est systématique pour toutes les femmes âgées de trente-huit ans et plus.

Pour faire ce diagnostic, on réalise une amniocentèse, c'est-à-dire un prélèvement de liquide amniotique dans lequel se trouvent des cellules du fœtus. Celles-ci sont mises en culture et leur caryotype est établi.

Dans le cas où une trisomie 21 est diagnostiquée, une interruption médicale de grossesse (IMG) est proposée. L'amniocentèse n'est pas sans risque pour le fœtus (dans 1 % des cas, elle déclenche un avortement prématuré) et elle est coûteuse. C'est pourquoi elle n'est proposée gratuitement qu'aux femmes dont le niveau de risque établi est élevé.

IV Phénotype immunitaire de la mère et suivi de la grossesse

■ La plupart des microbes pathogènes ne peuvent traverser la barrière placentaire et donc atteindre le fœtus. Cependant quelques-uns y parviennent : le VIH en fin de grossesse et au moment de l'accouchement, le toxoplasme responsable de la toxoplasmose, le virus de la rubéole. Ces deux derniers agents pathogènes causent des maladies peu graves après la naissance, mais lorsqu'ils infectent l'embryon, pendant les premiers mois de la grossesse, ils peuvent entraîner des malformations importantes voire la mort *in utero*.

La surveillance du phénotype immunitaire de la mère est donc très importante pour adopter des comportements permettant d'éviter l'infection du fœtus.

■ Si la mère est séropositive vis-à-vis du VIH, cela signifie qu'elle est infectée par le virus et qu'elle peut le transmettre au fœtus. La prise de médicaments anti-VIH permet dans une certaine mesure de réduire le risque d'une contamination du fœtus.

■ Si la mère est séropositive pour le virus de la rubéole ou du toxoplasme, cela signifie seulement qu'elle est immunisée vis-à-vis de ces microbes et qu'elle ne risque pas d'être infectée à nouveau… et donc que le fœtus est protégé.

■ En revanche, si elle est séronégative, elle risque d'être infectée pendant sa grossesse et de transmettre le microbe au fœtus. Elle doit donc prendre des précautions visant à limiter les risques de contamination par ces microbes et être l'objet d'un suivi attentif de son phénotype immunitaire. Le passage en cours de grossesse de la séronégativité à la séropositivité vis-à-vis de ces microbes signifie en effet que la mère vient d'être infectée.

V Infertilité et procréation médicalement assistée

1 L'infertilité et ses causes

■ L'infertilité se définit par l'incapacité pour un couple d'obtenir une grossesse après deux ans de relations sexuelles non protégées. Dix à quinze pour-cent des couples consultent pour un problème d'infertilité. Dans un tiers des cas, une cause d'origine masculine est en jeu ; dans un autre tiers c'est un problème féminin qui est à l'origine de l'infertilité ; enfin, dans un autre tiers, il y a une association de facteurs masculins et féminins… ainsi que des cas d'infertilité non expliqués.

■ Les causes de la stérilité de l'homme et de la femme sont multiples. Elles peuvent avoir pour origine un mauvais fonctionnement de l'axe hypothalamus-hypophyse-gonades, aboutissant à une production déficiente de spermatozoïdes chez l'homme et à l'absence d'ovulation chez la femme.

Elles peuvent résulter d'anomalies concernant les conduits génitaux ou les glandes annexes : trompes obstruées chez la femme, obstruction ou absence de voies spermatiques, glaire cervicale impropre aux spermatozoïdes, etc. L'hypogonadisme se traduit par une déficience dans la production des spermatozoïdes chez l'homme et de la maturation folliculaire chez la femme. Il peut avoir une origine hypophysaire ou gonadique. Par exemple, chez les hommes atteint du syndrome de Klinefelter, lié au caryotype XXY, les tubes séminifères deviennent fibreux à la puberté et la spermatogenèse ne se fait pas : la stérilité est d'origine gonadique.

2 Des traitements de certains cas de stérilité

■ Des cas de stérilité sont d'origine hypothalamique et sont liés à l'absence de neurones sécrétant GnRH. Dans ce cas, un traitement basé sur des injections de GnRH suivant un mode pulsatile (une injection toutes les une à deux heures), grâce à la mise en place d'une pompe à GnRH, peut remédier transitoirement à la stérilité.

■ Les traitements inducteurs de l'ovulation chez la femme ont pour objectif d'entraîner la maturation folliculaire jusqu'à terme (ovulation), tout en évitant les risques d'une grossesse multiple (stimulation mono-ovulante).

Un premier type de traitement repose sur l'utilisation d'un **anti-œstrogène** comme le **citrate de clomifène**. Il s'oppose au rétrocontrôle négatif exercé par l'œstradiol sur le complexe hypothalamo-hypophysaire. En conséquence, l'hypophyse sécrète davantage de FSH, ce qui peut suffire pour stimuler la croissance folliculaire.

Lorsque le traitement par le clomifène s'avère inefficace, on utilise des injections de gonadostimulines : HMG (gonadostimulines extraites de l'urine de femmes ménopausées) et FSH obtenue par génie génétique. Encore plus qu'avec le clomifène, la difficulté est d'obtenir un effet qui se rapproche de la stimulation physiologique : stimulation d'une cohorte de follicules puis uniquement celle du follicule dominant. Cela implique une surveillance de la réponse des ovaires par échographie (repérage du nombre de follicules qui se développent) et par des analyses sanguines (dosage de l'œstradiol).

3 Les procréations médicalement assistées

Il s'agit de l'ensemble des procédés par lesquels la fécondation résulte, non de relations sexuelles de l'homme et de la femme, mais d'une intervention médicale. Les trois techniques de procréations médicalement assistées (PMA) les plus courantes sont : l'insémination artificielle (IA), la fécondation *in vitro* et transfert d'embryons (Fivete) et la fécondation assistée (ICSI) suivie du transfert d'embryon.

a. L'insémination artificielle

Elle consiste à introduire les spermatozoïdes dans l'appareil génital féminin, soit dans le col de l'utérus, soit au-delà, dans la cavité utérine.

L'insémination intra-utérine est la plus pratiquée. Le sperme utilisé est celui du conjoint ou celui d'un donneur lorsque le conjoint ne produit pas de spermatozoïdes (azoospermie). L'insémination artificielle avec le sperme du conjoint est pratiquée dans les cas d'hostilité de la glaire cervicale de la femme vis-à-vis des spermatozoïdes, ou en cas de troubles de l'éjaculation ou de l'érection.

Le moment de l'insémination est un des facteurs essentiels du succès : elle doit se faire au plus près du moment de l'ovulation.

b. La Fivete

■ **Les principes.** Elle s'adresse en premier lieu au cas de stérilité féminine dans lesquels les trompes sont obstruées ou absentes, rendant ainsi impossible la rencontre des gamètes. Elle est également employée lorsqu'il existe une

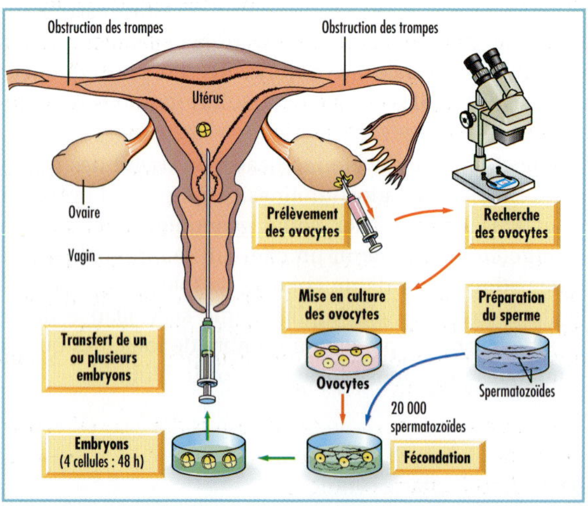

Doc. 6 – La Fivete remédie à la stérilité féminine. *Fivete signifie fécondation* in vitro *et transfert de l'embryon.*

insuffisance spermatique (nombre, mobilité, anomalies de forme des spermatozoïdes qui peuvent être nombreuses).

Elle consiste à reproduire au laboratoire la fécondation et les premières étapes du développement embryonnaire puis de transférer les embryons dans l'utérus de la femme (*document 6*). Cette technique permet de court-circuiter les trompes (stérilités tubaires) et de rapprocher les spermatozoïdes des ovocytes (stérilités masculines).

Le pourcentage de réussite de la fécondation *in vitro* est seulement de l'ordre de 60 % ; environ 10 à 20 % des embryons obtenus *in vitro* sont capables de s'implanter et de donner une grossesse évolutive. Aussi, pour augmenter les chances de réussite, on réalise une hyperstimulation de l'ovaire de façon à recueillir plusieurs ovocytes, et on transfère généralement deux (parfois trois) embryons (pas plus, pour éviter les risques de complications des grossesses multiples).

■ **La stimulation ovarienne et le déclenchement de l'ovulation**. Elle comprend plusieurs phases :

– Injections répétées d'un analogue de GnRH qui, par son action continue sur le complexe hypothalamo-hypophysaire, a pour effet d'annuler quasiment la sécrétion de FSH et de LH et les réactions de l'hypophyse au rétrocontrôle exercé par l'œstradiol. En conséquence, l'ovaire est mis au repos. On maîtrise ainsi tout le fonctionnement ovarien par la suite.

– Injections de gonadostimulines (HMG) à des concentrations, qui permettent d'obtenir le développement synchrone d'une cohorte de follicules ; on évite ainsi, grâce à cette hyperstimulation, le développement d'un seul follicule.

– Repérage de l'efficacité du traitement et du moment où les follicules arrivent à maturité grâce à l'échographie (qui permet de déterminer la taille et le nombre des follicules) et aux dosages d'œstradiol. La mise au repos du complexe hypothalamo-hypophysaire évite des ovulations spontanées.

– Déclenchement de l'ovulation en mimant le pic de LH par une injection de HCG (qui a les mêmes effets que LH). L'ovulation se produit 37 à 40 heures après cette injection. La ponction folliculaire permettant de recueillir les ovocytes avant l'ovulation s'effectue environ 36 heures après l'injection de HCG.

■ **La fécondation *in vitro***. Le recueil du sperme s'effectue le jour de la ponction des ovocytes. Le sperme est traité de façon à sélectionner les spermatozoïdes mobiles, normaux, aptes à féconder. Environ 5 000 spermatozoïdes sont mis dans le milieu de culture où se trouvent les ovocytes.

Le témoin de la fécondation est la présence de deux noyaux dans certains ovocytes (devenus œufs) au bout d'environ 17 heures. Au bout de 24 heures, les embryons sont au stade de deux à quatre cellules.

■ **Le transfert d'embryons.** Deux embryons (exceptionnellement trois) sont déposés dans la cavité utérine de la femme chez qui les ovocytes ont été prélevés 24 heures plus tôt. Les embryons non transférés sont conservés par congélation.

■ **Les soins après transfert**. Le transfert est suivi d'un traitement d'une durée de quinze jours associant de la progestérone à de l'HCG (une à deux injections dans la semaine qui suit le transfert). On crée ainsi un environnement hormonal favorable à la mise en route d'une grossesse.

La grossesse débutante dont le premier signe est la persistance de l'absence de règles est affirmée ensuite par dosage de l'HCG fœtal.

c. L'ICSI (injection intra-cytoplasmique de spermatozoïdes)

L'indication essentielle de l'ISCI est la stérilité masculine, lorsque le nombre de spermatozoïdes mobiles et normaux est très faible.

Le protocole est le même que celui de la Fivete ; seul change le processus de la fécondation : on injecte directement un spermatozoïde dans l'ovocyte à l'aide d'une micropipette. L'ISCI peut être aussi réalisé avec des spermatides prélevées dans le testicule (la spermatide est une cellule à n chromosomes, issue de la méiose qui, en se différenciant dans le testicule, donne un spermatozoïde).

Interpréter des données sur la contraception hormonale

■ Pour interpréter des données sur la contraception hormonales ou celles sur un traitement contre la stérilité, vous devez toujours avoir comme référence les données physiologiques d'un cycle hormonal naturel (œstradiol et progestérone).

C'est par rapport à ces dernières que vous pouvez tirer l'information montrant qu'un contraceptif a été efficace ou qu'il y a ou non maturation folliculaire en cas de traitement inducteur de l'ovulation.

■ En cas de données relatives à la contraception hormonale, ne confondez pas celles qui sont relatives aux hormones de synthèse et celles ayant trait aux hormones naturelles sécrétées par l'ovaire. Seules celles-ci renseignent sur ce qui se passe au niveau de l'ovaire.

■ N'oubliez pas cependant, que les hormones artificielles agissent comme les hormones naturelles sur le complexe hypothalamo-hypophysaire.

Les ressemblances et les différences entre les hormones LH et HCG

■ LH est sécrétée par l'hypophyse alors que HCG est sécrétée par l'embryon dès son implantation dans la muqueuse utérine (nidation).

■ Chez le mâle, LH a pour cellules cibles les cellules interstitielles du testicule productrices de testostérone. HCG n'est évidemment pas produite par l'homme. Cependant, durant les 3e et 4e mois de la vie fœtale, c'est l'HCG produit par le placenta, et passant dans la circulation du fœtus, qui agit sur les cellules interstitielles du testicule fœtal pour lui faire sécréter de la testostérone. HCG a donc la même action que LH sur le testicule, et cette action durant la vie fœtale est particulièrement importante, car d'elle dépend la masculinisation des voies génitales et des organes génitaux externes, LH étant alors encore très peu ou pas sécrétée.

■ Un pic artificiel d'HCG, comme un pic de LH, provoque l'ovulation d'un follicule arrivé à maturité.

■ LH est indispensable pour maintenir le corps jaune en activité (sécrétion de progestérone) durant la phase lutéale, mais ne prolonge pas l'activité du corps jaune au-delà d'une quinzaine de jours.
En revanche, HCG a une action plus puissante sur le corps jaune, en maintenant son activité (corps jaune de grossesse).

■ LH et HCG appartiennent à la même famille multigénique et ont une grande similitude de séquences. Leurs différences sont cependant à l'origine des différences d'action.

Ne confondez pas traitement inducteur de l'ovulation et la Fivete

Dans les deux cas, il s'agit, certes, de stimuler l'ovaire souvent avec des gonadostimulines ; mais dans le premier, l'objectif est d'amener un seul follicule à maturité, alors que l'effet recherché pour la Fivete est le développement de plusieurs follicules afin de recueillir plusieurs ovocytes.

Les concentrations d'œstradiol sont révélatrices

■ Lorsqu'un seul follicule arrive à maturité, le pic d'œstradiol se situe généralement entre 300 et 400 pg · mL^{-1} (voire moins), alors que ces valeurs sont nettement dépassées lorsque plusieurs follicules se développent jusqu'à la maturité (2 000, 3 000 pg · mL^{-1}, parfois plus).

■ Voyez bien l'importance du rétrocontrôle négatif de l'œstradiol (et de la progestérone) sur le complexe hypothalamo-hypophysaire ainsi que l'importance du seuil de FSH :

– Dans les conditions physiologiques du cycle menstruel, c'est la diminution de ce rétrocontrôle en fin de cycle qui est à l'origine de l'élévation de FSH au-dessus d'un seuil permettant le déclenchement du développement d'une cohorte de follicules. C'est au contraire l'augmentation de ce rétrocontrôle au milieu de la phase folliculaire qui abaisse la concentration de FSH sous le seuil nécessaire à la poursuite de la croissance des follicules sauf celle du follicule dominant.

– Dans la contraception hormonale, l'usage de l'œstrogène et du progestatif de synthèse maintient la concentration de FSH sous le seuil nécessaire à la croissance folliculaire.

– Dans le traitement inducteur de l'ovulation par le clomifène, c'est la suppression du rétrocontrôle négatif de l'œstradiol produit par l'ovaire, qui entraîne une augmentation de la sécrétion de FSH activatrice du développement folliculaire.

La surveillance du développement folliculaire en cas de traitement par des gonadostimulines a pour objectif de mimer l'évolution physiologique en n'amenant à maturité qu'un seul follicule en jouant sur les injections de gonadostimulines.

Vérifier ses connaissances

Dans les exercices 1 à 5, relevez les affirmations inexactes et corrigez-les.

1 En cas de grossesse, les règles…

a. n'apparaissent pas à la date prévue car il n'y a pas désintégration de la muqueuse utérine.
b. n'apparaissent pas et cela est directement lié au maintien de l'activité du corps jaune au-delà de sa durée de vie de 14 jours.
c. n'apparaissent pas par suite de l'action de l'hormone hypophysaire HCG sur la muqueuse utérine.
d. peuvent être déclenchées à la date prévue par prise de RU 486.

▸ corrigé p. 191

2 HCG est une hormone…

a. constamment présente dans le sang de la femme et absente chez l'homme.
b. qui se fixe sur les mêmes récepteurs que des cellules cibles LH.
c. d'origine embryonnaire.
d. dont la présence est recherchée dans un test de grossesse. ▸ corrigé p. 191

3 La trisomie 21 d'un embryon (fœtus)…

a. est une maladie génétique dont le diagnostic doit être proposé à toute femme enceinte.
b. peut être dépistée par la mesure des concentrations sanguines maternelles des marqueurs HCG et AFP.
c. peut être dépistée par la mesure de la concentration de HCG dans le sang maternel, car dans ce cas elle est toujours très supérieure à celle d'une femme portant un fœtus non trisomique.
d. est une maladie génétique dont la fréquence augmente avec l'âge maternel.
e. n'apparaît jamais chez les femmes âgées de moins de 25 ans.
f. est d'abord dépistée puis diagnostiquée si la femme enceinte le souhaite. ▸ corrigé p. 191

4 La connaissance du phénotype immunitaire de la femme enceinte est très importante car…

a. certains microbes peuvent traverser la barrière placentaire.
b. lorsqu'elle est séropositive vis-à-vis du VIH, la femme enceinte peut transmettre ses anticorps anti-VIH au fœtus.

c. lorsque la femme enceinte est séronégative vis-à-vis du microbe responsable de la toxoplasmose ou de la rubéole, cela signifie que le fœtus est protégé vis-à-vis de ces agents pathogènes.
d. cela permet de la sensibiliser aux précautions à prendre. ▸ corrigé p. 191

5 Les pilules combinées contenant un œstrogène et un progestatif de synthèse…
a. n'empêchent pas la croissance folliculaire mais bloquent uniquement l'ovulation.
b. agissent sur le complexe hypothalamo-hypophysaire en stimulant la sécrétion de FSH.
c. ont une action contraceptive en agissant notamment sur les glandes à mucus du col de l'utérus.
d. empêchent la sécrétion de progestérone par le corps jaune. ▸ corrigé p. 191

S'entraîner

6 On étudie une modalité de contraception : la mise en place d'un implant sous-cutané. L'implant est inséré sous la peau à environ 6 à 8 centimètres au-dessus du pli du coude. C'est un contraceptif composé d'un progestatif seul.
Extraire du graphe du *document A* des informations qui montrent que :
a. Le progestatif est libéré en continu dans le milieu intérieur de la femme.
b. Une croissance folliculaire a eu lieu à certains moments.
c. La femme n'a pas ovulé pendant l'année. ▸ corrigé p. 191

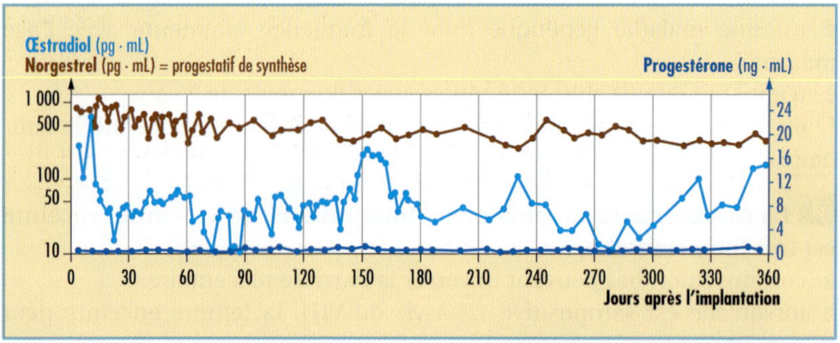

Doc. A

7 Le *document B* traduit les résultats de dosages hormonaux effectués chez une femme durant deux mois.

Extraire de ce graphe des informations qui :

a. montrent que cette femme a normalement ovulé vers le jour 14.

b. permettent d'expliquer l'absence de règles vers le 60e jour.

c. précisent les périodes ou un corps jaune est actif.

d. précisent la période où l'activité du corps jaune n'est pas due à LH.

▸ corrigé p. 191

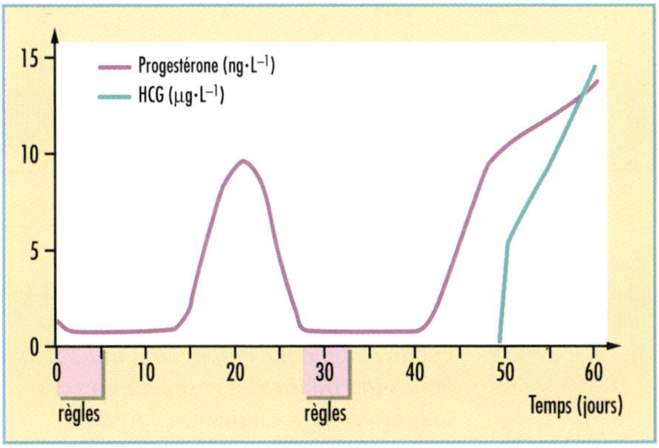

Doc. B

8 Le *document C1* indique (en référence) l'évolution des concentrations d'œstradiol au cours du cycle menstruel d'une femme.

Le *document C2* indique l'évolution de la concentration d'œstradiol chez une femme stérile, au cours d'un traitement avec des gonadostimulines HMG, dans le cadre d'une Fivete. Avant les injections d'HMG, on a injecté pendant plusieurs jours un analogue de GnRH ayant pour effet de bloquer les sécrétions de LH et FSH par l'hypophyse ; ces injections étant poursuivies durant le traitement avec HMG.

À partir des informations extraites de ces graphes, indiquez :

a. Si la stérilité de cette femme était due à l'absence de follicules ovariens.

b. Ce qu'il doit y avoir dans les ovaires de cette femme 9 jours après le début du traitement.

c. Si on peut attendre une ovulation spontanée. ▸ corrigé p. 192

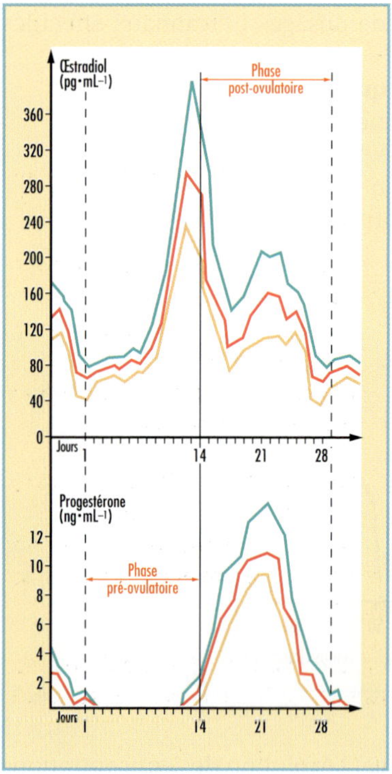

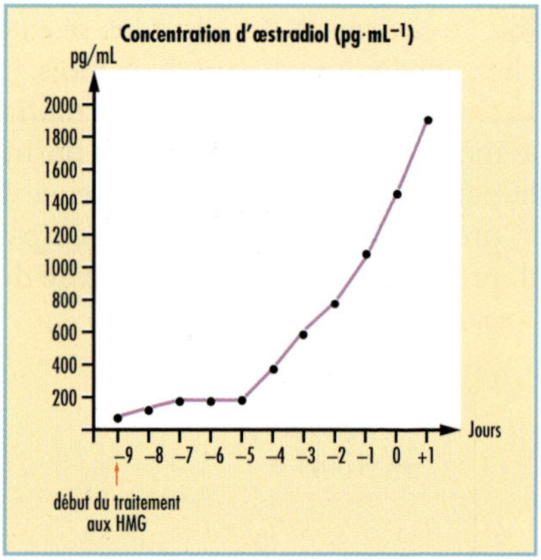

Doc. C2

Doc. C1 – Évolution des taux d'œstradiol et de progestérone au cours du cycle. *Sur chaque graphe sont indiquées les limites inférieures et supérieures des variations hormonales considérées comme physiologiquement normales. La courbe du milieu indique les variations moyennes.*

1 c. HCG agit sur le corps jaune en maintenant son activité sécrétrice de progestérone et non sur la muqueuse utérine.

2 a. HCG est uniquement présente chez la femme enceinte.

3 a. Oui, si elle a plus de trente-huit ans. Ce qui doit être proposé à toute femme enceinte est le dépistage ; si ce dernier laisse penser à la présence d'un fœtus trisomique, on propose alors un diagnostic.
c. HCG est en effet un marqueur qui permet de dépister une trisomie 21 mais il est faux de dire qu'en cas de gestation d'un fœtus trisomique, la concentration de HCG est toujours très supérieure. HCG contribue à l'évaluation d'une probabilité mais ne permet pas l'établissement d'un diagnostic.
e. Une femme de vingt-cinq ans peut donner naissance à un enfant trisomique même si la probabilité est plus faible que chez une femme plus âgée.

4 b. Oui, mais surtout peu avant la naissance ou au moment de la naissance, le virus VIH présent dans l'organisme maternel peut passer chez l'enfant.
c. C'est l'inverse : dans ce cas, la femme enceinte peut être infectée à cause de sa séronégativité, et le virus de la rubéole ainsi que le protozoaire agent de la toxoplasmose peuvent passer dans l'organisme fœtal.

5 a. Les pilules contraceptives empêchent la croissance d'une cohorte de follicules par suite du rétrocontrôle négatif exercé sur le CHH par l'œstrogène et le progestatif de synthèse.
b. Œstrogène et progestatif inhibent la sécrétion de FSH.
c. Cela est vrai pour le progestatif de synthèse uniquement, à l'origine d'un mucus à mailles serrées.
d. Œstrogène et progestatif de synthèse n'agissent pas sur le corps jaune qui ne se forme pas s'ils sont efficaces.

6 a. La concentration de Norgestrel est quasi constante durant l'année, ce qui indique que la libération de ce contraceptif à partir de l'implant compense en permanence sa dégradation.
b. Les pics d'œstradiol visibles à certains moments durant l'année indiquent une croissance folliculaire.
c. La concentration de progestérone toujours nulle indique l'absence de corps jaune (de phase lutéale) et donc d'ovulation.

7 a. La concentration de progestérone augmente à partir du 14e jour, ce qui indique la présence d'un corps jaune fonctionnel. Celui-ci provenant de la transformation du follicule après ovulation, on peut dire qu'il y a eu ovulation vers le 14e jour.

b. L'absence de chute de la concentration de progestérone au 60e jour est directement à l'origine de l'absence de règles. L'augmentation de la concentration de progestérone est due au maintien de l'activité du corps jaune. Elle est engendrée par l'hormone HCG d'origine embryonnaire.
c. Durant cette période de 60 jours, la progestérone indique les périodes d'activité du corps jaune.
d. La première période de sécrétion de la progestérone est due à LH. Pour la deuxième période, dès l'apparition de HCG, c'est cette hormone qui entretient la sécrétion de progestérone par le corps jaune.

8 **a.** Le graphe du *document C2* indique une production d'œstradiol sous l'action du traitement jusqu'à atteindre une concentration de 2 000 $pg \cdot mL^{-1}$, ce qui est caractéristique d'une phase folliculaire normale. En conséquence, on peut affirmer que la stérilité de cette femme n'était pas due à l'absence de follicules ovariens.
b. Dans les ovaires de cette femme il y avait au moins un follicule proche de la maturité neuf jours après le traitement (sans doute plusieurs, à cause des valeurs élevées d'œstradiol).
c. On ne peut attendre d'ovulation spontanée, car le traitement a supprimé la production de GnRH nécessaire à la production d'un pic de LH par l'hypophyse.

TEMPS ET ÉVOLUTION GÉOLOGIQUE DE LA PLANÈTE

12 La mesure du temps

POUR COMMENCER

Cette partie du programme est axée sur la datation de formations sédimentaires, magmatiques (volcaniques et plutoniques) et métamorphiques. Il faut donc avoir une connaissance générale du mode de formation de ces roches.

► **Les roches sédimentaires** proviennent de la consolidation plus ou moins importante de sédiments, généralement déposés en milieu aquatique, souvent marin. Ces roches sont formées en proportions variables de particules arrachées à des roches préexistantes (sables, grès, argiles), de tests ou des coquilles d'organismes divers (nombreux calcaires), de particules résultant de la précipitation de substances initialement dissoutes (gypse, sel gemme, etc.).

► **Les roches volcaniques** comme le basalte résultent du refroidissement rapide d'un magma arrivé en surface au cours d'une éruption. Tout magma naît par fusion partielle d'une roche solide en profondeur.

► **Les roches plutoniques** comme les granites et les gabbros résultent du refroidissement lent d'un magma qui ne s'est pas épanché en surface, et s'est donc consolidé à quelques kilomètres de profondeur.

► **Les roches métamorphiques** proviennent de la transformation à l'état solide de roches préexistantes lorsque celles-ci sont amenées à subir des conditions de pression, de température et d'hydratation, autres que celles existant au moment de leur formation. Cela se traduit par la disparition d'anciens minéraux et la formation de nouveaux aux dépens des anciens. La transformation métamorphique peut ne pas être complète : les minéraux persistant sont alors qualifiés de minéraux reliques.

La géologie se préoccupe de reconstituer la succession des événements ayant affecté la planète Terre depuis sa formation ainsi que les changements du monde vivant. C'est donc une science historique qui nécessite des repères chronologiques. La chronologie est **relative** lorsqu'on situe un événement par rapport à un autre (a-t-il eu lieu avant ou après ?) ou lorsqu'on ordonne dans le temps une succession d'événements. La chronologie est **absolue** lorsqu'on date en milliards, millions ou milliers d'années, un événement géologique par rapport à l'époque actuelle ou lorsqu'on en exprime la durée.

L'unité de temps en géologie est généralement le million d'années (Ma). L'âge de la Terre est de 4,5 milliards d'années ($4,5 \cdot 10^9$ ans).

I Les principes de la chronologie relative

1 Datation relative des formations sédimentaires et volcaniques

Pour dater ces formations, on applique trois principes : le principe de superposition, le principe de continuité, le principe d'identité paléontologique.

Selon le **principe de superposition** (*document 1A*), dans les terrains non déformés, une formation située sous une autre est plus ancienne que celle qui la surmonte. Ainsi, dans une pile de coulées volcaniques résultant de la solidification de coulées de laves successives, la plus récente est en surface, recouvrant les autres.

Selon le **principe de continuité** (*document 1B*), une même couche a le même âge sur toute son étendue.

Le **principe d'identité paléontologique** (*document 1C*) est utilisé pour dater des formations plus ou moins éloignées, qu'elles soient ou non de même nature. Il repose sur la présence de fossiles au sein des formations sédimentaires. Au cours de l'histoire de la vie, il y a eu un renouvellement permanent des espèces. Chaque espèce a donc eu une certaine durée de vie. Les espèces ayant eu une **durée d'existence brève** à l'échelle des temps géologiques (par exemple, une durée inférieure à un million d'années) et ayant eu une **répartition planétaire** sont d'excellents **fossiles stratigraphiques**. Deux formations sédimentaires éloignées, non en continuité et possédant les mêmes fossiles stratigraphiques sont considérés comme étant de même âge. Les fossiles stratigraphiques, marqueurs du temps, permettent donc de faire de la chronologie relative à distance. Ils ont été utilisés pour établir l'échelle chronologique des temps géologiques (voir le document « Échelle numérique des temps géologiques » p. 10 et 11).

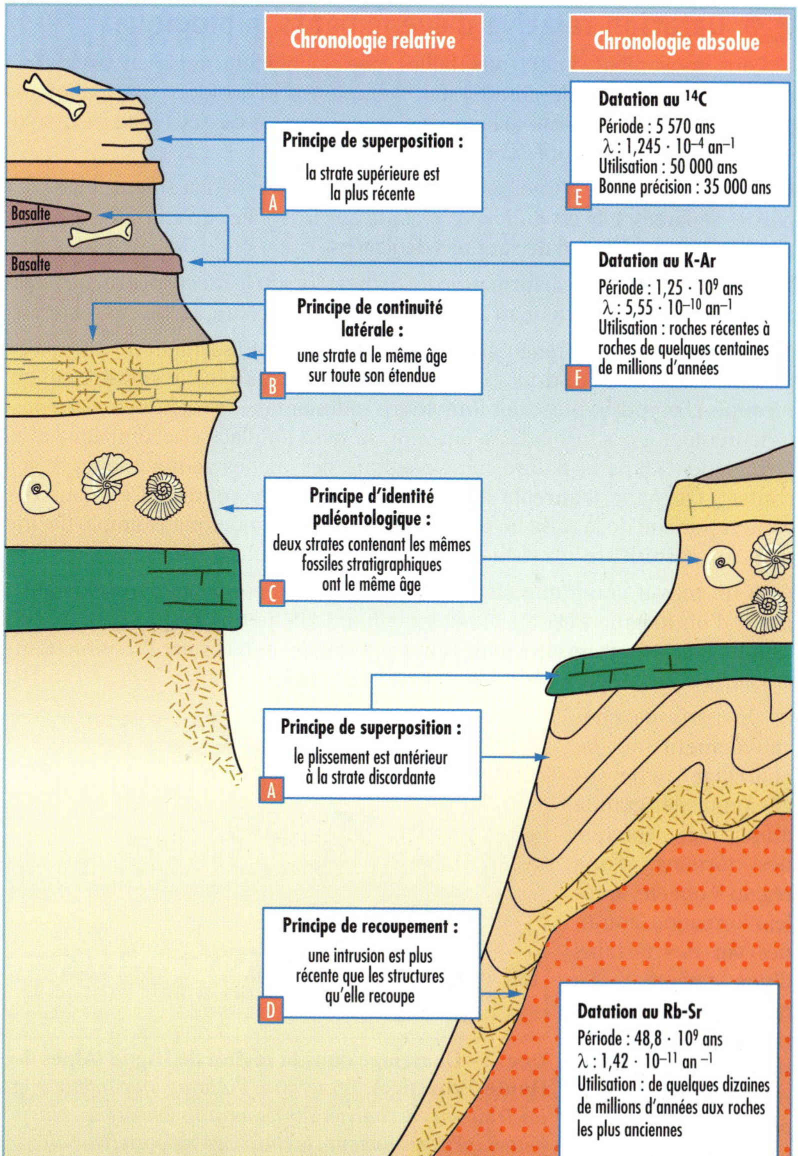

Doc. 1 – Principes de la chronologie relative et trois méthodes de datation absolue.

2 Datation relative d'événements géologiques

■ Pour dater relativement plis, failles, chevauchement, mise en place d'un massif magmatique (de granite, par exemple) ou d'un filon, on applique le **principe de recoupement** selon lequel une intrusion est plus récente que les structures qu'elle recoupe (*document 1D*).

■ **Une faille** résulte d'une cassure d'un terrain avec déplacement relatif des parties séparées. Elle est donc plus récente que les roches qu'elle affecte et plus ancienne que celles qui ne sont pas déplacées.

■ **Un pli** résulte d'une déformation de roches ; lorsqu'il affecte des roches sédimentaires, il est postérieur au dépôt des sédiments à l'origine de ces roches.

■ **Un massif** de roche magmatique plutonique (refroidissement du magma en profondeur et non en surface comme dans le cas d'une roche volcanique) qui recoupe à l'emporte-pièce des formations sédimentaires s'est mis en place postérieurement à ces formations. Souvent, sa mise en place s'accompagne d'un changement dans la nature minéralogique des roches sédimentaires à son contact. On parle **d'auréole de métamorphisme de contact**. Cette auréole, contemporaine de la mise en place du massif plutonique (par exemple de granite), est postérieure aux roches sédimentaires dont elle dérive.

■ Si un massif granitique affleure aujourd'hui, alors que sa consolidation à partir d'un magma s'est effectuée à quelques kilomètres de profondeur, cela signifie que les terrains qui le recouvraient ont été enlevés par l'érosion. Cette érosion est postérieure à la mise en place du granite.

■ On parle de **chevauchement** ou de **charriage** (chevauchement de grande amplitude) lorsque des terrains d'une région X ont été, après leur formation, entraînés sur des terrains d'une région Y. Le charriage est postérieur aux terrains de la région Y sur lesquels reposent les terrains charriés (*document 2*).

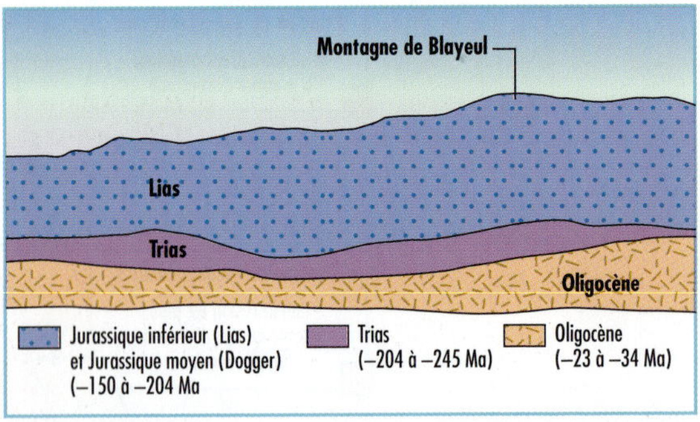

Doc. 2 – Charriage dans la région de Digne (Alpes de Haute-Provence). *Les terrains du Jurassique inférieur et du Trias ont été charriés sur les terrains Oligocènes plus jeunes qu'ils recouvrent ; le charriage est postérieur au dépôt des terrains oligocènes.*

■ Un charriage peut conduire à mettre en échec le principe de superposition s'il conduit à faire reposer des terrains plus anciens sur d'autres plus récents. De nombreux charriages de ce type se trouvent dans les Alpes, notamment dans les zones internes (*document 2*).

■ On dit qu'il y a **discordance angulaire** lorsque des terrains sédimentaires horizontaux X recouvrent d'autres terrains sédimentaires Y plissés (*document 2*). Cette discordance implique la succession des phénomènes géologiques suivants :
- dépôt des sédiments à l'origine des roches Y ;
- plissement des roches Y et de celles qui les recouvraient ;
- émersion des roches plissées ;
- érosion des roches qui recouvraient les roches Y, entraînant une pénéplanation de la région ;
- dépôt des sédiments X résultant d'une transgression de la mer, si les roches X contiennent des fossiles marins.

3 Datation relative de phénomènes dans un échantillon de roche

■ Lorsqu'un échantillon d'une roche X est inclus dans une roche Y, il est antérieur à cette roche. Par exemple, si un basalte contient un morceau de péridotite, sa formation est **postérieure** à la péridotite.

■ Dans le cas d'une roche ayant subi un certain métamorphisme, un minéral métamorphique qui s'est formé à partir de minéraux préexistants est **postérieur** à ceux-ci, et forme souvent une auréole autour d'eux. Par exemple, dans un gabbro océanique ayant subi un métamorphisme hydrothermal à la dorsale, une auréole d'amphibole, minéral hydroxylé, existe souvent autour du pyroxène et du plagioclase à partir desquels elle s'est formée : l'amphibole est postérieure à la formation du pyroxène et du feldspath.

II Les principes de la datation absolue et quelques méthodes

1 Les principes

■ Les méthodes de la **radiochronologie** reposent sur la présence d'éléments radioactifs (isotopes radioactifs) piégés dans les minéraux des roches magmatiques et métamorphiques au moment de leur formation. À partir de ce moment, **le minéral forme un système clos** n'ayant pas d'échange avec son environnement. Il n'y a pas d'apport ni de perte d'atomes de l'élément radioactif.

Au sein du minéral, **l'isotope radioactif** — dit **isotope père** — subit une désintégration radioactive en émettant un rayonnement variable selon l'isotope considéré. Il se transforme en un **élément fils stable**. Il en résulte qu'au fur et à mesure du temps, le nombre d'atomes de l'isotope père diminue et celui de l'isotope fils augmente.

Toutes les méthodes de datation absolue reposent sur la possibilité de mesurer la richesse d'un échantillon en isotopes père et fils.

■ La désintégration d'un élément radioactif s'effectue toujours suivant **une loi exponentielle**. Si on désigne par P_0 la quantité d'atomes de l'élément radioactif présents à la fermeture du système et par $P(t)$ celle présente aujourd'hui, on a la relation :

$$P(t) = P_0 \cdot e^{-\lambda t}$$

λ est la **constante de désintégration** caractéristique de l'élément. Elle traduit la probabilité qu'un atome de l'élément radioactif se désintègre pendant une unité de temps (1 an). Par exemple, pour l'isotope radioactif ^{40}K (potassium 40) elle est de $5{,}543 \cdot 10^{-10}\ a^{-1}$. À cette constante, est associée une autre caractéristique, la **période** notée T. C'est le temps au bout duquel la moitié des éléments radioactifs présents à un moment donné se sont désintégrés. Plus la constante de désintégration est faible, plus la période T est longue. Plus précisément, on a la relation :

$$T = \frac{0{,}693}{\lambda}$$

Les périodes des trois éléments radioactifs inscrits au programme sont très différentes. Pour le ^{14}C (carbone 14) elle est de 5 730 ans, pour le ^{40}K de 1 250 Ma (millions d'années) et pour le ^{87}Rb (rubidium 87) de 48 800 Ma.

■ Le choix de tel ou tel élément radioactif pour dater un échantillon doit prendre en compte sa période. Vouloir utiliser la méthode au ^{14}C pour dater un échantillon de 1 million d'années serait absurde ; en effet, la période du ^{14}C étant de 5 730 ans, il ne resterait pratiquement plus de l'isotope radioactif au bout de 1 million d'années. La méthode au ^{14}C ne peut donc guère être utilisée au-delà de 40 000 ans.

2 Les méthodes de datation

a. La méthode au carbone 14

Elle est utilisée pour la datation de bois fossiles, de coraux, de coquilles calcaires, etc. L'isotope ^{14}C se forme dans la haute atmosphère. Sa vitesse de production compensant sa dégradation, on estime que le rapport $^{14}C/^{12}C$ est constant. Ces isotopes sont intégrés dans des molécules du CO_2 atmosphérique et, *via* la photosynthèse et les chaînes alimentaires, se retrouvent dans les molécules organiques des êtres vivants ou les molécules minérales qu'ils élaborent (carbonates). On admet que durant la vie d'un organisme, le rapport $^{14}C/^{12}C$ de ses molécules organiques est constant et égal à celui de l'atmosphère.

Après la mort de l'être vivant, seule la désintégration radioactive persiste, et la teneur en ^{14}C baisse de façon exponentielle (*document 3*). On détermine le rapport $^{14}C/^{12}C$ d'un échantillon, et, pour le dater, on applique la formule :

$$\left(\frac{^{14}\mathbf{C}}{^{12}\mathbf{C}}\right)_{\text{mesuré}} = \left(\frac{^{14}\mathbf{C}}{^{12}\mathbf{C}}\right)_{\text{initial}} \cdot e^{-\lambda t}$$

On admet que le rapport isotopique $^{14}C/^{12}C$ actuel dans l'atmosphère était celui initial de l'échantillon. Il ne reste plus qu'à résoudre cette équation, comme vous avez appris à le faire en mathématique et en physique.

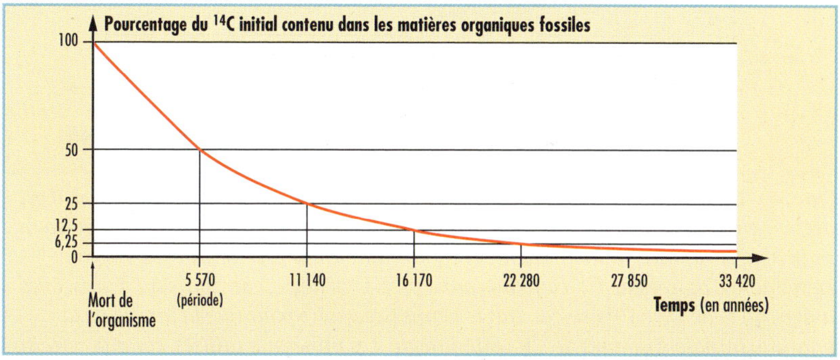

Doc. 3 – Décroissance au cours du temps du nombre d'atomes ^{14}C contenus dans des matières organiques. *Après la mort d'un organisme, la quantité d'atomes ^{14}C contenus dans les matières organiques diminue de façon exponentielle, car les atomes de ^{14}C se désintègrent en atomes d'azote ^{14}N.*

b. La méthode potassium-argon

Très utilisée pour la datation des roches volcaniques, elle repose sur la présence de l'isotope ^{40}K dans un certain nombre de minéraux. En se désintégrant, cet isotope engendre deux isotopes fils le ^{40}Ca et le ^{40}Ar (argon).

La formule de base $P(t) = P_0 \cdot e^{-\lambda t}$ est inutilisable telle quelle, car on ne connaît pas la quantité d'atomes ^{40}K piégés initialement. On arrive cependant à dater, en prenant en compte l'argon, élément fils (F). En effet, on montre que :

$$\left(\frac{\mathbf{F}}{\mathbf{P}}\right)_{\text{mesuré}} = \mathbf{e}^{\lambda t} - \mathbf{1}$$

Il n'y avait pas d'argon au moment de la formation de la roche (*document 4*), de sorte que tout l'argon mesuré dans un minéral provient de la désintégration du ^{40}K.

Comme la proportion d'atomes ^{40}K qui se désintègre en ^{40}Ar est 0,105 (le reste se désintègre en ^{40}Ca) la formule à appliquer est :

$$\left(\frac{^{40}\mathbf{Ar}}{^{40}\mathbf{K}}\right)_{\text{mesuré}} = \mathbf{0{,}105\ (e^{\lambda t} - 1)}$$

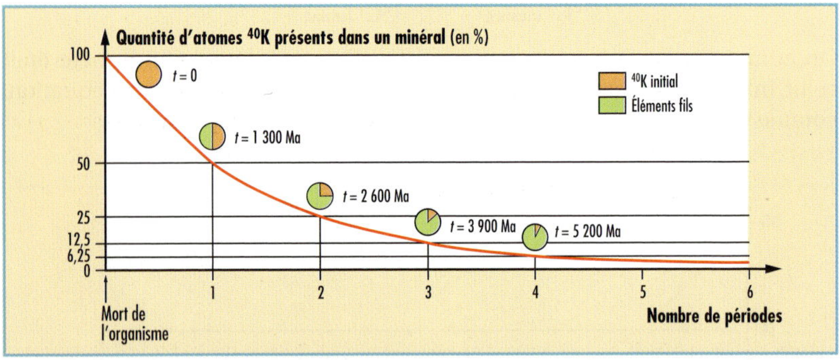

Doc. 4 – La méthode potassium-argon. *L'isotope ^{40}K est un isotope naturel, il est présent en faible quantité dans les cristaux qui contiennent du potassium. Cet isotope radioactif se désintègre spontanément en formant un isotope naturel de l'argon : ^{40}Ar. Le nombre d'atomes de ^{40}K contenus dans un cristal décroît au cours du temps, avec une période de $1{,}3 \cdot 10^9$ années, soit le temps nécessaire pour que la moitié de la quantité initiale d'atomes de ^{40}K se désintègre. Les minéraux utilisés, comme certains feldspaths et micas, n'incorporaient pas d'argon lors de leur formation.*

c. La méthode au rubidium-strontium

■ C'est la méthode la plus générale, très fréquemment utilisée pour la datation des granites (*document 5*). Elle repose sur la présence de l'isotope radioactif ^{87}Rb (rubidium) dans certains minéraux. En se désintégrant, le ^{87}Rb engendre du ^{87}Sr (strontium).

Aucune des formules employées dans les deux méthodes précédentes n'est utilisable, car on ignore la quantité de ^{87}Rb piégée initialement, et le ^{87}Sr, isotope fils, est aussi piégé dans les roches au moment de leur formation. Autrement dit, la quantité d'atomes de ^{87}Sr qu'on mesure dans un échantillon est la somme du ^{87}Sr présent au moment de la formation de la roche et de celui provenant de la désintégration du ^{87}Rb.

On peut cependant dater en faisant intervenir un autre isotope du strontium, le ^{86}Sr et en considérant plusieurs minéraux. L'isotope ^{86}Sr est un isotope stable. Les deux isotopes ^{86}Sr et ^{87}Sr ont le même comportement, de sorte que le rapport $^{87}Sr/^{86}Sr$ était exactement le même dans tous les minéraux ayant incorporé du strontium. En revanche, ces minéraux avaient des teneurs en ^{87}Rb différentes et donc des rapports $^{87}Rb/^{86}Sr$ différents.

Au fil du temps, tous les minéraux vont s'enrichir en ^{87}Sr par suite de la désintégration du ^{87}Rb. Pour chaque minéral, le rapport $^{87}Sr/^{86}Sr$ va augmenter et celui de $^{87}Rb/^{86}Sr$ diminuer, mais cette variation va être **d'autant plus grande** que le minéral était riche en rubidium 87 et que le temps écoulé est grand.

Dans un graphique où les rapports $^{87}Sr/^{86}Sr$ et $^{87}Rb/^{86}Sr$ sont respectivement en ordonnée et en abscisse (*document 5*), les points correspondant aux rapports isotopiques des divers minéraux se placent sur une ligne droite recoupant l'axe des ordonnées à la valeur initiale du rapport $^{87}Sr/^{86}Sr$.

L'équation de cette droite dite aussi isochrone est :

$$\left(\frac{^{87}\mathbf{Sr}}{^{86}\mathbf{Sr}}\right)_{\text{mesuré}} = \left(\frac{^{87}\mathbf{Sr}}{^{86}\mathbf{Sr}}\right)_{\text{initial}} + \left(\frac{^{87}\mathbf{Rb}}{^{86}\mathbf{Sr}}\right)_{\text{mesuré}} \cdot \left(\mathbf{e}^{\lambda t} - \mathbf{1}\right)$$

La pente de la droite est égale à $e^{\lambda t} - 1$, ce qui permet de déterminer *t*.

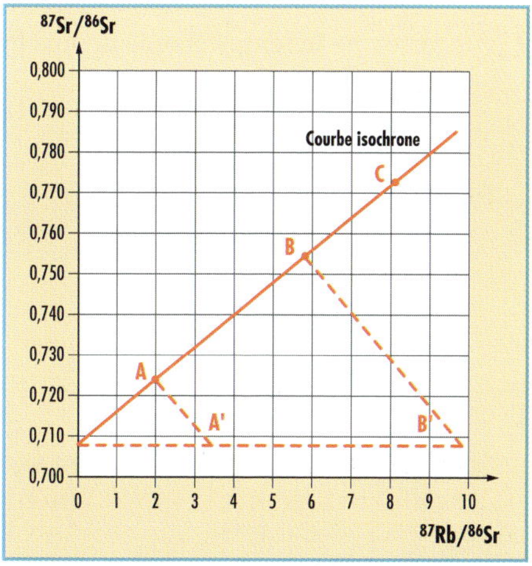

Doc. 5 – La méthode rubidium-strontium. *A, B et C sont trois minéraux d'un même granite. A' et B' sont les valeurs initiales des rapports isotopiques pour les deux minéraux A et B.*

À l'examen

■ Cette partie du programme se prête surtout à des questions de type 2, axées sur la pratique du raisonnement scientifique.

■ Si toutefois on vous pose une question de restitution de connaissances sur la datation absolue, ce ne peut être que sur les **principes généraux** (paragraphe II.1).
Vous devez pouvoir citer les trois méthodes inscrites au programme, mais **on n'exige pas de vous la connaissance des équations** permettant de dater les roches. Les explications fournies sur des méthodes le sont pour une bonne compréhension des raisonnements à tenir dans l'exploitation de documents.

■ Pour une question de restitution de connaissances portant sur la chronologie relative, entraînez-vous à faire des schémas illustrant les différents principes.

La méthode rubidium-strontium

Dans la méthode rubidium-strontium, retenez deux choses :

– Les points représentatifs des rapports isotopiques des minéraux ou des roches se disposent sur une **ligne droite** si ces minéraux se sont formés au même moment. Si ce n'est pas le cas, les minéraux ou les roches n'ont pas le même âge.

– **La pente de la droite** est d'autant plus forte que le temps écoulé depuis la formation de la roche est important.

Vérifier ses connaissances

Dans les exercices 1 à 6, relevez les affirmations inexactes et corrigez-les.

1 Un bon fossile stratigraphique…

a. est caractéristique d'un grand intervalle de temps (une dizaine de millions d'années au moins).
b. est inféodé à un milieu de vie particulier (exemple : milieu lagunaire).
c. permet à lui seul la datation absolue des terrains dans lesquels il se trouve.
d. est très répandu.
e. permet de faire des corrélations à distance. ▸ corrigé p. 209

2 Un chevauchement…

a. est caractérisé par la superposition de terrains issus d'une zone X sur ceux d'une zone Y.
b. a eu lieu au moment du dépôt des sédiments à l'origine des terrains des régions X et Y.
c. résulte d'un événement ayant eu lieu après le dépôt des sédiments de la région Y.
d. peut conduire à superposer des terrains anciens sur des formations plus jeunes. ▸ corrigé p. 209

3 Un massif granitique…

a. résulte de la consolidation d'un magma en profondeur.
b. est plus ancien que les roches sédimentaires qui l'entourent.
c. est souvent entouré d'une auréole de roches métamorphiques antérieure à sa formation.
d. s'il contient des enclaves d'une autre roche, celle-ci est postérieure à sa formation. ▸ corrigé p. 209

4 Dans la méthode de datation au rubidium-strontium…

a. le ^{87}Rb est l'élément père radioactif qui se désintègre en ^{86}Sr.
b. l'élément fils est absent des minéraux au moment de la formation de la roche.
c. le rapport $^{87}Sr/^{86}Sr$ augmente au cours du temps car le strontium 87 se transforme en strontium 86.
d. le rapport $^{87}Rb/^{86}Sr$ augmente au cours du temps.
e. les rapports $^{87}Sr/^{86}Sr$ et $^{87}Rb/^{86}Sr$ étaient initialement les mêmes pour tous les minéraux de la roche contenant ces éléments.

f. la désintégration du rubidium 87 s'effectue suivant une loi exponentielle.
g. dans un graphe où le rapport $^{87}Sr/^{86}Sr$ est en ordonnée et le rapport $^{87}Rb/^{86}Sr$ en abscisse, les points représentatifs de ces rapports pour plusieurs minéraux sont disposés suivant une ligne droite dont la pente diminue avec le temps. ▸ corrigé p. 209

5 La méthode au carbone 14...

a. est utilisée pour dater directement les roches magmatiques.
b. repose sur la mesure du rapport $^{14}C/^{12}C$ dans un échantillon.
c. permet de dire qu'un échantillon a un âge correspondant à la période du ^{14}C si la valeur du rapport $^{14}C/^{12}C$ est la moitié de celle qui existe actuellement dans l'atmosphère.
d. permet de dater des roches de un million d'années et plus. ▸ corrigé p. 209

6 La méthode potassium-argon...

a. repose sur la désintégration en argon du ^{40}K emprisonné dans les minéraux des roches magmatiques.
b. permet de dater une roche magmatique en utilisant la formule : $P(t) = P_0 \cdot e^{-\lambda t}$ (λ est la constante de désintégration du ^{40}K, et P la quantité d'atomes de l'élément père).
c. permet de dater une roche magmatique en utilisant la formule :
$^{40}Ar/^{40}K = 0{,}105\ (e^{\lambda t} - 1)$, et cela parce qu'il n'y avait initialement pas d'argon dans le minéral. ▸ corrigé p. 210

➲ On notera que la valeur 0,105 est exacte ; elle correspond à la proportion d'atomes ^{40}K qui se désintègrent en argon ; le reste, soit 0,895, se désintègre en ^{40}Ca.

S'entraîner

7 En 2001, l'équipe de Michel Brunet a trouvé au Tchad un crâne et des dents appartenant à un fossile, appelé Toumaï, considéré comme un Homininé (donc appartenant à la lignée humaine). Tous les articles de journaux relatant cette découverte ont insisté sur l'âge de Toumaï : environ 7 millions d'années.

À partir des informations extraites du *document A*, indiquez comment les spécialistes ont pu parvenir à cette estimation. ▸ corrigé p. 210

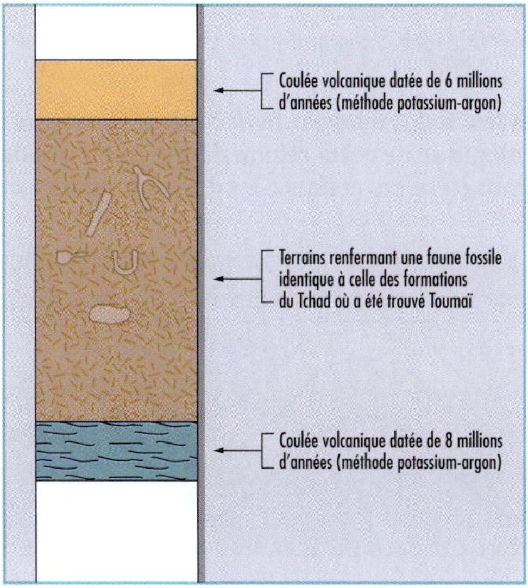

Doc. A – Formations géologiques du site où a été trouvé Toumaï. *Les formations du Tchad où a été trouvé Toumaï ne révèlent aucune activité volcanique. En revanche, elles renferment une faune variée de Vertébrés. Dans d'autres régions d'Afrique, la même faune a été retrouvée dans des terrains sédimentaires compris entre deux coulées volcaniques.*

8 **À partir des informations tirées de l'analyse *du document B* qui schématise les observations faites dans une carrière, indiquez la succession des phénomènes géologiques ayant conduit à cette disposition.**

▸ corrigé p. 210

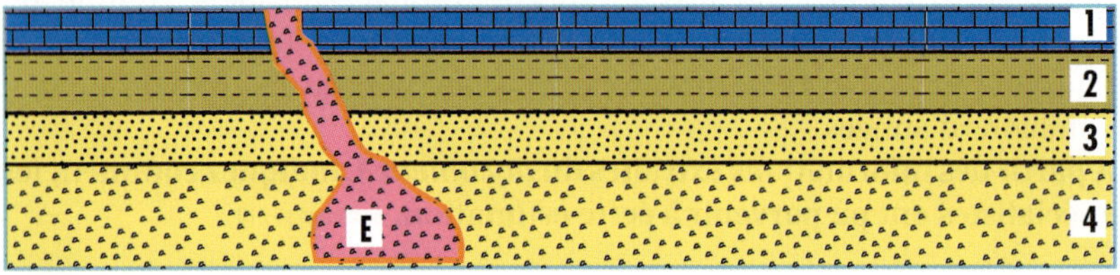

Doc. B – Observations faites dans une carrière. ***1*, *2*, *3* et *4*** *désignent des formations sédimentaires ;* ***E*** *est un filon d'une roche magmatique.*

9 **À partir des informations tirées de l'analyse du *document C*, montrez l'existence dans l'histoire géologique de cette région de phénomènes de plissement, d'érosion et de transgression, et datez-les de façon relative et absolue.** ▸ corrigé p. 210

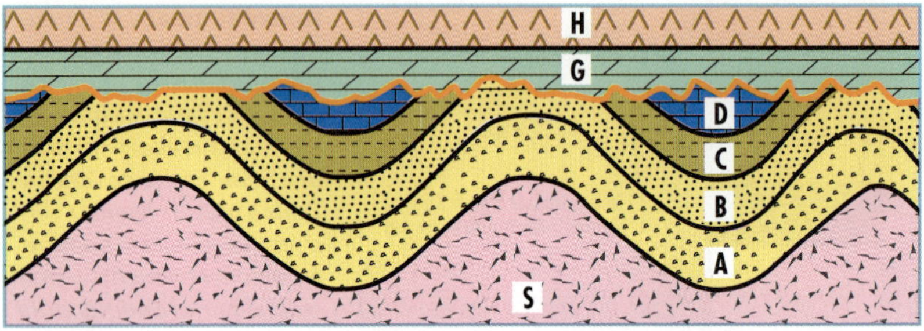

Doc. C – *S, A, B, C et D désignent des formations sédimentaires dans lesquelles on a trouvé des fossiles marins caractéristiques du Paléozoïque inférieur (−550 à −400 Ma). G et H sont également des formations sédimentaires dans lesquelles on a trouvé des fossiles du Jurassique inférieur (− 200 à −175 Ma).*

1 a. Non ; un bon fossile stratigraphique appartient à une espèce qui a eu une durée de vie courte à l'échelle des temps géologiques. Par exemple, la durée de vie de certaines espèces d'Ammonites a été inférieure à un million d'années.
b. Un bon fossile stratigraphique doit permettre d'établir des corrélations à distance, entre divers endroits de la planète. Pour cela, il ne doit pas être limité à un milieu précis spécifique d'une région.
c. Un fossile stratigraphique est un outil de la datation relative et non de la datation absolue.

2 b. Le chevauchement est postérieur au moment du dépôt des sédiments des régions X et Y.

3 b. Le massif granitique est postérieur aux roches sédimentaires qui l'entourent. Cela se traduit par une auréole de métamorphisme de contact : au contact du granite, les roches sédimentaires sont plus ou moins métamorphisées sous l'action de la chaleur résultant de la mise en place du massif à partir du magma.
L'auréole de roches métamorphiques n'est pas antérieure à la formation du massif mais s'est formée lors de sa mise en place.
d. Les enclaves contenues dans le massif sont antérieures à sa formation et non postérieures.

4 a. Le rubidium 87 est bien l'élément père, mais il se désintègre en donnant du strontium 87 et non du strontium 86.
b. Le strontium 87, élément fils, est déjà présent dans les minéraux au moment de la formation de la roche.
c. Le rapport $^{87}Sr/^{86}Sr$ augmente bien au cours du temps dans un minéral mais ce n'est pas dû à la transformation du strontium 87 en strontium 86. Le strontium 87 est un isotope stable. C'est la désintégration radioactive du rubidium 87 en strontium 87 qui est à l'origine de l'augmentation du rapport $^{87}Sr/^{86}Sr$.
d. Le rapport $^{87}Rb/^{86}Sr$ diminue au cours du temps, puisque la quantité de strontium 86 ne varie pas, alors que celle de rubidium 87 diminue par suite de sa désintégration.
e. Le rapport $^{87}Sr/^{86}Sr$ était initialement le même pour tous les minéraux. En revanche, le rapport $^{87}Rb/^{86}Sr$ était différent.
g. Les points représentatifs sont bien sur une ligne droite, mais dont la pente **augmente** avec le temps.

5 a. La méthode au carbone 14 s'applique non aux roches magmatiques mais aux objets d'origine biologique.
d. La période du carbone 14 est de 5 570 ans, ce qui rend impossible la datation d'objets âgés d'un million d'années et plus par cette méthode.

6 **b.** On ne peut pas utiliser la formule $P(t) = P_0 \cdot e^{-\lambda t}$, car on ne connaît pas la quantité d'atomes de l'élément père emprisonnés initialement dans le minéral.

7 Puisque les formations du Tchad où a été trouvé Toumaï ne contiennent aucune roche magmatique, on ne peut dater directement de façon absolue ces formations. En revanche, elles renferment une faune variée de Vertébrés qui peuvent être utilisés comme fossiles stratigraphiques.
En d'autres régions d'Afrique, on trouve cette même faune de Vertébrés dans des terrains intercalés entre des formations volcaniques qu'on peut dater de façon absolue. Cela indique l'âge des terrains où se trouve la faune : environ 7 millions d'années.
Si on admet que ces fossiles de Vertébrés sont de bons fossiles stratigraphiques, ils permettent une corrélation à distance ; alors, les formations du Tchad sont de même âge, et Toumaï est âgé d'environ 7 millions d'années.

8 Les sédiments à l'origine des roches sédimentaires se déposent successivement ; le principe de superposition, les couches n'étant pas déformées, permet d'affirmer que la couche 4 est la plus ancienne et la couche 1 la plus récente.
Un épisode magmatique se produit alors ; le principe de recoupement permet de dire que la mise en place du filon est postérieure au dépôt de la roche 1 que le filon recoupe. Cela se traduit par une auréole de métamorphisme au contact du filon : les roches sédimentaires sont très localement métamorphisées.
Une érosion importante amène le filon magmatique en surface.

9 Les roches sédimentaires S, A, B, C et D se sont déposées dans cet ordre (principe de superposition), dans une mer qui recouvrait la région au Paléozoïque inférieur.
Après leur dépôt, ces roches sont déformées, plissées au cours d'un épisode tectonique entraînant une régression marine dans la région considérée ; celle-ci est alors soumise à l'érosion. Deux cents millions d'années plus tard, au Jurassique inférieur, une transgression marine permet le dépôt des roches sédimentaires G et H.
En résumé, les phases suivantes se sont succédées :
- phase sédimentaire du Paléozoïque inférieur : dépôt des formations marines S à D ;
- épisode tectonique (fin du Paléozoïque inférieur) : plissement des roches S à D et régression marine ;
- phase d'érosion ;
- transgression marine au Jurassique inférieur ;
- nouvelle phase sédimentaire : dépôt des couches G et H ;
- régression marine.

➲ Il est impossible de dater la phase tectonique avec plus de précision : elle est postérieure au dépôt de la couche D et antérieure au dépôt de la couche G. Durant les 200 millions d'années qui se sont écoulées entre les dépôts de D et de G, l'épisode tectonique a pu se produire à des moments variés, l'érosion ayant pu enlever des couches déposées au Paléozoïque moyen et supérieur ou bien, la sédimentation ayant été totalement absente durant toute cette période. Dans le premier cas, impossible de localiser plus précisément dans le temps le plissement ; dans le second, il est localisable à la fin du Paléozoïque inférieur, les structures plissées étant érodées. Mais rien ne permet de trancher.

13 Convergence et subduction

POUR COMMENCER

Le programme de l'enseignement de géologie en Première et en Terminale S est conçu sur deux ans. La compréhension des sujets abordés en Terminale exige la connaissance des notions rencontrées en Première.

Si, à l'examen, on ne peut vous interroger directement sur le programme de Première, il peut être fait appel, à travers un support de Terminale, aux notions acquises en Première. D'où l'importance ici des connaissances qui doivent être maîtrisées pour bien aborder le programme de Terminale.

Croûte, manteau, noyau

► L'exploitation des données sismiques a conduit à un modèle de structure du globe en enveloppes concentriques (*document 1*) : **la croûte** (de 6 à 70 km d'épaisseur), **le manteau** (jusqu'à 2 900 km) et **le noyau** (de 2 900 à 6 375 km). Ces trois enveloppes sont solides sauf la partie externe du noyau située entre 2 900 et 5 100 km.

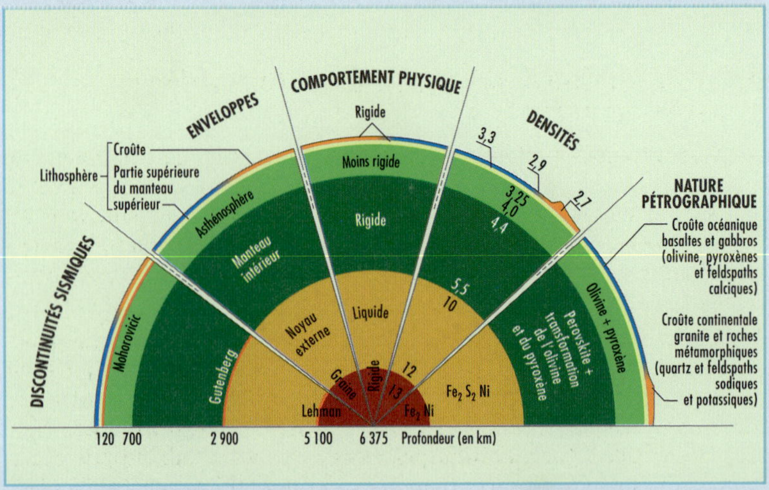

Doc. 1 – Structure interne de la Terre.

► Continents et océans diffèrent géologiquement avant tout par la nature de leur croûte, épaisse en moyenne de 30 km au niveau des continents et de 6 à 8 km au niveau des océans.

Les limites séparant ces enveloppes sont des discontinuités pétrographiques et chimiques. Croûte et manteau d'une part, manteau et noyau d'autre part ont des compositions chimiques différentes.

Croûte continentale et croûte océanique

► **Croûte continentale** : sous une couverture sédimentaire épaisse de quelques kilomètres au maximum, elle est constituée par des roches magmatiques et métamorphiques de composition globalement granitique.

► **Croûte océanique** : sous une couverture sédimentaire épaisse de 0 à 1 ou 2 kilomètres, elle est constituée par une couche de moins de 2 km de **basaltes en coussins** (*pillow-lavas*) surmontant des gabbros (4 à 5 km). Basaltes et gabbros sont des roches magmatiques à structure microlithique (basaltes) ou grenue (gabbros). Ces roches ont globalement la même composition chimique car elles résultent de la solidification d'un même magma dans des conditions différentes.

La nature du manteau

► La roche constitutive du manteau est la **péridotite**. Le minéral de loin le plus important de cette roche est l'**olivine**, silicate ferromagnésien.

► La distinction croûte-manteau est pétrographique et chimique.

Une distinction fondamentale : lithosphère et asthénosphère

► Vers 100 km de profondeur en moyenne, la température du manteau est voisine de 1 300 °C, ce qui correspond, à la pression qui règne à cette profondeur, à la température de fusion commençante de la péridotite du manteau. Cette limite thermique permet de distinguer le **manteau lithosphérique** rigide, entre la croûte et 100 km, et **le manteau asthénosphérique** plus plastique, entre 100 km et 600 ou 700 km.

► La lithosphère comprend la **croûte** et la **partie supérieure du manteau** (manteau lithosphérique). La lithosphère, plus froide, plus rigide que l'asthénosphère, réagit aux contraintes par des ruptures. L'asthénosphère n'a pas ce comportement cassant. En conséquence, les **foyers des séismes sont toujours localisés dans la lithosphère**, et non dans l'asthénosphère. En revanche, l'asthénosphère, contrairement à la lithosphère, peut être le siège de mouvements de convection.

► Il est important de savoir que la limite asthénosphère-lithosphère ne correspond pas à une discontinuité chimique mais à une discontinuité physique.

En conséquence, la situation de cette limite est variable suivant les régions de la planète et la valeur de 100 km est une valeur moyenne.

Une lithosphère découpée en plaques

► La répartition des séismes illustre le fait que la lithosphère est découpée en plaques. Globalement, chaque plaque forme un ensemble stable, et les déformations à l'origine de l'activité sismique sont limitées aux frontières des plaques.

► Les plaques se déplacent les unes par rapport aux autres et leurs frontières sont définies par ces mouvements relatifs :

- certaines frontières, les dorsales océaniques, sont des **frontières de divergence** où les plaques s'écartent, là où se forme de la lithosphère océanique nouvelle ;
- d'autres frontières sont des **frontières de convergence** où de la lithosphère d'une plaque disparaît sous l'autre plaque qui la chevauche, en plongeant dans le manteau ;
- les troisièmes frontières sont des **failles transformantes** où les plaques coulissent, l'une par rapport à l'autre.

La genèse de la lithosphère au niveau des dorsales

► Il n'existe pas de couche magmatique continue à l'intérieur du globe. En conséquence, les magmas se forment toujours à l'intérieur du globe par fusion d'une roche préexistante. Ainsi, **le magma** à l'origine de la croûte océanique se forme par **fusion de la péridotite du manteau**.

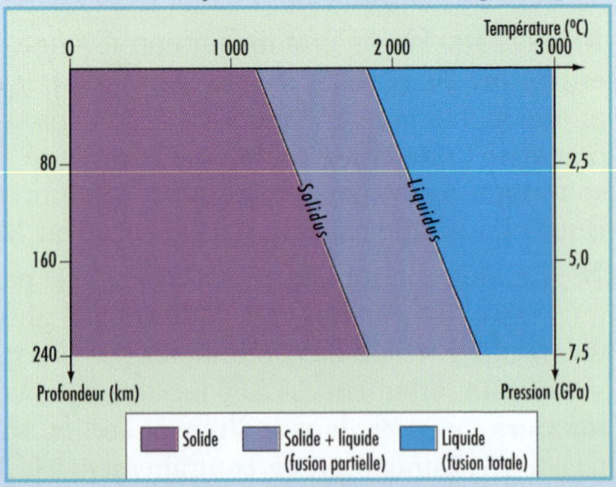

Doc. 2 – Fusion des péridotites en laboratoire.

▶ Compte tenu de sa composition chimique complexe, la péridotite ne se comporte pas comme un corps pur : elle commence à fondre à une certaine température appelée *solidus*, et ne devient complètement liquide qu'à une température plus élevée, le *liquidus* (*document 2*). Entre le *solidus* et le *liquidus*, il y a une gamme de températures pour laquelle il existe du magma mêlé à un résidu solide plus ou moins important : on parle de **fusion partielle**.

▶ La fusion des roches à l'origine de magma est toujours partielle. Au niveau des dorsales, la partie fondue de la péridotite donne le magma basaltique à l'origine de la croûte, et la partie non fondue forme la péridotite résiduelle (*document 3*).

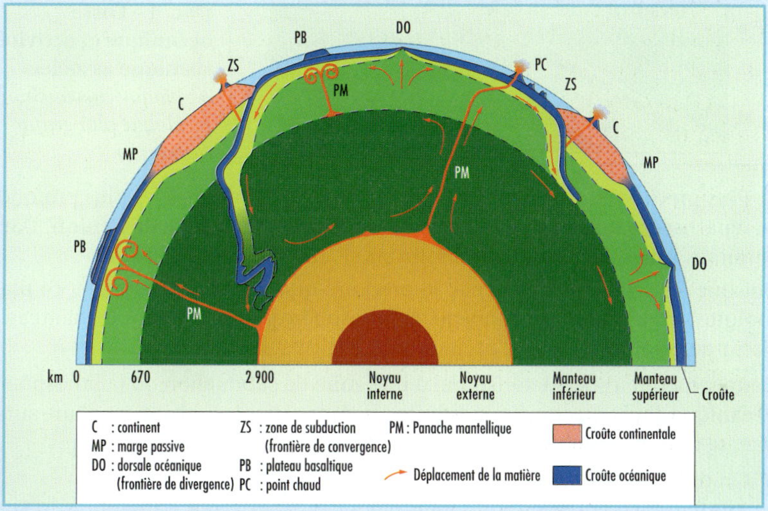

Doc. 3 – Modèle de convection mantellique, origine des magmas et cycle de la lithosphère océanique.

I Fosses et séismes, révélateurs de la subduction

■ Tout autour du Pacifique, au nord de l'océan Indien, aux Antilles et en mer Égée existent des zones du globe associant un relief négatif, une fosse océanique, à une **activité sismique** caractérisée par l'existence de séismes aux foyers profonds dépassant 100 km de profondeur (*document 4*).

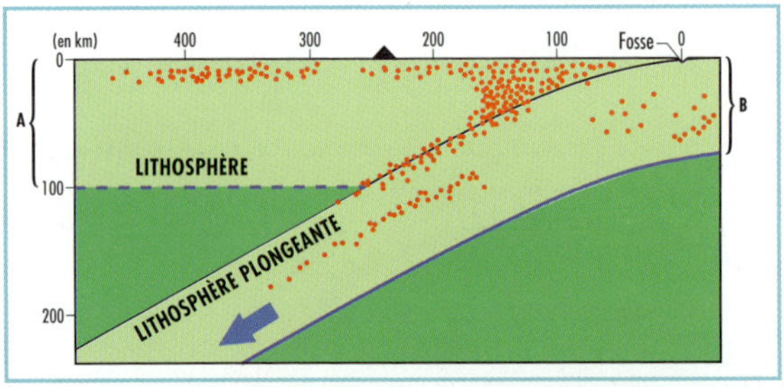

Doc. 4 – Fosse océanique et activité sismique associée.
A : plaque chevauchante.
B : plaque plongeante (subduite).

■ Plus précisément, à partir de la fosse, les foyers sismiques les plus profonds se répartissent suivant un plan plus ou moins incliné, **le plan de Bénioff**. Dans certaines zones, la profondeur des foyers sismiques atteint 700 km.

Puisque les séismes ne peuvent se produire que dans la lithosphère, ce plan indique la présence d'un panneau de lithosphère plongeant dans le manteau à partir de la fosse.

Cette structure est caractéristique d'une zone de subduction où la lithosphère océanique d'une plaque dite **subduite** s'enfonce sous la lithosphère d'une autre plaque dite **chevauchante**.

■ On distingue sur *le document 5* :

– une subduction océan-continent (plaque de Nazca sous l'Amérique du Sud, par exemple) ;

– une subduction océan-océan (comme celle des Antilles ou des îles Mariannes).

La vitesse d'enfoncement de la plaque subduite est en moyenne de quelques centimètres par an. Globalement, la disparition de lithosphère océanique au niveau de toutes les zones de subduction du globe compense la production de lithosphère par toutes les dorsales.

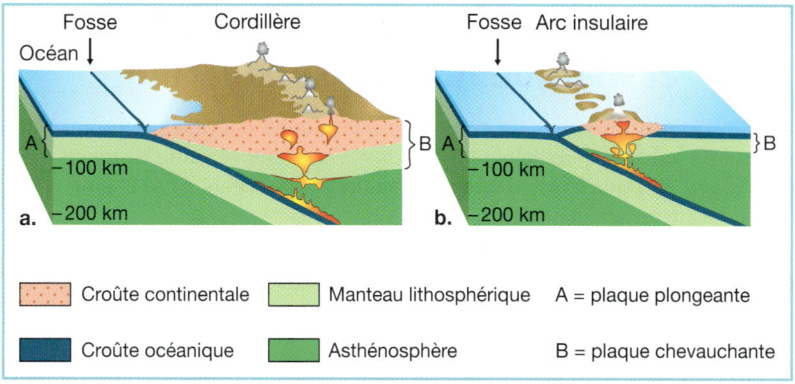

Doc. 5 – La lithosphère océanique peut plonger sous une lithosphère continentale (a) ou sous une autre lithosphère océanique (b).

II Le moteur principal de la subduction

■ La lithosphère océanique formée à la dorsale est peu épaisse et chaude. En s'éloignant de la dorsale, elle se refroidit par conduction. Ce faisant, l'asthénosphère qui est située en dessous se refroidit également. Comme la limite entre l'asthénosphère et la lithosphère n'est que physique, la partie supérieure du manteau asthénosphérique devient du manteau lithosphérique — donc de la lithosphère — lorsque sa température devient inférieure à 1 300-1 200 °C. **La lithosphère océanique, en s'éloignant de la dorsale, s'épaissit donc aux dépens de l'asthénosphère.**

■ Tout matériau soumis à un **refroidissement** voit sa **densité augmenter** (contraction thermique). Le manteau lithosphérique est donc plus dense que le manteau asthénosphérique. Lorsque l'épaisseur de la lithosphère océanique dépasse 50 km, sa densité devient supérieure à celle de l'asthénosphère ; comme celle-ci est déformable, la lithosphère océanique a naturellement tendance à s'y enfoncer.

Une lithosphère océanique âgée, donc épaisse et dense, s'enfonce spontanément dans l'asthénosphère. Ainsi s'initie la subduction.

Cette force de traction liée à l'enfoncement de la lithosphère océanique est le moteur essentiel du mouvement des plaques.

III L'activité magmatique, conséquence et marqueur de la subduction

■ Dans toutes les zones de subduction, la plaque chevauchante porte une chaîne de volcans, parallèlement à la fosse et à une certaine distance d'elle (*document 5*). Dans le cas d'une subduction océan-océan, cette chaîne volcanique forme **un arc insulaire**.

Le volcanisme des zones de subduction est de **type explosif**, car il est dû à un magma relativement visqueux riche en gaz, notamment en vapeur d'eau.

■ Les roches volcaniques engendrées par ce volcanisme sont essentiellement des andésites et des rhyolites.

Pour la rhyolite, dont la composition chimique est proche de celle du granite, les minéraux sont le quartz, les feldspaths potassiques et les plagioclases sodiques ; on trouve aussi des minéraux ferromagnésiens hydroxylés (riches en ions OH^-) comme la biotite et l'amphibole.

Les **andésites**, de couleur gris clair, ne contiennent pas de quartz. Les minéraux sont des plagioclases, des minéraux ferromagnésiens comme l'amphibole (hornblende) et le pyroxène.

Outre ces roches effusives à structure microlithique, il se forme également des roches plutoniques à structure grenue (*document 6*), résultant de la solidification lente du magma en profondeur. Ce sont des roches appartenant à la famille des **granitoïdes**. Voisines du granite, elles ont comme minéraux : du quartz, des plagioclases et des minéraux ferromagnésiens comme la biotite et l'amphibole. Elles affleurent parfois à la suite de l'érosion qui les a dénudées.

Doc. 6 – Les andésites. a. *Roche effusive à structure microlithique.* **b.** *Roche plutonique à structure grenue.*

■ **Si le magmatisme des dorsales engendre la croûte océanique, celui des zones de subduction engendre des roches dont la composition se rapproche de celle de la croûte continentale.** Il a pu jouer un rôle important dans l'histoire de la Terre en étant impliqué dans la genèse des continents.

IV Les déformations, conséquences et marqueurs de la subduction

■ La subduction entraîne des déformations de la plaque chevauchante. Ces déformations sont différentes suivant les caractéristiques de la zone de subduction.

Dans certaines zones, par exemple la plaque Nazca qui plonge sous la bordure nord de l'Amérique du Sud, la plongée d'une lithosphère océanique assez jeune (donc peu dense) avec **un pendage assez faible** (*document 7b*) conduit à la formation d'une chaîne de montagnes très élevée par raccourcissement de la croûte de la plaque chevauchante. Les structures à l'origine de ce raccourcissement témoignent d'**une tectonique en compression** : failles inverses, chevauchement (*document 8*).

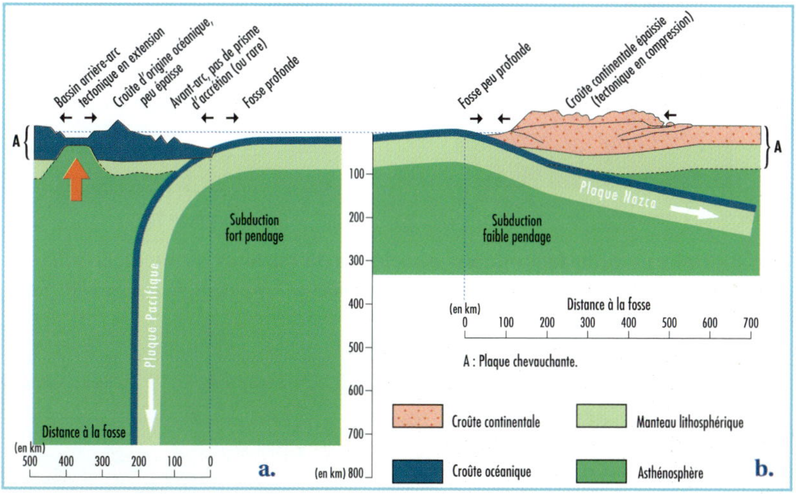

Doc. 7 – a. *Mariannes.* **b.** *Pérou.*

Au niveau de zones de subduction océan-océan (îles Mariannes), au contraire, la lithosphère de la plaque subduite plonge avec un **fort pendage** (*document 7a*) et déclenche la formation d'un **bassin océanique d'arrière-plan**. Cela implique une **tectonique en extension** qui entraîne la **mise en place** d'une dorsale en arrière de l'arc volcanique.

■ Un autre aspect de la déformation associée à la subduction est celle du **prisme sédimentaire** d'accrétion (*document 9*) ; lorsqu'il existe (il est plus rare dans les zones de subduction à fort pendage), il se développe entre la fosse et l'arc volcanique. Il est formé à partir des sédiments portés par la plaque subduite. Une partie de ces sédiments se décollent de la croûte et s'empilent en écailles disposées en éventail, formant de plus des failles inverses et des chevauchements. Ce prisme sédimentaire, où les déformations des sédiments témoignent d'une tectonique en compression, peut parfois affleurer (La Barbade).

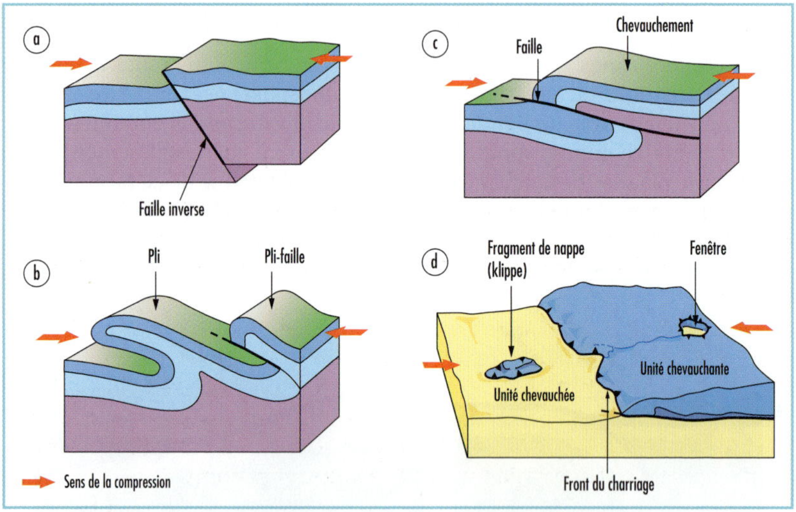

Doc. 8 – Déformations tectoniques associées à un raccourcissement. a. *Faille inverse.* **b.** *Pli et pli-faille.* **c.** *Chevauchement.* **d.** *Chevauchement ou nappe de charriage.*

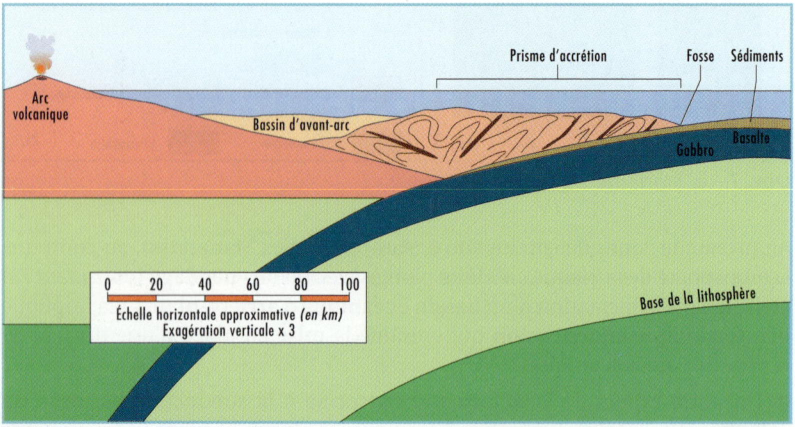

Doc. 9 – Coupe schématique de la partie superficielle d'une zone de subduction avec prisme d'accrétion. *D'après Byme et al., 1988.*

V L'origine des magmas des zones de subduction

■ Ces magmas ne peuvent provenir que de la fusion partielle d'une roche préexistante. Cette roche est la **péridotite** de la **plaque chevauchante** située à une profondeur de 100 à 150 km environ (*document 12*). Le problème est d'expliquer comment une lithosphère océanique en subduction, plus froide que le manteau de la plaque chevauchante, peut entraîner la fusion partielle de ce dernier.

■ L'explication réside dans une propriété de la fusion des roches : **l'addition d'eau a pour effet d'abaisser la température de fusion** et cela pour toutes les pressions (*document 12*). La lithosphère océanique plongeante entraîne la libération d'eau dans la péridotite du manteau sous-jacente et cela provoque la fusion partielle de cette péridotite. Il en résulte aussi que les magmas des zones de subduction sont riches en eau.

■ Il peut paraître étonnant qu'au niveau des dorsales la fusion partielle de la péridotite engendre un magma basaltique, alors qu'à celui des zones de subduction, la fusion de la péridotite conduit à des roches différentes comme la rhyolithe et l'andésite. Cela s'explique par l'évolution complexe que subit le magma avant d'arriver en surface après avoir traversé la croûte continentale ; l'étude de cette différenciation n'est pas à votre programme.

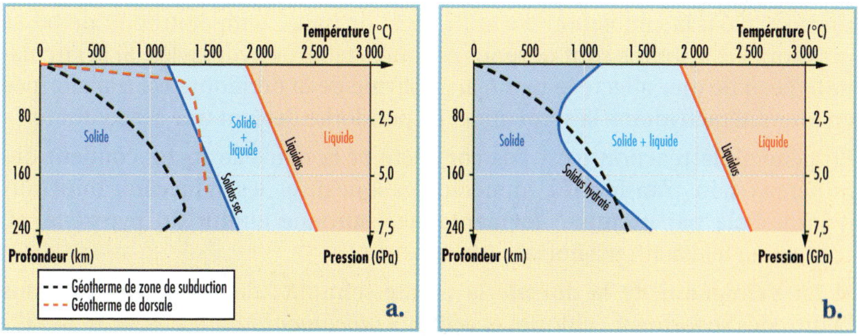

Doc. 10 – Conditions de fusion des péridotites du manteau déterminées exprimentalement, géothermes de dorsale et de zone de subduction.

a. *Fusion expérimentale de la péridotite sèche : on voit qu'aux dorsales (mais pas aux zones de subduction), sont réunies les conditions permettant la fusion partielle de la péridotite sèche.* **b.** *Fusion expérimentale de la péridotite hydratée : cette fois, les conditions de la zone de subduction permettent la fusion partielle de la péridotite hydratée.*

VI Le métamorphisme de la lithosphère océanique et la libération d'eau

■ Il s'agit d'expliquer l'origine de l'eau libérée par la lithosphère océanique en subduction.

Tout repose sur la présence dans la lithosphère qui entre en subduction de **minéraux hydroxylés**, et ce, particulièrement dans la croûte. Leur présence s'explique si on remonte l'histoire de la lithosphère océanique jusqu'à sa naissance à la dorsale.

■ **La croûte tout juste formée** (*document 12* ①) par refroidissement du magma émis aux dorsales est soumise à des forces extensives et se fracture. Elle est alors le siège d'une importante **circulation** d'eau de mer. Les gabbros de la croûte sont encore à une température élevée (600 à 800 °C).
Dans ces conditions, des **réactions à l'état solide** (*document 12*) ont lieu entre les minéraux du gabbro et l'eau de mer. Les pyroxènes et les feldspaths plagioclases réagissent entre eux pour donner un nouveau minéral hydraté (incorporation d'eau sous forme de radicaux OH^-), l'**amphibole** :

$$\text{pyroxène} + \text{plagioclase} + H_2O \rightarrow \text{amphibole (hornblende)}$$

■ À cette genèse de nouveau minéraux par recristallisation à l'état solide, on donne le nom de **métamorphisme**. Il s'agit ici d'un métamorphisme **hydrothermal** (lié à la circulation d'eau de mer) de haute température et de basse pression. Les gabbros sont devenus des métagabbros hydroxylés. Si la circulation d'eau de mer affecte le manteau, l'olivine de la péridotite est transformée en un minéral hydraté, la serpentine. La péridotite devient une serpentinite.

En général, la réaction n'est pas complète et la nouvelle roche contient des minéraux non transformés (minéraux reliques), et les nouveaux minéraux (l'amphibole par exemple) **forment** une couronne autour du pyroxène, au contact du feldspath plagioclase (*document 11*).

■ **En s'éloignant de la dorsale** la croûte refroidit ; de nouveaux minéraux hydroxylés se forment : chlorite et actinote (*document 12* ②).

■ **En plongeant dans le manteau**, la lithosphère subduite se réchauffe lentement au cours de sa progression mais subit surtout des pressions de plus en plus fortes. Les minéraux hydroxylés des métagabbros sont dans ces nouvelles conditions instables et de nouvelles cristallisations s'effectuent traduisant un nouveau métamorphisme.
Ce métamorphisme des zones de subduction est dit de **haute pression** et de **basse température**.

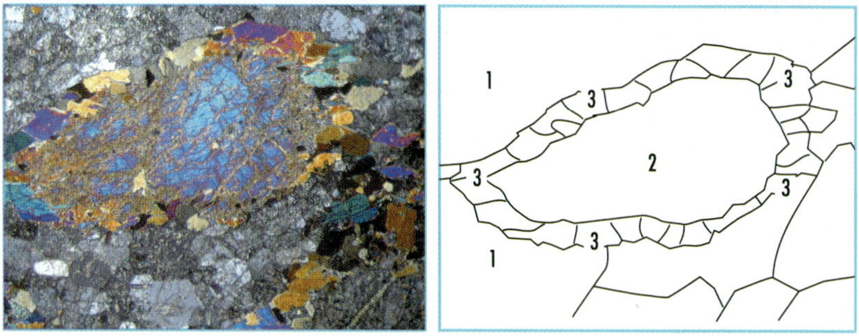

Doc. 11 – Lame mince et schéma d'un métagabbro. *Cet échantillon témoigne de la transformation des gabbros au cours de leur trajet de la dorsale à la zone de subduction. Sur le schéma correspondant, une auréole de hornblende (3), amphibole hydroxylée, s'est formée à partir du pyroxène (2) et du feldspath plagioclase (1).*

Il conduit à de nouveaux minéraux. D'abord une amphibole bleue, le **glaucophane** (*document 12* ③), et finalement le **métagabbro** devient une **éclogite** (*document 12* ④), roche formée par l'association de deux minéraux : le **grenat** (rouge) et un pyroxène sodique, la **jadéite** (verte).

La caractéristique des réactions de ce métamorphisme est qu'elles aboutissent à des minéraux anhydres et donc **libèrent de l'eau**. C'est cette eau qui en imprégnant les péridotites de la plaque chevauchante va entraîner une fusion partielle.

Dans certaines zones de subduction, il arrive que les métagabbros à glaucophane ou des éclogites soient ramenés à la surface par l'activité volcanique : leur présence en fait des **marqueurs des zones de subduction**.

VII Couplage métamorphisme et magmatisme

Le document 12 traduit le couplage entre le métamorphisme de la plaque subduite et l'activité magmatique de la plaque chevauchante.

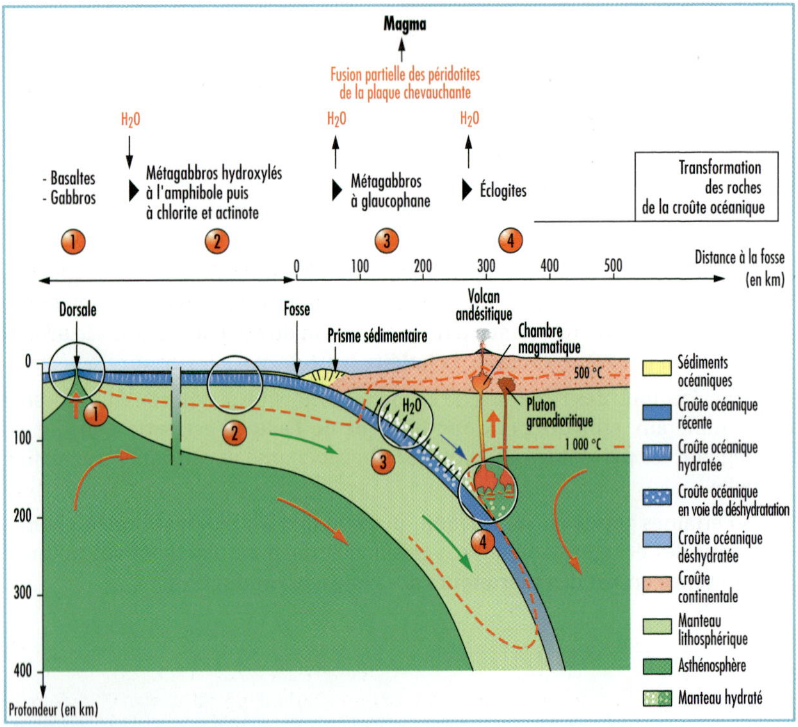

Doc. 12 – Transformations de la croûte océanique au cours de la subduction, genèse des magmas et mise en place de roches magmatiques (andésites, granodiorites).

Attention aux généralisations !

Il ne faut pas généraliser abusivement à partir de l'exemple classique d'une zone de subduction : la côte ouest de l'Amérique du Sud. Si la lithosphère subduite est toujours de la lithosphère océanique, la lithosphère chevauchante n'est pas toujours de la lithosphère continentale ; il peut s'agir également d'une lithosphère océanique.

À propos des séismes

On parle toujours des séismes profonds qui marquent la plongée de la lithosphère océanique subduite. Mais il y a aussi des séismes dont les foyers sont superficiels dans la plaque subduite, dans la zone où elle commence à plonger et dans la plaque chevauchante. Ces séismes sont des témoins des déformations auxquelles les deux plaques sont soumises.

Par exemple, le foyer du seisme de très forte intensité qui a eu lieu en décembre 2004 au large de Sûmatra avait une profondeur de 30 km. Il est dû au jeu d'une faille à la limite entre la plaque chevauchante (euro-asiatique) et la plaque subduite (indo-australienne). Il s'est accompagné d'un déplacement relatif des deux plaques de plusieurs mètres (chevauchement de la plaque euro-asiatique par rapport à la plaque indo-australienne).

La fosse des zones de subduction

La fosse existe toujours mais elle est plus ou moins visible ou plus ou moins marquée suivant les zones de subduction. Elle est parfois en grande partie masquée par le prisme d'accrétion sédimentaire.

Les zones de subduction

■ Il ne faut pas oublier que si toutes les zones de subduction sont caractérisées par la plongée d'une lithosphère océanique, elles sont différentes par ailleurs, notamment par le pendage de la lithosphère subduite, ce qui a des conséquences sur les déformations de la plaque chevauchante.

Il est classique de commencer des exposés sur les zones de subduction en signalant les divers marqueurs de telles zones. Cela présente l'avantage de brosser leurs différents aspects (géologiques et géophysiques), mais le grand désavantage de tout mettre sur le même plan.

■ Pour mieux vous approprier le modèle d'une zone de subduction, il faut :

– **commencer par définir la subduction** et pour cela, ce sont la fosse et les données sismiques qui sont utiles ; préciser ensuite le moteur principal de la subduction ;

– **présenter ensuite une conséquence** quasi générale de la subduction : le magmatisme qu'il faut caractériser par le caractère explosif du volcanisme et la nature des roches produites ;

– **présenter une deuxième conséquence** de la subduction : les déformations tectoniques en compression du prisme d'accrétion (lorsqu'il existe) et la tectonique de la plaque chevauchante variable suivant les subductions ;

– **proposer une explication** à la genèse des magmas dans ces zones, en montrant que le métamorphisme de la lithosphère subduite entraîne la fusion partielle de la péridotite de la plaque chevauchante ;

– **conclure** par tous les marqueurs de la subduction y compris les métagabbros à glaucophane et les éclogites.

Le réchauffement de la lithosphère subduite

Il faut comprendre que la lithosphère subduite se réchauffe au cours de sa plongée car elle est entourée par le manteau qui est plus chaud qu'elle. Ce réchauffement est très lent, la plaque plongeante garde ses propriétés jusqu'à 600 km environ, et, parfois, elle garde son individualité jusqu'au noyau, même si elle perd de sa rigidité.

On reliera les anomalies du flux de chaleur de zone de subduction aux caractéristiques de celle-ci : faible flux de chaleur au niveau de la fosse, fort flux de chaleur au niveau de l'arc volcanique.

Magmatisme et métamorphisme

■ Il ne faut pas confondre **magmatisme** et **métamorphisme**. Dans les deux cas, à partir d'une « roche mère », on aboutit à une nouvelle roche avec de nouveaux minéraux ; mais dans le cas du magmatisme on passe par un état liquide (magma), alors que dans le métamorphisme la roche reste toujours à l'état solide.

■ Il faut bien saisir que les transformations du métamorphisme ne sont généralement pas complètes. Dans ce cas, les minéraux néoformés forment une couronne (auréole) autour des minéraux initiaux.

Des repères utiles

Les séismes profonds, plus de 100 km, caractéristiques des zones de subduction.

L' arc volcanique à l'aplomb d'une région du plan de Bénioff située entre 100 et 200 km de profondeur. Il en résulte aussi que la distance séparant l'arc de la fosse varie en fonction du pendage de la plaque plongeante.

La température de fusion de la péridotite sèche, vers 100 km de profondeur, est de **1 300 °C** ; elle peut être abaissée à **1 000 °C** environ par la présence d'eau.

Le métamorphisme de la croûte océanique conduisant à des métagabbros à glaucophane a lieu vers 30 km alors que celui aboutissant aux éclogites apparaît au-delà de 50 km de profondeur.

Comment reconnaître les zones de subduction fossiles

Bien entendu, les marqueurs d'une zone de subduction active (fosses, séismes, volcanisme, flux de chaleur) ne sont pas présents dans les zones de subduction fossiles.

En revanche, les marqueurs pétrographiques peuvent être visibles à l'affleurement : andésites, plutons de granodiorite, métagabbros à glaucophone ou éclogitiques.

Vérifier ses connaissances

Dans les exercices 1 à 3, relevez les affirmations inexactes et corrigez-les.

1 La croûte océanique de la lithosphère plongeante…

a. se réchauffe très rapidement au cours de la subduction.

b. fond entièrement et constitue ainsi la seule source de magma dans les zones de subduction.

c. subit des transformations minéralogiques.

d. contribue à la genèse des magmas de la zone de subduction.

e. se transforme au cours de la subduction en une roche appelée éclogite.

▸ corrigé p. 231

2 Les arcs volcaniques des zones de subduction…

a. sont des marqueurs de ces zones.

b. résultent d'un volcanisme effusif.

c. sont exclusivement formés par des basaltes.

d. ont la même composition chimique que la croûte océanique.

e. sont tous situés à une même distance de la fosse. ▸ corrigé p. 231

3 Les zones de subduction sont des zones où…

a. la lithosphère océanique subducte sous la lithosphère continentale.

b. la plongée de la lithosphère océanique s'effectue toujours suivant un pendage de 90 degrés.

c. les déformations conduisent toujours à des chaînes de montagnes.

d. le prisme d'accrétion sédimentaire est situé en arrière de l'arc volcanique.

e. les séismes sont toujours superficiels. ▸ corrigé p. 231

4 **Replacez sur l'extrait de carte du *document A1* les repères (A et B) de la coupe proposée au *document A2*. Vous localiserez sur la coupe et la carte : le prisme d'accrétion et l'arc insulaire volcanique. Vous placerez sur la carte la zone où la profondeur des foyers sismiques est d'environ 100 km.**

▸ corrigé p. 231

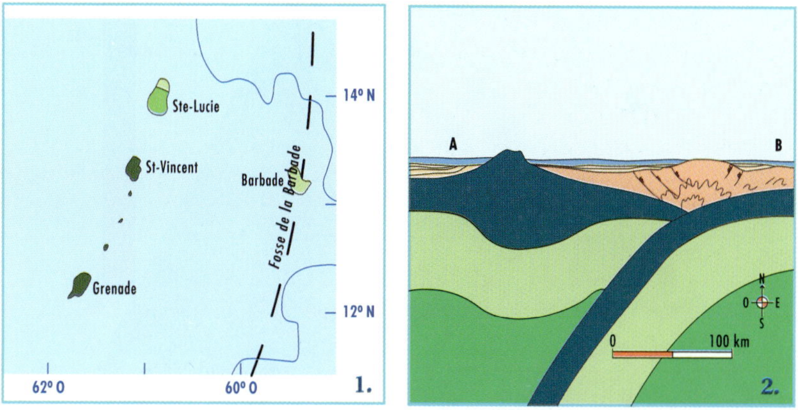

Doc. A

5 **Les régions présentées (en coupe) par le *document B* possèdent-elles des caractères des zones de subduction ? Expliquez la présence d'un arc volcanique en *B1* et son absence en *B2*.**
Quelle sera, dans chacun des cas, la nature des déformations subies par la plaque chevauchante ? Donnez une légende à chacun de ces deux schémas. ▸ corrigé p. 232

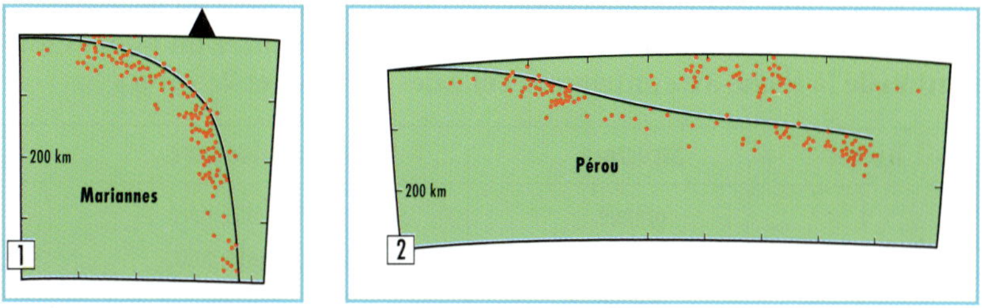

Doc. B

6 **Sur le *document C*, localisez une plaque limitée par deux zones de subduction et schématisez le plan de Bénioff dans chacune des deux zones.** ▸ corrigé p. 232

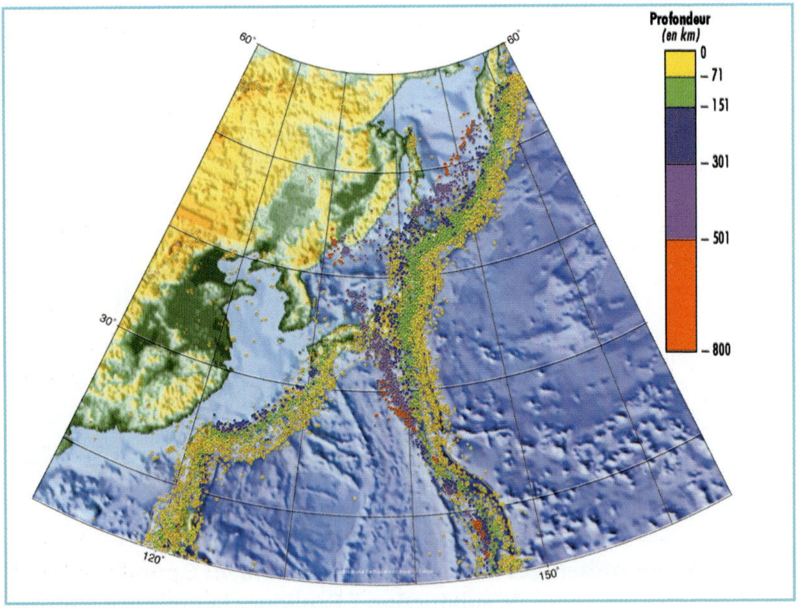

Doc. C – Activité sismique en Asie du Sud-Est.

7 Dans une zone de subduction, les roches 1 et 2 (*document D*) constituent, en partie, les reliefs de la plaque chevauchante. En faible quantité, on a trouvé dans cette même région des échantillons de la roche 3.
Après avoir déterminé ces différentes roches, vous direz en quoi la formation de la roche 3 a contribué à celle des roches 1 et 2. ▸ corrigé p. 232

Roches	Structure	Minéraux principaux
1	grenue	quartz, feldspaths, mica
2	microlithique	quartz, feldspaths, mica
3	grenue	grenat, pyroxène

Doc. D

1 **a.** La croûte de la lithosphère océanique (comme d'ailleurs le manteau lithosphérique) se réchauffe très lentement durant la subduction, de sorte que la lithosphère océanique garde son individualité jusqu'à des profondeurs de plusieurs centaines de kilomètres.
b. La croûte océanique subduite ne subit pas de fusion totale et n'est pas la roche source du magma des zones de subduction.

2 **a.** Les arc volcaniques sont effectivement considérés comme des marqueurs, mais il est plus correct de les envisager comme des conséquences, très souvent présentes, de la subduction de lithosphère océanique.
b. Ces arcs volcaniques résultent surtout d'un volcanisme explosif.
c. Les roches volcaniques caractéristiques des arcs volcaniques sont les rhyolithes et les andésites, et pas les basaltes.
d. La croûte océanique a la composition des basaltes ; rhyolithes et andésites ont une composition différente : elles sont plus riches en silicium, en aluminium et en alcalins, et moins riches en calcium, en fer et en magnésium.
e. La situation des arcs volcaniques dépend du pendage de la subduction ; la distance à la fosse varie suivant les zones de subduction.

3 **a.** Il peut y avoir subduction d'une lithosphère océanique sous une autre lithosphère océanique.
b. Le pendage varie suivant les zones de subduction.
c. Les déformations en cas de subduction d'une lithosphère océanique sous une autre lithosphère océanique avec un fort pendage (par exemple, les îles Mariannes) conduisent à la formation d'un bassin d'arrière-arc et non d'une chaîne de montagnes.
d. Le prisme d'accrétion sédimentaire, quand il existe, est situé en avant et non en arrière de l'arc volcanique.
e. Ce qui caractérise les zones de subduction est l'existence de foyers profonds.

4 La coupe du *document A2* montre en B le début de la subduction de la lithosphère océanique. Cela correspond à la fosse. À droite de A, on voit une croûte épaissie qui affleure : il s'agit d'une île volcanique. En outre, à l'ouest de B, on voit un prisme sédimentaire qui affleure. En réunissant toutes ces informations, la coupe AB doit aller de l'ouest de Saint-Vincent à La Barbade. Le magma à l'origine de l'arc volcanique prend naissance à environ 100 km de profondeur par fusion partielle de la péridotite de la plaque chevauchante. À l'aplomb de l'arc volcanique, la lithosphère subduite est environ à 100 km, et des ruptures dans cette lithosphère sont à l'origine de séismes. Sur la carte, la zone où la profondeur des foyers sismiques est d'environ 100 km est située grossièrement au niveau de l'arc volcanique.

5 La répartition des foyers sismiques profonds aux îles Mariannes comme au Pérou souligne un plan de Bénioff marqueur des zones de subduction. Le pendage de la subduction est très fort aux îles Mariannes et peu accusé au Pérou. Ce faible pendage de la subduction au Pérou peut être à l'origine de différences dans les déformations de la plaque chevauchante : de type compressif au Pérou, de type extensif (bassin d'arrière-arc) aux îles Mariannes. L'absence d'un arc volcanique au Pérou est lié au faible pendage de la plaque subduite qui n'atteint pas la profondeur nécessaire (environ 100 km) pour provoquer la fusion partielle de la péridotite du manteau.

6 Les fosses et la répartition des séismes profonds indiquent que la plaque des Philippines est comprise entre deux zones de subduction ; le pendage du plan de Bénioff dans les deux cas est dirigé de l'est vers l'ouest.

7 La roche 1 de structure grenue comportant du quartz et des feldspaths est un granite.
La roche 2 de structure microlithique et possédant du quartz est une rhyolithe.
La roche 3 de structure grenue avec grenat et pyroxène est une éclogite.
L'éclogite est une roche métamorphique provenant de la transformation des gabbros et basaltes de la croûte océanique au cours de la subduction. Lors de ce métamorphisme, de l'eau est libérée qui permet la fusion partielle de la péridotite de la plaque chevauchante à l'origine du magma qui, après différenciation, engendre granite et rhyolithe.

14 Convergence et collision continentale

POUR COMMENCER

La naissance d'un océan et la notion de marge passive

► Un océan naît de la fracture, de la rupture d'un continent (*document 1*). Celle-ci résulte d'un étirement et d'un amincissement de la croûte continentale par le jeu de failles normales. Le socle continental est ainsi découpé en **blocs qui basculent** un peu comme des dominos ou les cartes d'un paquet.

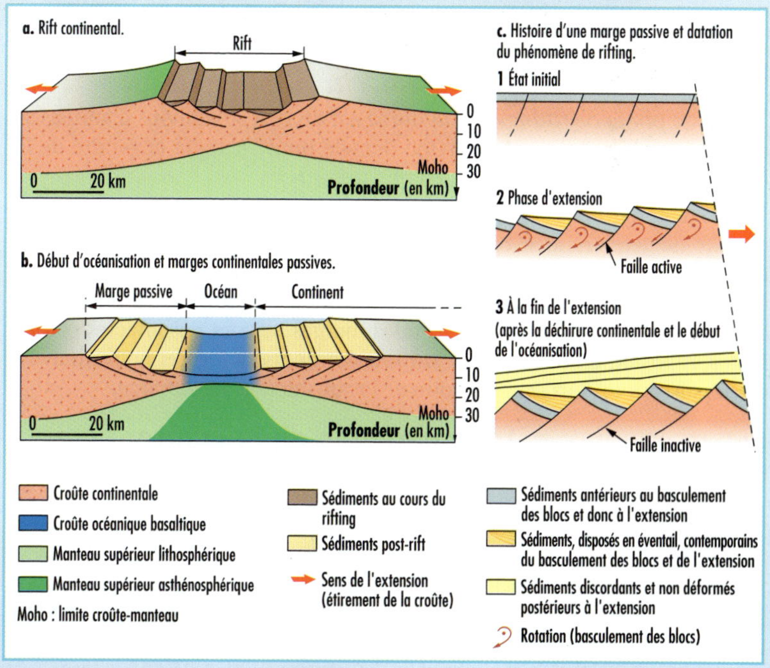

Doc. 1 – La rupture d'un continent.

Durant cette phase de *rifting*, la mer est généralement présente et des sédiments se déposent, en particulier dans les fossés délimités par les blocs. La sédimentation est moins importante sur la partie surélevée des blocs. Ces sédiments dits **syn-rift** sont contemporains de l'extension, ce que traduit leur disposition en éventail (*document 2*).

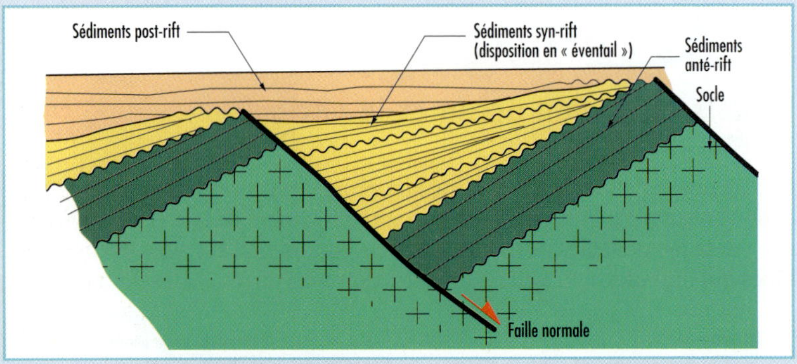

Doc. 2 – Les dépôts de marge passive.

► Cette phase de *rifting* dont la durée est de 10 à 30 millions d'années se termine par la mise en place d'une dorsale dont l'activité engendre de la lithosphère océanique : l'océan est né.

► La tectonique en extension est alors limitée à la dorsale. Les deux flancs du rift deviennent des marges passives (pas d'activité tectonique) de l'océan et s'écartent l'une de l'autre au fur et à mesure que l'océan s'accroît. Des sédiments dits **post-rift** se déposent alors sur la croûte océanique et sur les marges. Ces sédiments post-rift des marges ne sont pas affectés par les failles, reposent en discordance sur les sédiments syn-rift et peuvent avoir une épaisseur importante par suite de la subsidence de la marge.

Les marqueurs pétrographiques de la croûte océanique non subduite et subduite

Pour interpréter l'histoire des Alpes, il vous faut connaître :

– la structure et la nature des roches composant la lithosphère océanique : **basaltes, gabbros, péridotites** ;

– les transformations subies par ces roches à la suite du métamorphisme hydrothermal des dorsales et surtout celles ayant lieu au cours de la subduction et donnant naissance aux **métagabbros à glaucophane** et aux **métagabbros éclogitiques ou éclogites** (avec leurs deux minéraux essentiels : le **grenat** rouge et la **jadéite**, pyroxène verdâtre).

I Caractères structuraux des Alpes

Votre programme porte uniquement sur les Alpes occidentales franco-italiennes. Il est classique d'y reconnaître un **domaine externe** à l'ouest et un **domaine interne** à l'est, séparés par ce qu'on appelle **le chevauchement pennique frontal** (*document 3*). Ces repères vous permettront de situer les diverses observations.

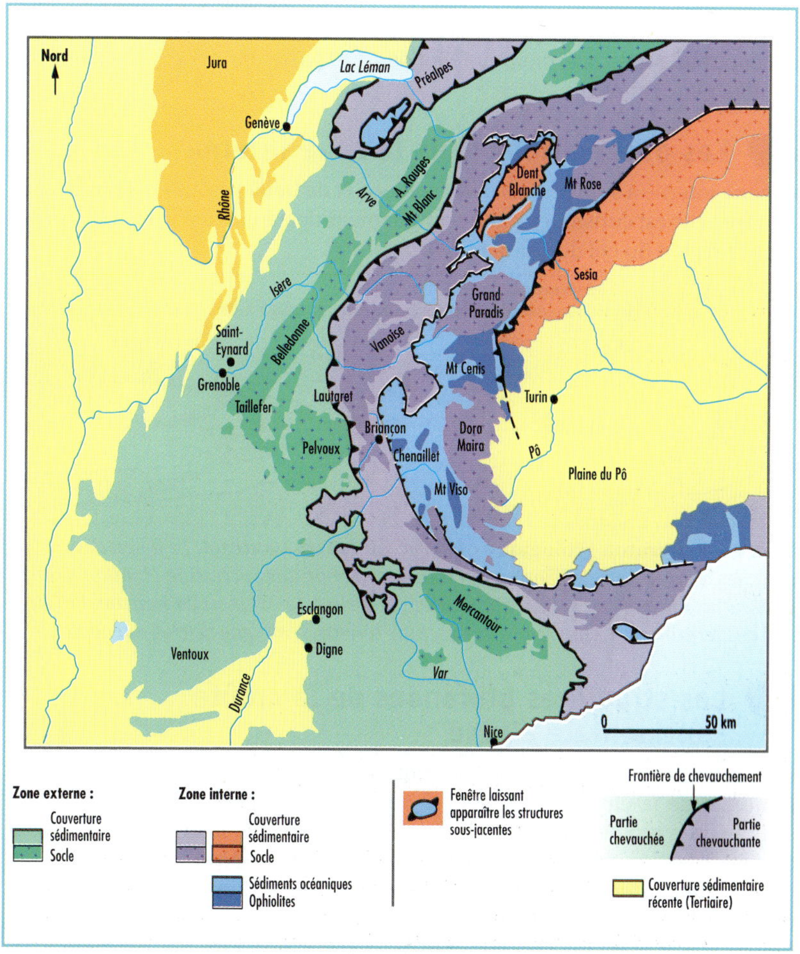

Doc. 3 – Les Alpes occidentales franco-italiennes.

1 Les observations dans la zone externe

Dans le domaine externe, on observe des roches sédimentaires marines plissées, témoignage de **déformations compressives** subies après leur dépôt et se traduisant par un **raccourcissement**. Les failles inverses où le flanc chevauchant surmonte le flanc chevauché et les plis-failles (*document 8, chapitre 13*) témoignent, eux aussi, d'un raccourcissement dû à une tectonique en compression.
Enfin, il existe dans cette zone externe quelques nappes de charriage (à Digne par exemple), où des terrains, ayant subi un déplacement de quelques kilomètres, reposent en contact anormal sur des terrains restés en place. Souvent, ces nappes de charriage ont pour effet de superposer des terrains anciens à des terrains plus jeunes.

2 Les observations dans la zone interne

La zone interne a subi plus de déformations et de bouleversements que la zone externe ; elle est constituée par un empilement de nappes de charriage comme dans la région du col du Lautaret (*document 4*).

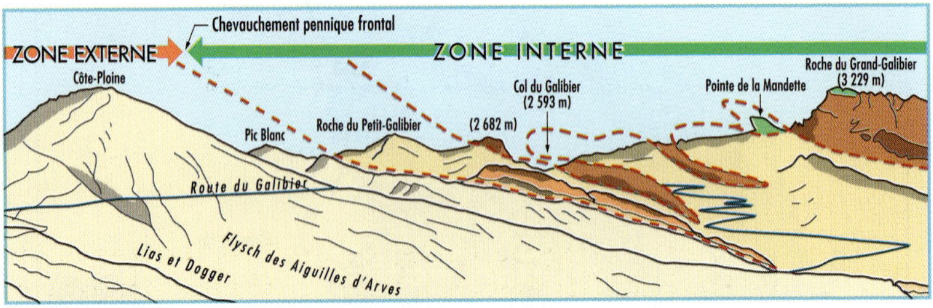

Doc. 4 – Panorama géologique observé du col du Lautaret. *Le flysch des aiguilles d'Arves date de l'Éocène et est surmonté par une succession Houiller, Trias, Jurassique, Éocène, qui se répète à plusieurs reprises. Le Trias est en marron. Le fait que des terrains en recouvrent d'autres, plus récents, témoigne de chevauchements.*

3 Les structures profondes de la croûte continentale alpine

Par l'intermédiaire de données sismiques, on peut avoir accès à la structure profonde de la chaîne. On constate que les chevauchements affectent l'ensemble de la croûte et que même des écailles de manteau lithosphérique sont coincées dans la croûte. Il en résulte que la croûte des Alpes, épaisse de 30 km dans la zone externe, atteint une épaisseur de 50 à 60 km dans la zone interne (*document 5*). On parle de **racine crustale**.
Reliefs élevés et racine crustale sont deux aspects du raccourcissement et de l'épaississement de la croûte continentale.

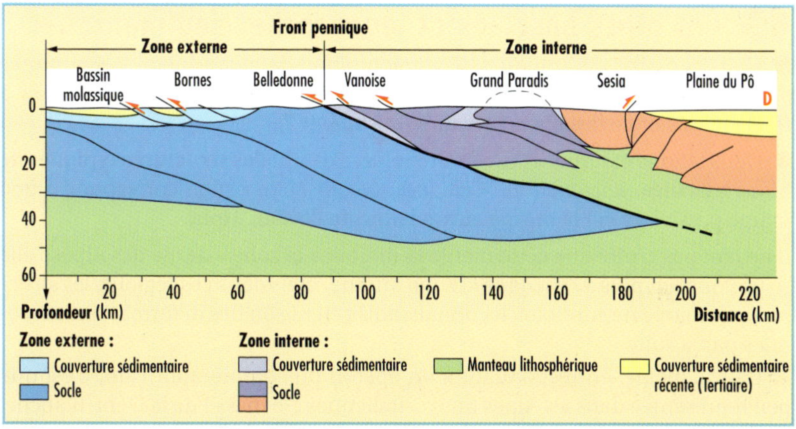

Doc. 5 – Structure profonde de la croûte continentale des Alpes.

II Les témoins d'une histoire océanique

1 Les ophiolites

■ Dans la zone interne affleurent à des altitudes élevées des **massifs ophiolitiques**, dont le plus connu est celui du Chenaillet à l'est de Briançon. On y voit des basaltes en coussins situés au-dessus de gabbros recouvrant eux-mêmes une roche verdâtre, la serpentinite ; cette dernière est une péridotite où l'olivine est transformée en un minéral hydroxylé, la serpentine.

Cette structure est celle d'une croûte océanique et du manteau lithosphérique sur lequel elle repose. **Les ophiolites du Chenaillet sont donc de la croûte océanique charriée sur de la croûte continentale**. Elles montrent qu'à l'emplacement des Alpes, un océan a autrefois existé.

■ Les lames minces du gabbro des ophiolites révèlent la présence de minéraux comme la chlorite ou des auréoles d'amphibole autour du pyroxène. Ce sont là les signes d'une croûte océanique ayant subi un métamorphisme hydrothermal au voisinage d'une dorsale (*voir le document 12, chapitre 13*). En revanche, ces gabbros ne contiennent pas les minéraux marqueurs de la subduction.

Cette croûte océanique a été charriée sans avoir subducté au préalable.

2 Les blocs basculés et leurs roches sédimentaires

■ Un océan provient toujours de la fracturation d'un continent. Les bordures des océans ou marges passives ont gardé les marques de cette extension à travers l'existence des **blocs basculés** (*document 2*).

■ Dans la zone externe, à l'est de Grenoble, existent **des structures typiques de blocs basculés** (*document 6*). Cela indique que cette région correspond à une marge passive : c'est la **marge européenne de l'océan Alpin**.

Il ne faut pas croire que cette marge se limitait à la zone externe des Alpes : elle se prolongeait plus à l'est dans la zone interne, mais dans ces régions, les structures de marge ne sont plus reconnaissables en raison des déformations survenues par la suite.

■ L'autre marge, correspondant à un éperon du continent africain, n'est que peu représentée dans les Alpes franco-italiennes ; le massif de la Dent-Blanche, cependant, est de la croûte africaine charriée sur la marge européenne.

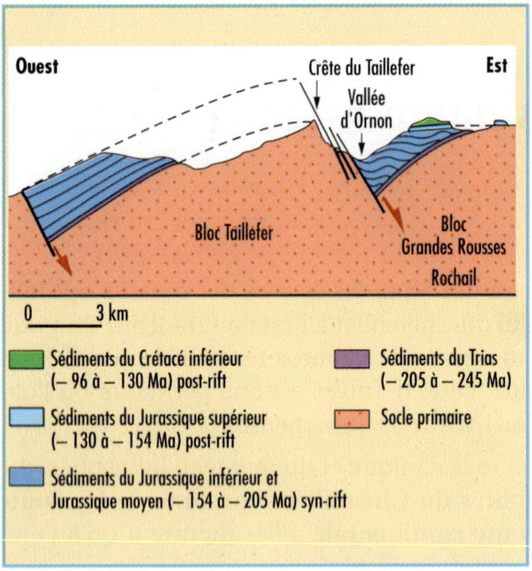

Doc. 6 – Blocs basculés de Taillefer et de Rochail. *Le socle désigne les roches qui existaient avant la fracturation. Ce sont des granites et des gneiss (roches métamorphiques). Ce socle est affecté par des failles normales. La couverture désigne les roches sédimentaires résultant de la consolidation des sédiments déposés sur la marge lors de la formation de l'océan. Comme dans les marges passives actuelles de l'océan Atlantique, on reconnaît les sédiments syn-rift et les sédiments post-rift discordants sur les premiers (voir* le document 2*).*

III Les témoins d'une subduction

■ Aujourd'hui, c'est une évidence, l'océan Alpin a disparu. La seule explication possible est celle de la disparition de la lithosphère océanique par subduction.

■ On trouve dans la zone interne des marqueurs de cette subduction de l'océan Alpin : ce sont, par exemple, **les ophiolites du mont Viso**. Le mont Viso est constitué de basaltes, où la structure en coussins est parfois visible, et de gabbros. Mais ces basaltes et ces gabbros sont métamorphisés et on y trouve les minéraux marqueurs du métamorphisme de haute pression et basse température des zones de subduction (voir *document 12, chapitre 13*) : **grenat** et **jadéite**.

Ces ophiolites sont de la **croûte océanique**, comme celle du Chenaillet, mais qui a **subducté** jusqu'à des profondeurs dépassant 50 km. Par la suite, elle a été **ramenée en surface** et charriée sur la marge européenne (*document 7*). Dans le Queyras également, on trouve des métagabbros à glaucophane qui représentent de la croûte océanique subduite puis ramenée en surface.

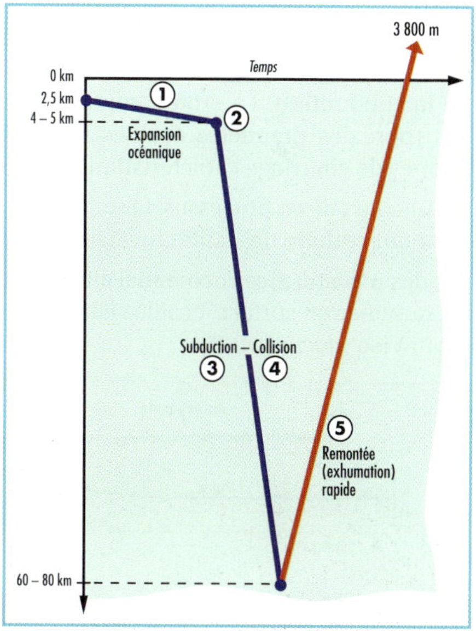

Doc. 7 – Trajet des basaltes depuis leur mise en place au niveau de la dorsale jusqu'à leur position actuelle à plus de 3 800 m d'altitude. 1. *Formation.* **2.** *Expansion océanique.* **3.** *subduction.* **4.** *Collision.* **5.** *Remontée (exhumation).*

■ Ainsi, la dorsale a cessé de fonctionner et une zone de subduction s'est initiée près de la marge africaine ; la lithosphère océanique a subducté sous la lithosphère continentale africaine. De **passive**, la marge africaine est devenue **active.**

IV La collision continentale, terme de la subduction

Lorsque toute la lithosphère océanique a subducté, les deux lithosphères continentales entrent en contact. Dans le cas de l'océan Alpin, la marge européenne a commencé par subducter sous la marge africaine. Mais la lithosphère continentale est moins dense que la lithosphère océanique, et il y a eu **blocage de la subduction**. La croûte continentale s'est alors débitée en écailles avec transport des premières **écailles** formées sur les suivantes. Il en résulte les nappes de charriage caractéristiques de la zone interne (*document 8*).

Au cours de ce processus, les failles normales de la marge européenne fonctionnent comme des failles inverses initiant les chevauchements.

Par des mécanismes encore mal élucidés, de la lithosphère océanique subduite est ramenée en surface, écaillée elle aussi, et forme des nappes comme celle du mont Viso (*document 9*).

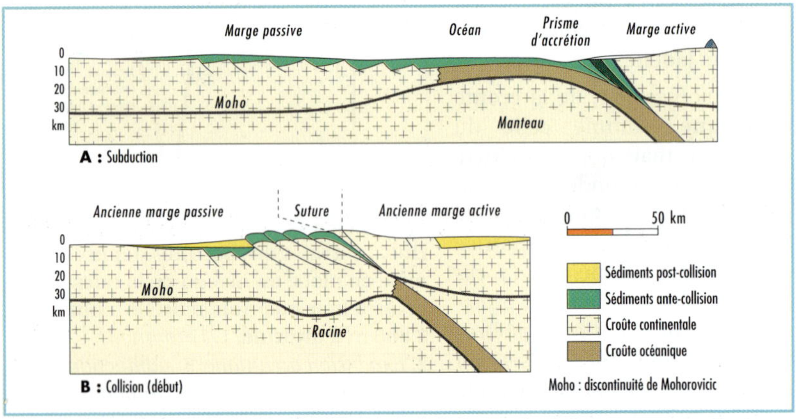

Doc. 8 – Début de collision entre une marge active et une marge passive. *Les blocs basculés de la marge passive sont transformés en écailles et en nappes de charriage par « inversion tectonique ». Le prisme d'accrétion est écrasé dans la zone de suture.*

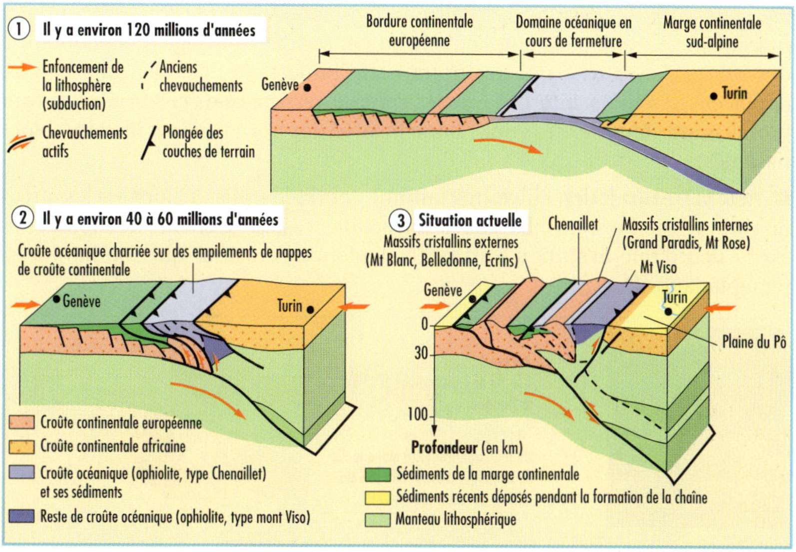

Doc. 9 – Principales étapes de la formation des Alpes. 1. *Présence de deux continents et début de fermeture d'un océan.* **2.** *Fermeture de l'océan et collision des deux marges, entraînant des déformations importantes.* **3.** *Soumis à des forces compressives considérables, le déplacement des structures est énorme.*

V Conclusion : l'histoire en cinq actes des Alpes, chaîne de collision

Acte I. Entre – 200 et – 165 millions d'années : naissance d'un océan par fracturation du continent (Pangée). Les marges de cet océan sont l'une européenne, l'autre africaine.

Acte II. Entre – 165 et – 110 millions d'années : expansion de l'océan. La largeur finale de cet océan Alpin, à la fin de son expansion donc vers le milieu du Crétacé est estimée de 1 000 à 1 500 km.

Acte III. Entre – 110 et – 80 millions d'année : arrêt de l'expansion de l'océan et mise en place d'une zone de subduction au niveau de la marge africaine qui devient active : la lithosphère océanique subducte sous la lithosphère continentale africaine.

Acte IV. Du Crétacé supérieur à la fin du Tertiaire : la lithosphère de l'océan Alpin subducte ; lorsqu'elle a entièrement disparu sous le continent africain, la marge européenne débute sa subduction : il y a collision des deux lithosphères continentales.

De cette collision résulte des déformations intenses de la lithosphère de la marge européenne avec empilement de nappes de charriage. Cela conduit à des reliefs élevés et à une racine crustale importante. Les déformations se déplacent des zones internes vers les zones externes. Dans celles-ci, elles sont moins importantes et ces zones ont conservé des traces de leur histoire (blocs basculés).

■ **Acte V. De nos jours,** l'histoire continue : après la collision, lorsque les forces de compression responsables de la surrection cessent, la chaîne de montagnes est le lieu d'une évolution tardive (étalement et érosion) qui conduira à sa pénéplanation.

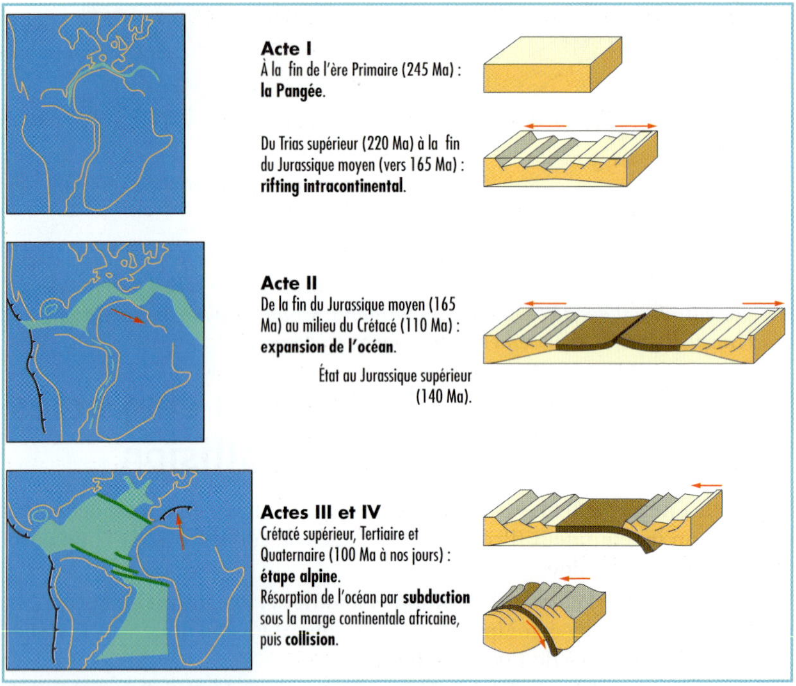

Doc. 10 – L'histoire des Alpes. *L'acte V n'est pas évoqué ici.*

Présenter un exposé sur une chaîne de collision

Tout exposé sur une chaîne de collision implique de présenter les structures qui témoignent d'un **raccourcissement** avec **épaississement** en profondeur.

Il est donc nécessaire de bien comprendre que tous les événements tectoniques — plissements, failles, charriages — sont toujours postérieurs aux dépôts des sédiments qu'ils affectent et qu'ils entraînent un raccourcissement.

Vous devez être capable de montrer qu'un pli, une faille inverse et plus encore un charriage sont des accidents engendrant de tels raccourcissements.

Bien distinguer les deux types d'ophiolites

Celles qui sont indicatrices de la présence d'une croûte océanique engendrée par une dorsale : **basaltes et gabbros** peu ou pas métamorphisés.

Celles qui sont indicatrices d'une subduction : **métagabbros à glaucophane et éclogites (métagabbros éclogitiques) à grenats et jadéite.**

Vous devez retenir le nom de ces roches et leur signification en tant que marqueur des zones de subduction.

Blocs basculés

Il faut savoir montrer en quoi l'existence de blocs basculés témoigne de la genèse de l'océan Alpin et comprendre qu'ils n'ont été préservés et ne sont donc reconnaissables que dans la partie la plus externe de la chaîne.

Bien se rendre compte que tout le reste de la marge européenne et les sédiments océaniques ont été déformés au cours de la collision, donnant les nappes de charriage : elles sont caractéristiques de la zone interne de la chaîne.

L'absence apparente de roches de la marge africaine de l'océan Alpin

Il ne faut pas s'en étonner. Dans la partie sud-est de l'océan Alpin, elle est masquée par les sédiments de la plaine du Pô. Néanmoins, les roches du massif de la Dent-Blanche avec le Cervin sont interprétées comme de la croûte continentale africaine charriée sur des ophiolites, elles-mêmes charriées sur la marge continentale européenne.

Vérifier ses connaissances

Dans les exercices 1 à 3, relevez les affirmations inexactes et corrigez-les.

1 Les ophiolites du Chenaillet…

a. montrent des basaltes en coussins.

b. montrent des gabbros.

c. montrent d'importants filons granitiques.

d. sont des témoins de la subduction ayant eu lieu au cours de l'histoire des Alpes.

e. sont charriées sur de la croûte continentale.

f. reposent sur un manteau lithosphérique. ▸ corrigé p. 247

2 Les basaltes éclogitiques du mont Viso…

a. possèdent du grenat parmi leurs minéraux.

b. sont des roches métamorphiques.

c. montrent d'importants filons granitiques.

d. sont des témoins de la phase de subduction de l'histoire alpine.

e. sont issus de roches formées initialement au niveau d'une dorsale océanique. ▸ corrigé p. 247

3 La croûte continentale des Alpes…

a. montre des structures caractéristiques de marge passive dans la zone interne de la chaîne.

b. a une épaisseur maximale dans les zones les plus externes.

c. montre à l'affleurement des roches formées avant tout événement en rapport avec la formation des Alpes.

d. peut atteindre à certains endroits plus de 50 km d'épaisseur.

e. montre dans la zone interne un empilement de nappes de charriage.

▸ corrigé p. 247

S'entraîner

Dans les exercices 4 à 8, tirez des informations du document proposé pour répondre à la question.

4 Le *document A* est un schéma très simplifié du système de blocs basculés de la zone externe des Alpes.
À partir des informations tirées de ce schéma, indiquez de façon précise quelle période de l'histoire des Alpes il évoque. ▸ corrigé p. 247

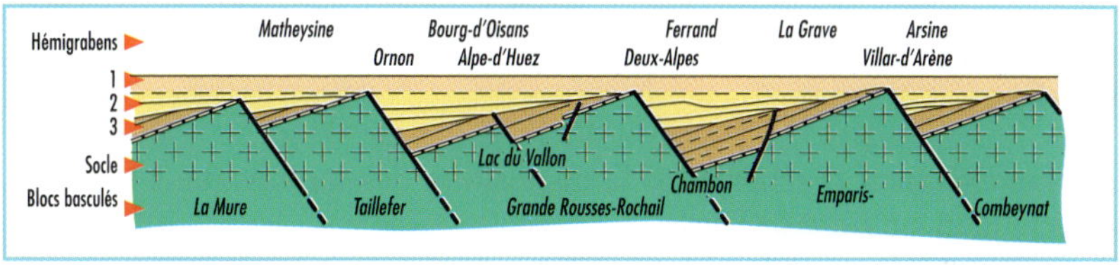

Doc. A – 1. *Mise en place après le basculement (Crétacé inférieur).* **2.** *Mise en place pendant le basculement (Lias supérieur-Jurassique supérieur).* **3.** *Mise en place avant le basculement (Trias-Lias inférieur).*

5 Le *document B* schématise des structures visibles dans la zone externe des Alpes au niveau des massifs de Belledone et des Grandes-Rousses.
À partir des informations extraites de ce document, montrez en quoi il indique deux moments clés de l'histoire des Alpes.
▸ corrigé p. 247

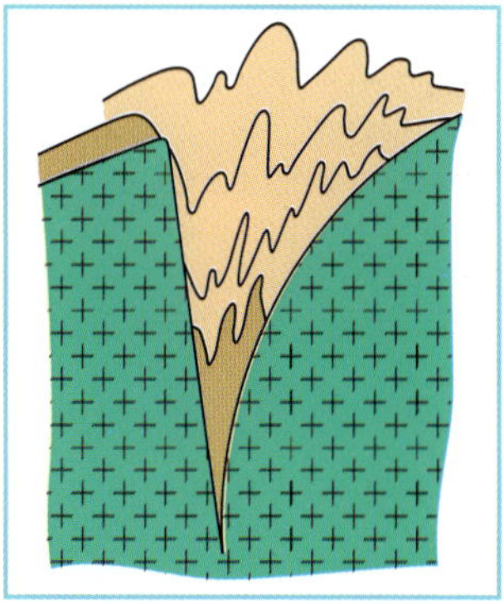

Doc. B

6 Le Dora-Maira est un massif de la zone interne des Alpes. Il est constitué de croûte continentale métamorphisée. Dans les roches de ce massif ont a trouvé de la coésite qui est une forme de silice (SiO_2) très dure et très dense qui, normalement, n'est stable que sous des pressions énormes comme celles qui existent à 100 km de profondeur.
Quels renseignements apporte la découverte de la coésite en ce qui concerne le comportement d'une partie de la croûte continentale au cours de la formation des Alpes ? ▸ corrigé p. 247

7 Le *document C* est une coupe réalisée dans les Alpes.
Donnez les noms des structures repérées (anticlinal, synclinal, faille, chevauchement, etc.) et dites si ces structures sont caractéristiques de la zone interne ou de la zone externe des Alpes. ▸ corrigé p. 248

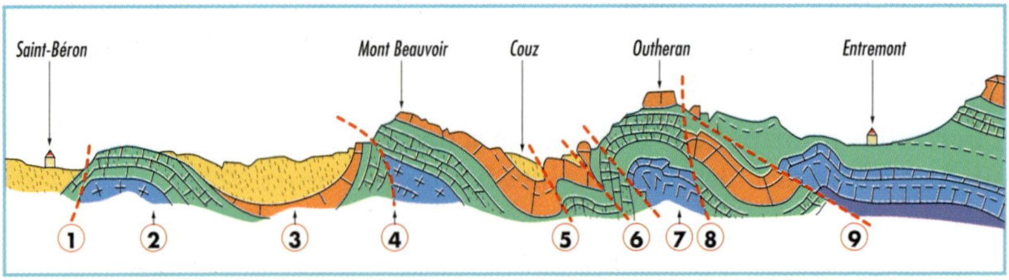

Doc. C

8 Le *document D* schématise la disposition des terrains dans la région d'Esclangon, au nord de Digne.
Donnez une interprétation à la succession des terrains. ▸ corrigé p. 248

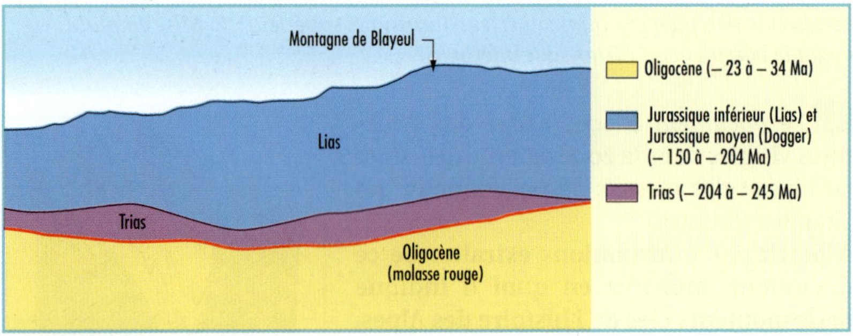

Doc. D

1 **c.** Les ophiolites, qui représentent des lambeaux de lithosphère océanique charriés sur la croûte continentale, ne montrent pas de filons granitiques.

d. Les ophiolites du Chenaillet n'ont pas subi un métamorphisme de haute pression et de basse température ; elles n'ont donc pas subi de subduction.

f. Les ophiolites comprennent de la croûte océanique au-dessus d'une péridotite mantellique mais le tout repose sur de la croûte continentale et non sur le manteau.

2 **c.** Les basaltes du mont Viso, témoins de croûte océanique métamorphisée, ne montrent pas de filons granitiques.

3 **a.** C'est dans la zone externe la moins déformée et non dans la zone interne, qu'on reconnaît des blocs basculés témoins de la marge passive européenne de l'océan Alpin.

b. La croûte continentale a une épaisseur maximale au niveau des zones internes où plusieurs unités sont charriées les unes sur les autres.

➲ Les affirmations **c**, **d** et **e** sont correctes ; en ce qui concerne l'affirmation **c**, des granites et gneiss des massifs cristallins (Mont-Blanc, Mercantour, etc.) affleurent alors qu'ils sont antérieurs à la formation des Alpes.

4 Le *document A* ne représente pas ce qui est visible actuellement mais une structure reconstituée par les géologues d'un moment de l'histoire alpine. On y voit des blocs basculés de croûte continentale délimités par des failles normales caractéristiques d'une structure extensive. Des sédiments non affectés par des failles recouvrent en discordance l'ensemble.

La phase de fracturation de la croûte continentale est donc terminée. Bien que cela ne soit pas visible sur le schéma, de la croûte océanique doit déjà s'être formée. Ce schéma représente la marge passive d'un océan Alpin en extension.

5 Ce *document B* schématise une structure actuellement visible. On y retrouve la structure en blocs basculés caractéristique de la fracturation de la croûte continentale précédant la genèse de l'océan Alpin. Les sédiments situés entre deux blocs, sont déformés, comprimés : cela est dû à la phase de collision entre la croûte continentale européenne et la croûte continentale africaine après fermeture de l'océan Alpin.

6 Puisque le massif de la Dora-Maira est de la croûte continentale et qu'il contient de la coésite, cela signifie que la croûte continentale européenne a pu subducter jusqu'à 100 km de profondeur avant d'être ramenée en surface.

7 Cette coupe a été réalisée dans la zone externe des Alpes.
1 : faille normale ; 2 : anticlinal ; 3 : synclinal ; 4 : faille inverse ;
5 : faille inverse ; 6 : faille inverse ; 7 : anticlinal ; 8 : faille normale ;
9 : faille inverse-chevauchement.

8 Puisque l'ensemble « Lias-Trias » repose sur des terrains oligocènes plus jeunes, c'est qu'ils ont été charriés après l'Oligocène. Ces terrains du Trias et du Lias se sont donc formés en dehors de la région de Digne, et des mouvements tectoniques post-oligocènes les ont amenés à chevaucher la molasse oligocène formée à Digne.

15 Événements biologiques et géologiques au cours du temps

POUR COMMENCER

► À partir de l'apparition des premiers organismes, il y a 3,5 milliards d'années au moins, l'histoire du monde vivant est marquée par un renouvellement incessant des espèces. En permanence, certaines meurent, tandis que d'autres apparaissent à partir d'espèces préexistantes.

Plus de 99 % des espèces ayant vécu sur terre ont disparu.

La durée de vie moyenne d'une espèce est de quelques millions d'années (entre deux et dix). Toutefois, les espèces qui sont de bons fossiles stratigraphiques (notamment les diverses espèces d'Ammonites) peuvent avoir une durée de vie inférieure au million d'années.

L'extinction et l'apparition d'espèces sont des traits constants de l'histoire de la vie.

► Un mode de pensée dominant dans les sciences de la Terre depuis les travaux de Charles Lyell au début du XIXe siècle est celui de l'**uniformitarisme**. Selon ce principe, il y a uniformité du rythme des événements ou gradualisme (rien ne s'est déroulé plus rapidement que ce qui est actuellement observé) et uniformité d'état (les conditions sur la Terre ont toujours été dans le passé les mêmes qu'aujourd'hui).

L'importance des phénomènes (vallées profondes, chaînes de montagnes, etc.) s'explique en prenant en compte la durée des temps géologiques. La tectonique des plaques, par exemple, s'inscrit dans cette forme de pensée uniformitariste : l'expansion actuelle au niveau de la dorsale atlantique, étendue sur 100 millions d'années et plus, suffit à rendre compte de la largeur de l'océan Atlantique.

L'uniformitarisme met donc l'accent sur le caractère graduel des transformations de la planète.

► À l'uniformitarisme s'oppose le **catastrophisme**. Il a connu son heure de gloire au début du XIXe siècle avec les travaux de Georges Cuvier qui interprétait les changements de faune constatés dans les couches du sous-sol du Bassin parisien comme la conséquence de catastrophes gigantesques durant lesquelles toutes les espèces disparaissaient et de nouvelles étaient créées (mode de pensée créationniste).

Plus on étudiait les fossiles, plus on était amené à multiplier le nombre de catastrophes. Avec la théorie de l'évolution de Darwin, le catastrophisme fut banni en tant que système explicatif de l'histoire de la Terre et de l'histoire de la vie. L'exploration des planètes du système solaire, de la Lune à partir des années 1960 a contribué au renouveau du catastrophisme. En effet, les surfaces de la Lune, de Mercure et de Mars sont criblées de cratères dont les caractéristiques impliquent qu'ils résultent de l'impact de météorites. Il n'y avait aucune raison de penser que la Terre avait été préservée de tels impacts. Effectivement, on en découvrit un certain nombre, traduisant des impacts d'importance telle, qu'ils ont pu être à l'origine de catastrophes susceptible d'influencer la vie.

► L'étude du couplage des événements biologiques et géologiques du programme s'inscrit dans ce débat entre uniformitarisme et catastrophisme. Elle est en effet axée sur la discussion de la **notion de crise biologique,** à savoir de périodes d'extinction de masse d'êtres vivants, inhabituelles et engendrées par des événements catastrophiques, d'ampleur inconnue aujourd'hui.

I La coupure Crétacé-Paléocène

Au XIXe siècle, les études conduites dans le bassin de Paris et le bassin de Londres ont conduit à reconnaître, à partir de données paléontologiques, une grande coupure dans l'histoire de la Terre, entre l'ère Secondaire et l'ère Tertiaire (entre le Crétacé et le Paléocène). Les faunes marines des terrains recouvrant la craie étaient très différentes de celles des terrains crayeux : absence d'Ammonites, de Bélemnites, etc. Ce changement majeur de faune, avec le triomphe de la pensée uniformitariste, n'a toutefois pas été interprété comme la traduction d'une crise du monde vivant, mais comme la conséquence d'une lacune de sédimentation, correspondant à une durée importante à l'échelle des temps géologiques.

À partir des années 1970, des études dans des régions du monde où **le dépôt des sédiments a été continu**, ont permis une nouvelle approche de la signification de ce changement majeur de faune ce qui a conduit à établir le concept d'extinction de masse, de crise biologique. En même temps, cette idée fut accompagnée d'études révélant des phénomènes exceptionnels ayant affecté l'histoire de la Terre.

II Le repérage de la limite Crétacé-Paléocène : la couche à iridium

■ **La première condition** pour pouvoir discuter de la réalité ou non d'une crise biologique à un moment donné est d'analyser des séries sédimentaires où la sédimentation a été continue, sans interruption.

■ **La seconde condition** est d'avoir un marqueur indépendant du monde vivant qui permette de situer la limite Crétacé-Paléocène sans ambiguïté. Ce marqueur (*documents 1a et 1b*) est l'existence d'un niveau riche en iridium dans les séries sédimentaires. On admet que cette anomalie géochimique est synchrone pour l'ensemble de la planète : elle marque de façon quasi absolue (**– 65 millions d'années**) la limite Crétacé-Paléocène (K-T) et permet l'analyse comparative des fossiles dans les couches des terrains situés de part et d'autre.

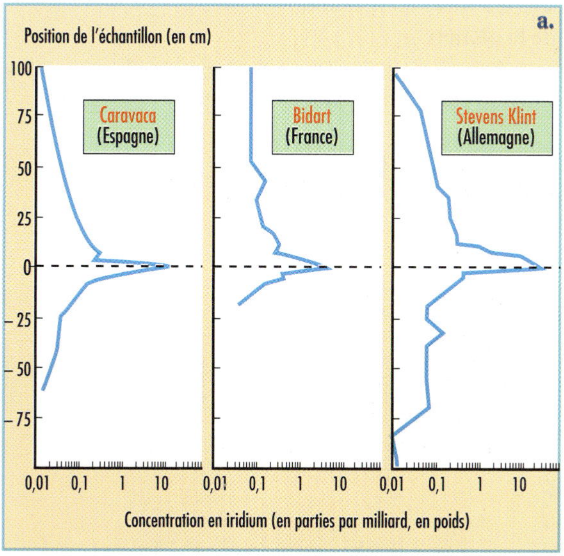

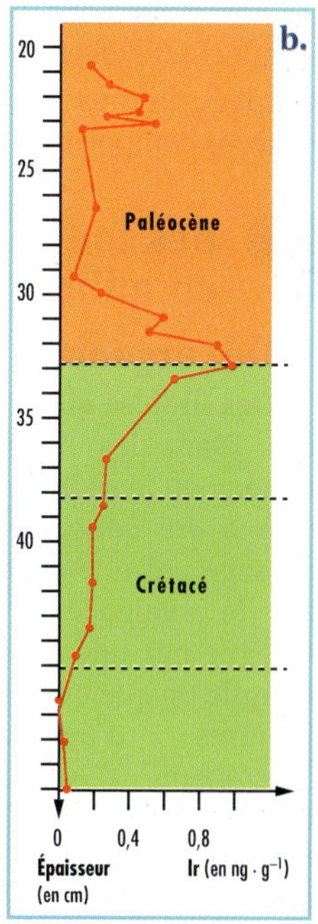

Doc. 1 – a. *Lieux, aujourd'hui émergés, où la sédimentation a été ininterrompue pendant la crise Crétacé-Paléocène et concentration en iridium.* **b.** *Sédiments océaniques et concentration en iridium (forage en mer des Caraïbes).*

➲ La limite Crétacé-Paléocène ou Crétacé-Tertiaire est souvent appelée limite K-T.

III La réalité de la crise biologique Crétacé-Paléocène

1 Les critères à rechercher

On ne peut parler de crise biologique que si les données paléontologiques révèlent l'existence de changements nettement plus importants que le renouvellement permanent des espèces.

Il faut que les extinctions :

– concernent des **groupes nombreux et divers** d'êtres vivants **aussi bien marins que continentaux ;**

– soient relativement **synchrones et soudaines**, c'est-à-dire se déroulant pendant une durée brève à l'échelle des temps géologiques (quelques centaines de milliers à quelques millions d'années au maximum) ;

– affectent l'**ensemble de la planète** ;

– soient le plus souvent suivie d'une période ou l'**apparition de nouvelles espèces** l'emporte de beaucoup sur les extinctions habituelles.

2 Des indices d'une crise biologique en milieu marin

a. Des organismes unicellulaires affectés

■ **Des indices quantitatifs**. Dans les diverses régions où la sédimentation a été continue, le passage entre le Crétacé et le Paléocène se marque par une **couche d'argile** de quelques millimètres d'épaisseur (*document 2a*) séparant des calcaires ou des marnes calcaires. Cela traduit un arrêt ou une forte diminution de la sédimentation calcaire pendant une brève période (*document 2b*).

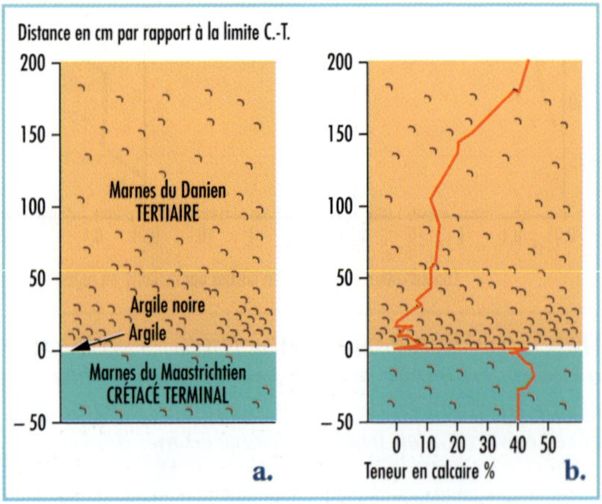

Doc. 2 – Le changement de sédimentation à la limite Crétacé-Paléocène. *On notera la chute brutale de la sédimentation.*

Or, les calcaires situés de part et d'autre de la couche d'argile sont essentiellement constitués par l'accumulation de tests de microfossiles : Foraminifères (animaux unicellulaires) et Coccolites (anneaux calcaires de quelques microns fabriqués par des algues unicellulaires).

La chute brutale de la teneur en calcaire des sédiments à la limite Crétacé-Paléocène traduit une diminution considérable des dépôts de Coccolites et de tests de Foraminifères, diminution qui peut être attribuée à une raréfaction de ces micro-organismes planctoniques dans les eaux océaniques à cette période.

Cette donnée quantitative plaide en faveur de l'existence d'une crise biologique à cette époque.

■ **Des indices qualitatifs**. Les géologues ont identifié les diverses espèces de Foraminifères présentes dans les couches du Crétacé et du Paléocène. Alors que durant le Crétacé, il y a un renouvellement graduel des espèces, on constate qu'à la limite Crétacé-Paléocène, 90 % des espèces de Foraminifères planctoniques disparaissent **brutalement**. En très grande majorité, de nouvelles espèces apparaissent au début du Tertiaire, caractérisées notamment par une taille réduite (*document 3*).

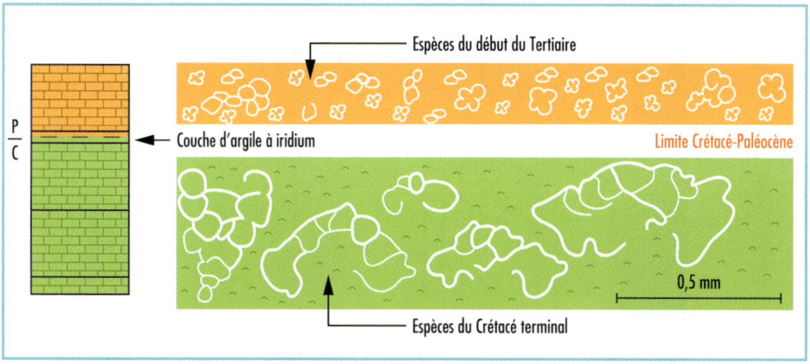

Doc. 3 – Renouvellement brutal des espèces de Foraminifères planctoniques à la limite Crétacé-Paléocène.

b. Des Invertébrés macroscopiques marins affectés : l'extinction des Ammonites

Pour tous les sites étudiés, aucune Ammonite ne se retrouve dans les terrains situés au-dessus de la couche à iridium : elles disparaissent totalement (extinction du groupe). Alors que jusque vers le milieu des années 1980, l'idée du déclin progressif était largement dominante, celle de l'extinction brutale prend de plus en plus de consistance, à la faveur de nouveaux travaux (*document 4*).

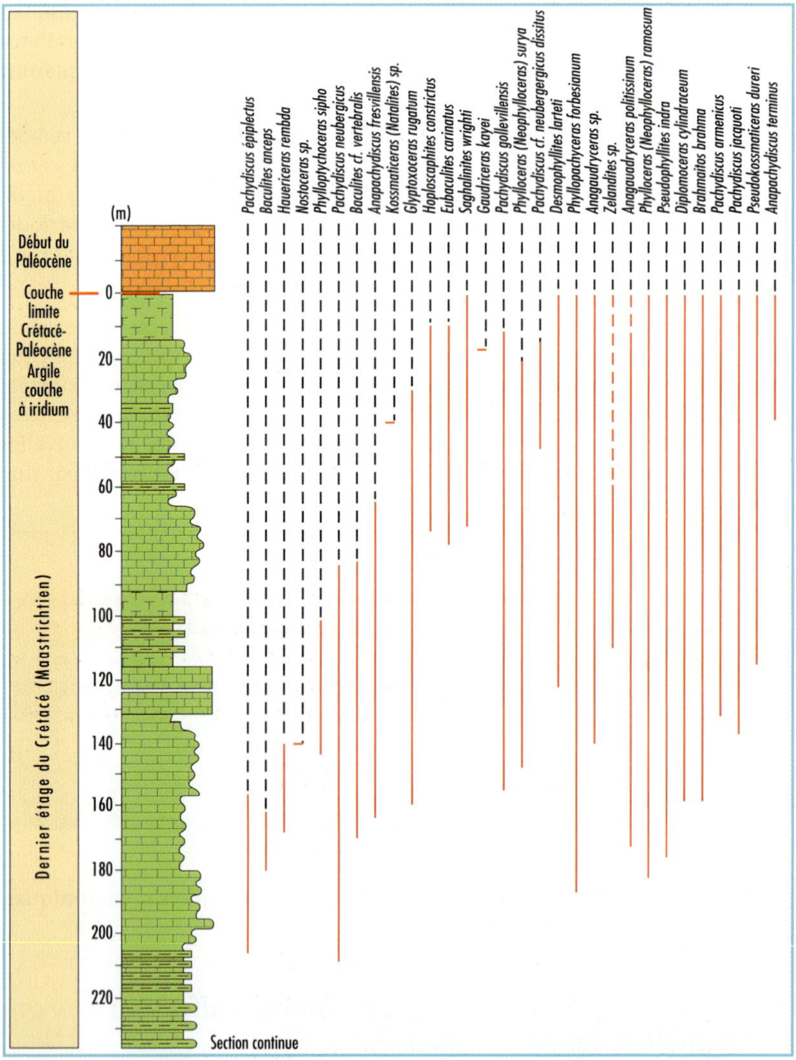

Doc. 4 – Diversité des Ammonites durant les cinq millions d'années du Crétacé terminal (étage Maastrichtien) dans des régions à sédimentation continue. *À noter l'absence de toute espèce d'ammonite au Paléocène (------) ; le renouvellement des espèces durant le Crétacé terminal et le maintien d'une dizaine d'espèces donc d'une certaine diversité jusque vers la fin (——) ; l'extinction soudaine de cette dizaine d'espèces près de la limite Crétacé-Paléocène.*

Des chercheurs ont découvert 30 spécimens appartenant à 9 espèces dans le dernier mètre des terrains situés sous la couche limite (Pays basque), ce qui indique le maintien d'une réelle diversité des Ammonites jusqu'à l'extrême fin du Crétacé.

Cela conforte la réalité de l'existence d'une crise biologique en milieu marin.

c. La sélectivité des extinctions en milieu marin

- Si les Foraminifères planctoniques (vivant dans les premières centaines de mètres des eaux océaniques) sont touchés à 90 % par les extinctions, les Foraminifères benthiques (vivant sur le fond) ont été, en revanche, très peu affectés, car on retrouve dans les terrains de la base du Tertiaire de nombreuses espèces du Crétacé terminal.
- Les Nautiloïdés, mollusques Céphalopodes, proches des Ammonites ne montrent aucun signe d'extinction à la limite K-T.

3 Des indices d'une crise biologique en milieu continental

a. Des changements affectent la flore

Les microfossiles, spores des Mousses et des Fougères, grains de pollen des plantes à fleurs contenus dans les sédiments lacustres, apportent beaucoup de renseignements. On constate (*document 5*) dans la couche à iridium et dans les quelques centimètres de sédiments qui la surmontent, une augmentation considérable du pourcentage de spores par rapport au grains de pollen. Cette

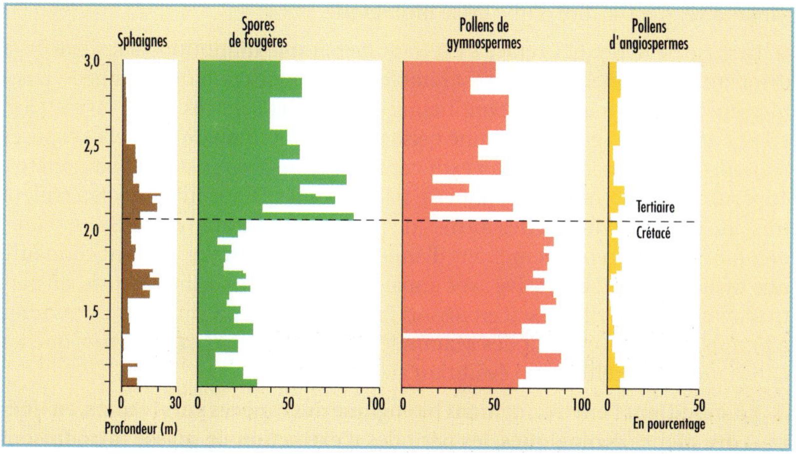

Doc. 5 – Pourcentage de spores parmi les microfossiles (spores + pollens).

augmentation n'est que transitoire. Ce « pic de spores » à la limite Crétacé-Paléocène traduit une crise biologique brutale du monde végétal terrestre, qui est aussi révélée par l'extinction de 30 à 40 % des espèces de plantes à fleurs.

b. L'extinction des Dinosaures

Les Dinosaures sont apparus il y a 230 millions d'années vers la fin du Trias, et se sont définitivement éteints à la fin du Crétacé.

Les données paléontologiques les plus récentes permettent d'affirmer que leur disparition, synchrone avec celle des Ammonites, a été soudaine à l'échelle des temps géologiques.

c. La sélectivité des extinctions en milieu continental

Si les Dinosaures disparaissent, la plupart des autres groupes d'Amniotes persistent sans extinctions notables (Crocodiles, Lézards, Serpents, etc.). D'une façon générale, les communauté animales qui habitaient les eaux douces furent peu affectées. En ce qui concerne les Mammifères, de nombreuses espèces de Marsupiaux et à un degré moindre de Placentaires disparaissent, mais plusieurs espèces survivent.

4 Bilan

- La disparition quasi simultanée à l'échelle des temps géologiques et sur l'ensemble de la planète des Dinosaures, de nombreuses espèces de plantes à fleurs en milieu continental, des Ammonites et des Foraminifères planctoniques en milieu marin, confirme la réalité d'une **extinction massive à l'échelle planétaire**, c'est-à-dire d'une **crise biologique**.

- La crise de la fin du Crétacé s'est traduite par une diminution sélective de la diversité biologique. Celle-ci s'est rétablie en quelques millions d'années, aussi bien en domaine marin que continental, à partir des espèces ayant survécu à la crise. L'après-crise est suivie d'une période où l'apparition de nouvelles espèces l'emporte de beaucoup sur les extinctions habituelles. Ainsi, les Mammifères, apparus il y a 210 millions d'années, peu après les Dinosaures, se diversifient très peu et sont réduits à des formes de petite taille durant tout le Secondaire ; pendant les dix premiers millions d'années de l'ère Tertiaire, ils vont connaître une **diversification explosive** avec apparition de tous les ordres actuels, en particulier celui des Primates. Il en ressort l'idée que la disparition des Dinosaures a permis le succès évolutif des Mammifères au Tertiaire et, *a contrario*, que les Dinosaures ont freiné cette évolution au Secondaire.

- **En modifiant l'environnement biologique des espèces survivantes, en libérant des niches écologiques, les périodes d'extinction de masse introduisent des ruptures et jouent un rôle moteur dans l'évolution du vivant.**

IV Des phénomènes géologiques catastrophiques contemporains de la crise biologique

1 Réalité d'un impact météoritique

L'iridium est un élément rare dans la croûte terrestre et relativement abondant dans les météorites. Dès sa découverte en 1980, le **pic d'iridium** de la couche limite Crétacé-Paléocène a été interprété comme résultant d'un énorme impact météoritique. La vaporisation de l'astéroïde lors de l'impact, aurait dispersé dans la stratosphère la matière météoritique riche en iridium, retombée ensuite sur l'ensemble de la planète. De nombreuses observations ont, par la suite, confirmé cette hypothèse : présence dans la couche limite de **quartz choqués, de gouttelettes de roches fondues, de magnétites nickélifères**.

Ces magnétites nickélifères proviennent de la fusion d'une roche riche en nickel dans un milieu oxydant ; elles sont symptomatiques du passage d'une météorite dans l'atmosphère terrestre. Leur concentration dans quelques millimètres de la couche limite (*document 6*), souligne la brièveté de l'événement à l'origine de leur mise en place.

De plus, on a découvert **un cratère d'impac**t de 200 km de diamètre dans le golfe du Mexique, enfoui sous 1 km de sédiments tertiaires et vieux de 65 millions d'années.

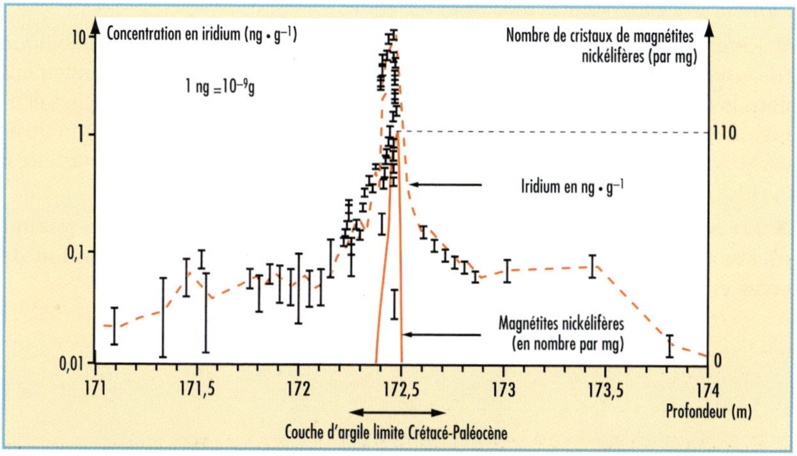

Doc. 6 – Distribution de l'iridium et des magnétites nickélifères. *(D'après Robin et al., 1991.)*

2 Réalité d'une activité volcanique intense à la limite Crétacé-Paléocène

Les trapps du Deccan, en Inde, sont formés par un **empilement de couches basaltiques** dont l'épaisseur totale est comprise entre 2 000 et 3 000 mètres, et ce, sur une superficie comparable à celle de la France.

Leur datation indique qu'elles se sont épanchées à la limite Crétacé-Paléocène en un laps de temps inférieur à un million d'années, temps très court à l'échelle des temps géologiques.

V Conclusion relative à la crise Crétacé-Paléocène

■ Les extinctions biologiques brutales, étendues à l'ensemble de la planète, de la limite Crétacé-Paléocène, sont corrélées dans le temps à des phénomènes géologiques inhabituels, non graduels, catastrophiques, ayant affecté la planète : un impact météoritique énorme, une activité volcanique intense.

On peut penser que cette crise biologique est le résultat de la superposition de ces événements géologiques brutaux.

■ En modifiant considérablement et durablement — à l'échelle de la vie de ces organismes — le climat (ensoleillement, température, composition de l'atmosphère), ces cataclysmes géologiques auraient fortement perturbé le fonctionnement des écosystèmes marins et terrestres.

■ Cette période de crise a entraîné une diminution de la diversité biologique (*document 7*) mais aussi, par suite de sa **sélectivité**, un profond changement dans la biosphère. Les groupes ayant survécu à la crise trouvent des niches écologiques libérées et on constate que certains d'entre eux se diversifient considérablement après la crise. C'est le cas des Mammifères au début du Tertiaire à la suite de la disparition des Dinosaures.

■ **En entraînant une rupture dans l'histoire du monde vivant, les phénomènes géologiques brutaux et catastrophiques ont modifié l'évolution de celui-ci.**

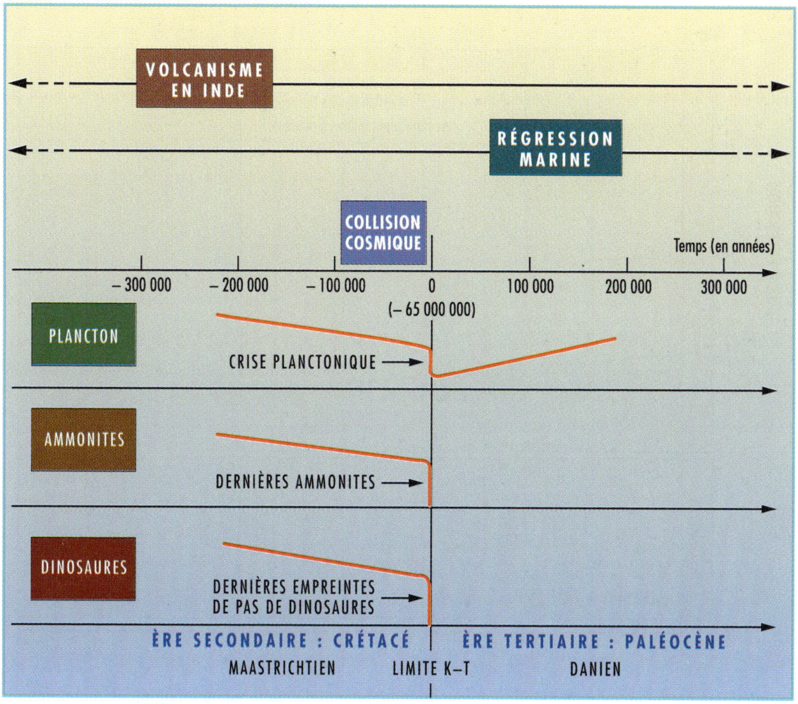

Doc. 7 – Les événements géologiques majeurs de la fin de l'ère Secondaire et du début de l'ère Tertiaire. *Ils sont représentés avec la même échelle de temps : le volcanisme du Deccan, la régression marine et la collision cosmique de la limite K-T proprement dite. (D'après Robert Rocchia et Éric Robin,* Pour la Science, *Dossier « La vie des espèces » fig. 8, p. 109. in « L'origine extraterrestre de la crise Crétacé-Tertiaire ».)*

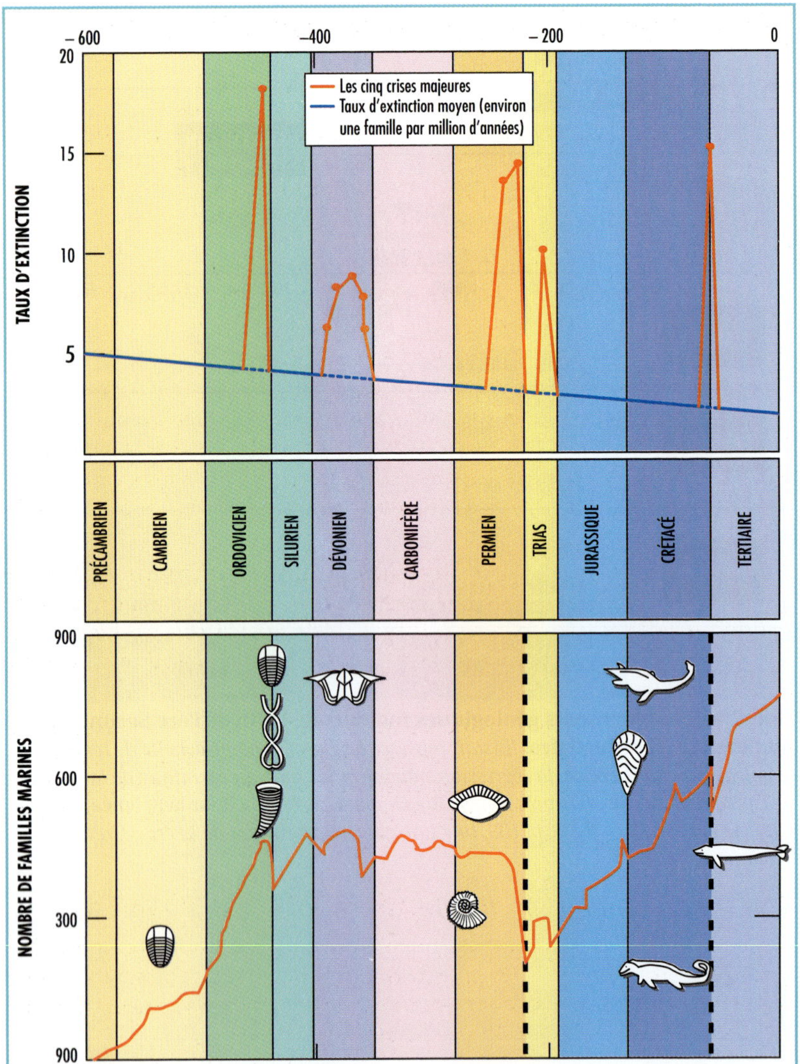

Doc. 8 – Évolution de la diversité des espèces (bas) et variation des taux d'extinction (haut) au cours des temps. *(D'après V. Courtillot,* La vie en catastrophes, *Fayard, 1995.)*

VI Les crises au cours de l'histoire de la Terre

La crise de la fin du Crétacé est la plus récente des crises jalonnant l'histoire du monde vivant au cours des 500 derniers millions d'années ; la plus meurtrière fut sans doute celle qui eut lieu à la fin de l'ère Primaire, il y a 250 millions d'années.

1 La crise de la fin du Permien

■ Marquée par **la fin des Trilobites**, elle est responsable à la limite Permien-Trias de la **disparition** de la moitié des familles, de 70 % des genres et de plus de **90 % des espèces marines** (*document 8*).

■ À la limite Permien-Trias s'est produit un épisode volcanique de très grande intensité, à l'origine des **trapps de Sibérie** qui couvrent actuellement une surface de 350 000 km^2 sur une épaisseur pouvant atteindre 3 700 m ; le volume de ces coulées basaltiques a dû dépasser à l'origine les 2 millions de km^3. Leur mise en place, datée de 250 millions d'année, s'est déroulée en moins d'un million d'années.

■ Le couplage entre cet événement géologique majeur et l'extinction de masse qui caractérise la fin du Permien est évident ; l'activité volcanique de type explosif au début des éruptions, avec émission de cendres et de soufre, permet d'imaginer des conséquences climatiques importantes à l'origine de la crise biologique.

■ Il y a beaucoup de ressemblances entre les deux grandes crises de la fin du Permien et de la fin du Crétacé : l'éruption rapide d'énormes quantités de basaltes continentaux coïncide avec deux crises biologiques. À noter une différence importante : **aucun impact météoritique majeur datant de la fin du Permien n'a pu être découvert.**

2 Les crises des 500 derniers millions d'années

■ Le *document 8* montre une augmentation globale du nombre de familles marines à l'ère Primaire, durant 200 millions d'années, sauf pendant deux crises : l'une à la limite Ordovicien-Silurien (**−440 millions d'années**), l'autre à la fin du Dévonien (**− 370 millions d'années**).

■ La fin du Primaire est marquée par la grande crise **Permo-Trias** suivie d'une reprise de la diversification des familles dont le nombre augmente à nouveau. Une nouvelle crise survient à la limite **Trias-Jurassique** puis le nombre de familles dépasse celui atteint pendant l'ère Primaire.

■ Enfin, survient la crise qui marque la fin de l'ère Secondaire, la crise **Crétacé-Paléocène**.

À propos des crises biologiques

■ Quand on parle de crise biologique, on doit toujours avoir en tête l'échelle de temps considérée. Un impact météoritique, une éruption volcanique sont instantanés à l'échelle d'une vie humaine. En revanche, à cette même échelle, les conséquences de ces phénomènes peuvent être de longue durée.

À l'échelle des temps géologiques, ces manifestations et leurs conséquences sont instantanées.

■ La discussion sur les **Ammonites** et les **Dinosaures** en liaison avec la notion de crise biologique doit porter sur la diminution graduelle de leur diversité ou sur leur extinction brutale. Pendant longtemps, à cause de la relative rareté de ces fossiles l'idée d'extinction progressive a été en vogue. Aujourd'hui, avec les nouvelles découvertes de fossiles, l'existence d'Ammonites et de Dinosaures variés près de la couche limite à iridium, incite à parler **d'extinction brutale** à l'échelle des temps géologiques.

À L'examen

■ Dans un sujet portant sur le couplage des événements biologiques et géologiques, **ne pas mêler phénomènes biologiques** et géologiques mais montrer :

- la réalité de la crise biologique ;
- l'association dans le temps avec des phénomènes géologiques catastrophiques ;
- comment les phénomènes géologiques ont pu être à l'origine de la crise biologique.

■ Ne pas essayer d'attribuer plus d'importance dans le déclenchement de la crise biologique au volcanisme ou à l'impact météoritique.

■ Bien voir que les autres crises, bien qu'établies, sont moins nettement délimitées temporellement car on ne dispose pas de marqueur, tel l'iridium, qui soit indépendant de la paléontologie. C'est pour cela que ces crises paraissent s'étaler sur plusieurs millions d'années.

■ En dehors du volcanisme et d'impacts météoritiques, **d'autres phénomènes géologiques** sont évoqués pour expliquer les crises, en particulier des modifications climatiques pouvant être associés à des régressions ou des transgressions marines.

Vérifier ses connaissances

Dans les exercices 1 à 6, relevez les affirmations inexactes et corrigez-les.

1 Les Ammonites…

a. sont des vertébrés marins.
b. voient leur diversité (nombre d'espèces) diminuer graduellement au cours du Crétacé.
c. sont de bons fossiles stratigraphiques.
d. ont servi à dater relativement les terrains du Paléocène. ▸ corrigé p. 266

2 La couche à iridium…

a. est un marqueur de la limite Crétacé-Paléocène (K-T).
b. a été trouvée uniquement dans les sédiments océaniques.
c. correspond à un intervalle de temps de plusieurs millions d'années.
d. est un indice en faveur de l'existence d'un impact météoritique à la limite K-T.
e. marque également la limite entre le Permien et le Trias. ▸ corrigé p. 266

3 L'interruption de la sédimentation calcaire par une couche d'argile à la limite Crétacé-Paléocène…

a. est due à la disparition des Ammonites.
b. est due à la dissolution des calcaires à la limite Crétacé-Paléocène.
c. est due au renouvellement des espèces de Foraminifères.
d. traduit une chute considérable des populations de micro-organismes planctoniques à la limite K-T. ▸ corrigé p. 266

4 Les Dinosaures…

a. sont des Vertébrés tétrapodes amniotes.
b. sont plus apparentés aux Oiseaux qu'aux Lézards et aux Serpents.
c. ont un nombre d'espèces diminuant graduellement tout au long du Crétacé. ▸ corrigé p. 266

5 Les magnétites nickélifères…

a. sont abondantes dans les couches calcaires du Crétacé.
b. sont abondantes dans les roches volcaniques.
c. ont causé la disparition des Foraminifères. ▸ corrigé p. 266

6 Pour pouvoir parler de crise biologique, il faut...

a. la disparition de plusieurs espèces en un endroit défini de la planète.

b. la disparition quasi instantanée, à l'échelle géologique, de nombreuses espèces et cela en milieu marin.

c. la disparition d'un grand nombre d'espèces appartenant à tous les groupes d'êtres vivants. ▸ corrigé p. 266

S'entraîner

7 Le *document A* apporte un certain nombre de précision sur les trapps du Deccan. Les trapps du Deccan en Inde constituent un empilement d'environ 2 400 mètres de coulées basaltiques sur une surface comparable à celle de la France.

Extraire du document les informations permettant de reconnaître la limite Crétacé-Paléocène et de dégager la réalité de deux phénomènes géologiques associés à la crise biologique ayant eu lieu à cette époque. ▸ corrigé p. 267

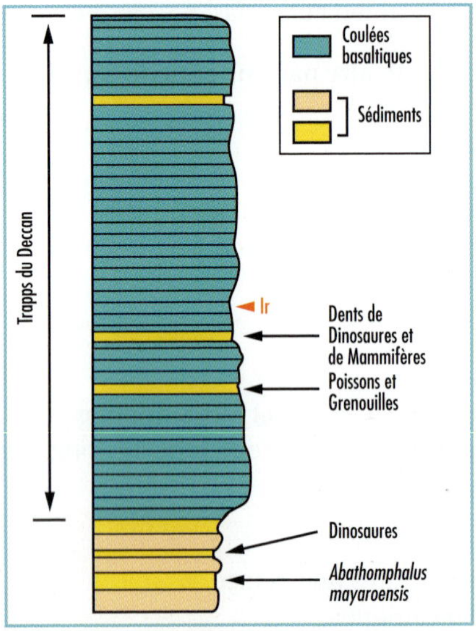

Doc. A – Synthèse des données pétrographiques et paléontologiques. *La coulée inférieure repose sur des sédiments qui contiennent des microfossiles, en particulier des Foraminifères (Abathomphalus mayaroensis) caractéristiques du Crétacé supérieur. Une teneur élevée en iridium (Ir) a été mesurée entre deux coulées basaltiques et ne se retrouve à aucun autre niveau.*

8 Le *document B* est relatif à une série sédimentaire de la région d'El-Kef, en Tunisie, dans laquelle on a identifié diverses espèces de Foraminifères planctoniques du Crétacé terminal et du début du Tertiaire.

Tirez du *document B* des arguments en faveur d'une crise biologique à la limite Crétacé-Paléocène. corrigé p. 267

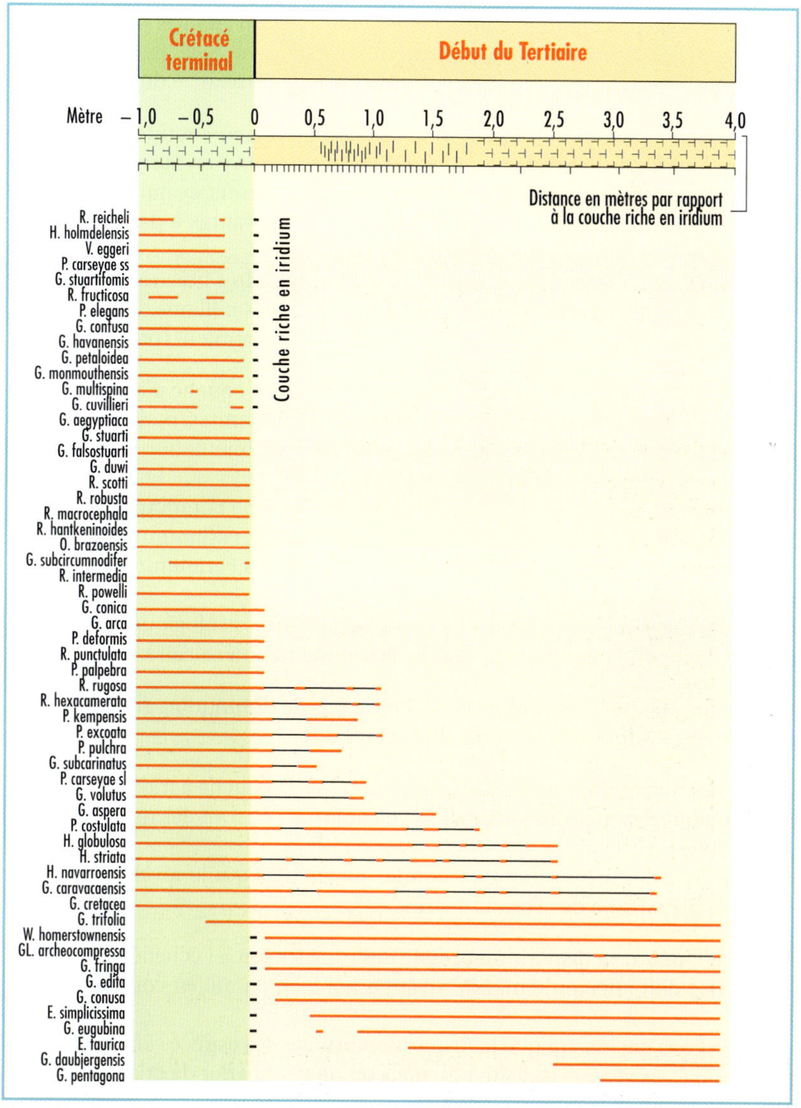

Doc. B – Synthèse des données pétrographiques et paléontologiques.

1 a. Les Ammonites ne sont pas des Vertébrés ; ce sont des Mollusques Céphalopodes (comme la seiche ou le calmar).
b. Les études récentes indiquent que la diversité (nombre d'espèces) des Ammonites n'a pas diminué graduellement au cours du crétacé.
d. Puisque les Ammonites disparaissent brutalement à la limite Crétacé-Paléocène, elles n'ont pu servir à établir la chronologie relative du Paléocène.

2 b. La couche à iridium a été trouvée aussi en milieu continental, notamment en Amérique du Nord ; toutefois, on ne l'a pas trouvé en Europe et notamment en France dans les terrains sédimentaires non marins, ce qui rend difficile la discussion sur la brutalité de l'extinction des Dinosaures à partir des gisements riches en fossiles du Sud-Est de la France.
c. La durée de la formation de la couche à iridium est très brève à l'échelle des temps géologiques, certainement inférieure à quelques millions d'années.
e. On ne connaît pas de couche à iridium à la limite Permien-Trias.

3 a. Les sédiments calcaires de part et d'autre de la couche d'argile ne sont pas constitués par l'accumulation de coquilles d'Ammonites, mais par celle de Foraminifères et de Coccolites. L'interruption de la sédimentation calcaire n'est donc pas due à la disparition des Ammonites.
b. Rien ne permet de dire que la raréfaction des tests de Foraminifères est due à leur disparition par dissolution avant le dépôt. C'est la diminution considérable de leur nombre et donc celle des populations des Foraminifères planctoniques qui en est la cause.
c. Le renouvellement des espèces à l'échelle des temps géologiques est permanent et n'entraîne pas l'interruption de la sédimentation calcaire.

4 c. Comme pour les Ammonites, il n'y a pas de diminution graduelle de la diversité des Dinosaures au cours du Crétacé.

5 a. Les magnétites nickélifères sont limitées à la couche à iridium.
b. Elles sont très rares dans les roches volcaniques ; ce sont des marqueurs des météorites.
c. C'est l'impact météoritique et non les magnétites qui le révèlent qui a pu causer la disparition des Foraminifères.

6 a. Il faut que la disparition brutale des espèces soit à l'échelle planétaire.
b. La crise doit affecter le monde vivant aussi bien en milieu continental que marin.
c. Il n'est pas nécessaire que la disparition brutale des espèces affecte tous les groupes d'êtres vivants (sélectivité), mais on ne peut parler de crise biologique que si de nombreux groupes sont atteints.

7 Le pic à iridium révèle la limite Crétacé-Paléocène.
Les trapps du Deccan indiquent un volcanisme extrêmement important ; les basaltes qui les constituent sont postérieurs à la couche à *Abatomphalus* datée du Crétacé supérieur et ils encadrent la couche à iridium. Tout cela indique un volcanisme intense à la limite Crétacé-Paléocène.
La couche à iridium, outre le fait qu'elle date de façon précise la limite Crétacé-Paléocène, est révélatrice d'un impact météoritique.
Ces deux événements catastrophiques ont pu provoquer la crise biologique révélée dans la région du Deccan par la disparition des Dinosaures.

8 La couche à iridium permet de repérer la limite Crétacé-Paléocène. On constate la disparition de nombreuses espèces de Foraminifères à cette limite ainsi que l'apparition de plusieurs nouvelles espèces au début du Paléocène. Ce renouvellement brutal et non graduel des espèces de Foraminifères est un indice d'une crise biologique.

ENSEIGNEMENT DE SPÉCIALITÉ

16 Du passé géologique à l'évolution future de la planète

POUR COMMENCER

► Cette partie du programme porte sur l'étude des climats passés, selon deux échelles de temps différentes : l'une de l'ordre de **centaines de milliers** d'années, l'autre de **dizaines de millions** d'années. On envisage d'une part les indices qui renseignent sur les caractéristiques des climats passés et, d'autre part, les causes à l'origine des variations climatiques.

Les indices du climat sont physico-chimiques et géologiques :

– **Les indices physico-chimiques** reposent sur la mesure des proportions d'isotopes stables non radioactifs de l'oxygène dans les glaces du passé et dans les coquilles de fossiles. Il faut donc avoir à l'esprit les propriétés des isotopes d'un élément : même propriétés chimiques, mais propriétés physiques différentes, en particulier en ce qui concerne le comportement en fonction de la température.

– **Les indices géologiques** reposent sur l'application du principe de l'actualisme : quand on trouve dans des formations géologiques anciennes des dépôts, qui ne se forment actuellement que dans des conditions climatiques précises (par exemple, les moraines des glaciers), on estime que les mêmes conditions existaient dans le passé.

► Les facteurs déterminant **les climats du passé** sont ceux qui régissent aussi le climat actuel. C'est leur intensité qui a varié au cours de l'histoire de la Terre. Il faut donc garder à l'esprit les notions relatives au climat actuel, autrement dit, connaître les facteurs régissant aujourd'hui le climat « moyen » de la Terre.

► **La température moyenne** à la surface de la Terre dépend de l'énergie reçue et de l'énergie perdue. Le flux de chaleur interne est négligeable par rapport au flux solaire. Mais l'énergie solaire n'intervient dans la température de la surface terrestre que dans la mesure où elle est absorbée par cette surface. Une partie de cette énergie ne chauffe pas la Terre car elle est réfléchie. **L'albédo** désigne le pourcentage de l'énergie incidente (reçue) qui est réfléchie. Les différentes régions de la surface terrestre ont des albédos différents : celui des surfaces neigeuses est élevé, alors que celui des eaux océaniques est faible. En conséquence, toute augmentation de la surface des calottes glaciaires entraîne une diminution de la quantité d'énergie solaire absorbée et accentue donc le refroidissement général.

La surface terrestre perd de l'énergie par convection (mouvements de l'air), par évaporation et surtout par émission d'un rayonnement infrarouge. Celui-ci est absorbé par les gaz à **effet de serre** de l'atmosphère : essentiellement de la vapeur d'eau, du dioxyde de carbone et du méthane. L'atmosphère émet elle-même un rayonnement infrarouge dont une partie vers la surface terrestre, ce qui contribue à chauffer cette dernière. En l'absence d'effet de serre, la température moyenne de la surface terrestre serait de − 18 °C au lieu de + 15 °C.

▶ **Les changements climatiques** peuvent être engendrés :

– par des variations de l'énergie solaire reçue et absorbée par la surface terrestre, qui trouvent leur origine soit dans l'activité solaire elle-même, soit dans des changements de l'orbite terrestre (excentricité de l'orbite, inclinaison de l'axe de rotation de la Terre) ;

– par des variations de l'effet de serre dues aux changements de composition de l'atmosphère ;

– par des variations de l'albédo.

▶ Les changements climatiques peuvent retentir sur le **niveau des océans**. Étant donné que le volume d'eau global de la planète peut-être considéré comme constant, tout piégeage sous forme de **glace** abaisse le niveau des mers.

Par suite de la dilatation de l'eau lorsque la température augmente, un réchauffement des eaux océaniques entraîne une élévation du niveau marin.

Mais ce niveau des mers ne dépend pas que du climat. Il est également tributaire du volume des bassins océaniques, lequel peut varier à la suite des changements de l'activité interne de la Terre.

I Les changements de climat des 700 000 dernières années

1 Les archives du climat

a. Les régions polaires

Les glaces, indicatrices de changements de température

Les glaces polaires se forment à partir de l'accumulation de neige au cours des années. Des carottages dans les calottes de l'Antarctique et du Groënland permettent de prélever des échantillons de glace jusqu'à 3 000 mètres de profondeur et diverses techniques permettent de les dater de façon absolue.

L'oxygène présente deux isotopes stables, $^{18}\mathbf{O}$ et $^{16}\mathbf{O}$, qui existent dans des rapports différents dans la glace et dans l'eau de mer. Les mesures montrent que la proportion de ^{18}O dans les eaux de pluie et les précipitations neigeuses actuelles diminuent avec la température. À l'aide de spectrographes de masse, on peut mesurer les quantités de chacun des isotopes et établir leurs proportions relatives en calculant le rapport $^{18}O/^{16}O$. En prenant comme référence le rapport isotopique $^{18}O/^{16}O$ actuel de l'eau de mer (SMOW = Standard Mean Ocean Water), on établit le **delta $^{18}\mathbf{O}$** de la glace. Par définition :

$$\delta^{18}O = \left\{ \frac{\left(\frac{^{18}O}{^{16}O}\right)_{\text{échantillon}} - \left(\frac{^{18}O}{^{16}O}\right)_{\text{SMOW}}}{\left(\frac{^{18}O}{^{16}O}\right)_{\text{SMOW}}} \right\} \times 1\,000$$

➲ Dans cette formule, intervient un facteur 1 000, qui permet d'obtenir un delta isotopique d'un ordre de grandeur plus commode à manipuler, étant donné la faible quantité de ^{18}O présente en général dans les échantillons. Par exemple, 99,8 % des molécules d'eau de mer sont composées de ^{16}O, contre 0,2 % de ^{18}O.

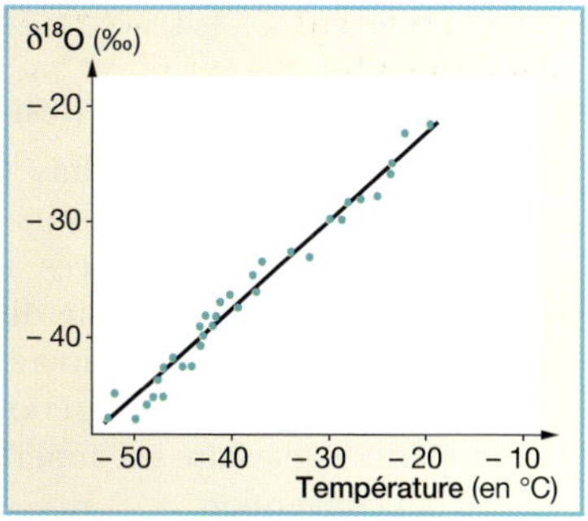

Doc. 1– Relation entre le delta isotopique de la glace et la température.

Le delta ^{18}O renseigne sur la richesse en ^{18}O d'un échantillon de glace par rapport à l'eau des océans actuels. Ce $\delta^{18}O$ est un véritable **thermomètre isotopique** : plus il est négatif, plus la température au moment de la formation de l'échantillon est basse (*document 1*).

La détermination du delta ^{18}O des glaces accumulées dans l'antarctique depuis 800 000 ans a permis d'établir que des **cycles climatiques** d'une durée approximative de **100 000 ans** se sont succédé depuis quelques centaines de milliers d'années (*document 2* relatif au 400 000 dernières années).

Chaque cycle climatique comprend une longue période de refroidissement lent **(période glaciaire)** qui dure environ 90 000 ans et une phase de réchauffement rapide **(période interglaciaire)** qui peut durer de 10 000 à 20 000 ans.

Les résultats observés aux deux pôles sont très semblables, ce qui confirme que ces changements climatiques ont lieu **à l'échelle de la planète.**

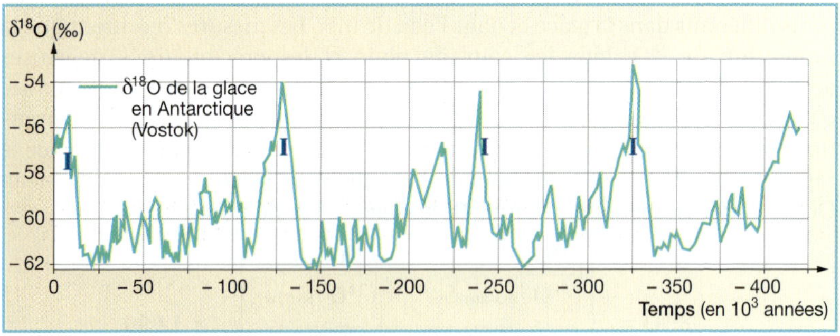

Doc. 2 – Delta ^{18}O des glaces. *Il renseigne sur la température au moment de la précipitation neigeuse à l'origine des glaces : plus il est négatif, plus la température était basse. I : période interglaciaire.*

Les sédiments océaniques (tests de Foraminifères benthiques)

Les glaces ont toujours un delta ^{18}O inférieur à celui de l'eau de mer : le delta isotopique des glaces est toujours négatif (*document 1*, page 273). Lors d'une glaciation, le volume des glaces accumulées sur Terre augmente, ce qui est associé, par conséquent, à une diminution du volume des eaux océaniques. Puisque les glaces sont très pauvres en ^{18}O, cela signifie que l'eau de mer s'enrichit relativement en ^{18}O en période glaciaire. Le delta isotopique de l'eau de mer en période glaciaire est supérieur à celui de l'eau de mer actuelle qui est égal à 0 par convention.

Lorsque le volume des glaces augmente (période glaciaire), le rapport $\frac{^{18}O}{^{16}O}$ de l'eau de mer augmente (*document 3*), et c'est l'inverse en cas de déglaciation.

Le delta ^{18}O des carbonates des tests de Foraminifères marins vivant sur le fond (Foraminifères benthiques) varie dans le même sens que celui de l'eau de mer dans laquelle ils vivent. Les variations au cours du temps du delta isotopique des tests traduisent donc celles du delta isotopique de l'eau de mer et donc celles du volume des glaces.

➲ En comparant les *documents 2 et 4* par exemple, on ne s'étonnera pas des différences quantitatives qui existent entre les $\delta^{18}O$ des glaces et ceux des sédiments marins (carbonates), la référence utilisée pour les calculer n'étant pas la même.

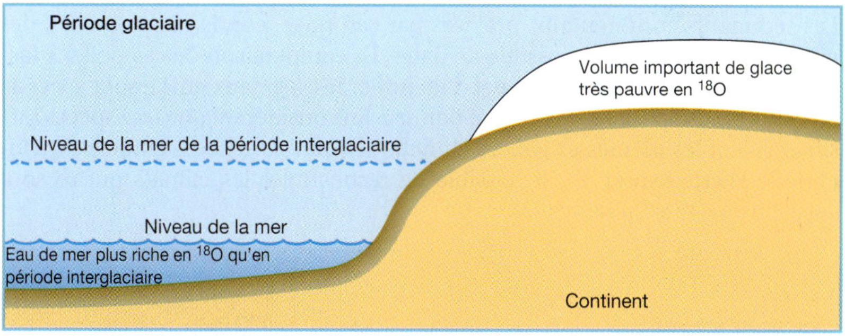

Doc. 3 – Volume des glaces et delta isotopique de l'eau de mer. *En période glaciaire, $\delta^{18}O > 0$, conséquence d'un volume important de glace très pauvre en ^{18}O.*

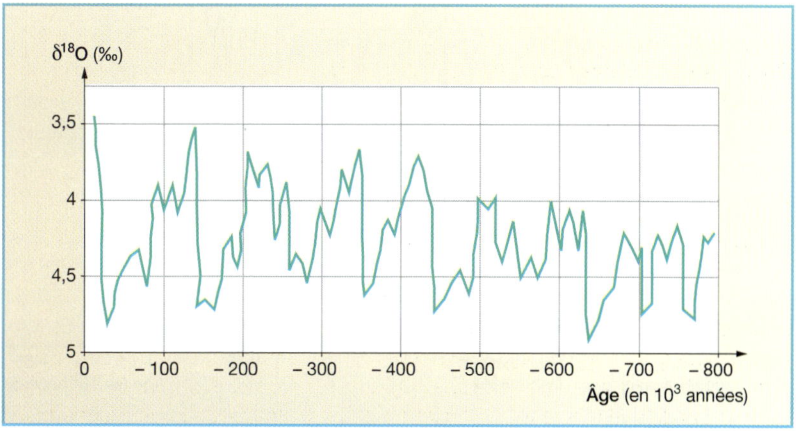

Doc. 4 – Delta ^{18}O de sédiments marins carbonatés de – 800 000 ans à nos jours. *Le delta ^{18}O renseigne sur les variations du volume des glaces : 3,5 correspond au volume actuel des glaces et toute valeur supérieure indique un volume des glaces supérieur à l'actuel. Une valeur élevée indique une période glaciaire.*

L'étude des variations du $\delta^{18}O$ des sédiments océaniques permet de généraliser jusqu'à 700 000 ans l'existence d'une alternance de périodes glaciaires et interglaciaires tous les 100 000 ans environ.

b. Les pollens, indicateurs des variations climatiques en dehors des régions polaires

Le pollen, élément impliqué dans la reproduction des plantes à fleurs, se présente sous la forme de grains de petite taille, légers, émis en très grande quantité et résistant efficacement à la décomposition.

Les sédiments continentaux, prélevés par carottage, contiennent souvent des pollens fossiles qu'il est possible de dater. La comparaison de ces pollens fossiles et des pollens actuels permet d'identifier les végétaux qui se sont succédé au cours du temps dans une région donnée. En considérant que les espèces fossiles avaient les mêmes exigences climatiques que les espèces actuelles (**principe de l'actualisme**), il est possible de reconstituer les climats qui se sont succédé au cours du temps.

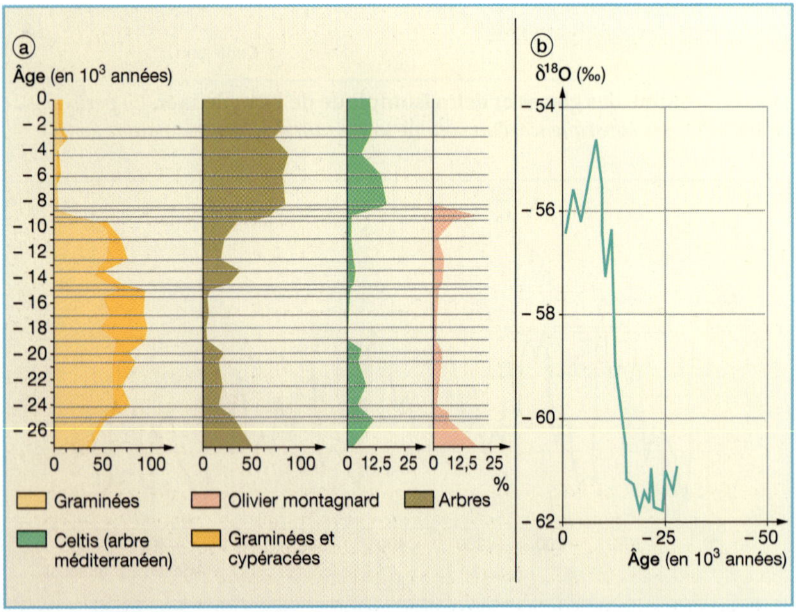

Doc. 5 – Diagramme pollinique et $\delta^{18}O$ des glaces. a. *Diagramme pollinique réalisé au Ghana et relatif aux 27 000 dernières années. L'abondance des graminées indique un climat froid.* **b.** *$\delta^{18}O$ des glaces mesuré pour la même période à Vostok.*

Les résultats confirment l'alternance de périodes froides (glaciaires) relativement longues et de périodes interglaciaires, plus chaudes et plus courtes. Ils montrent également que ces changements se produisaient à l'échelle planétaire et ils confirment les résultats obtenus à partir de l'étude du $\delta^{18}O$ des glaces et des sédiments (*document 5*).

2 Causes possibles du refroidissement climatique

Les changements des paramètres orbitaux (excentricité, obliquité et précession des équinoxes), entraînent des **variations périodiques de l'insolation** reçue par la Terre, à l'origine de l'alternance de phases glaciaires et interglaciaires durant les 700 000 dernières années.

Si l'insolation reçue par la Terre diminue, la neige tombée en hiver dans les régions de haute latitude de l'hémisphère nord ne fond pas complètement l'été et commence à s'accumuler : c'est le début d'une période glaciaire.

Cette extension des glaces continentales provoque une **augmentation de l'albédo** : la planète réfléchit davantage le rayonnement solaire et donc en absorbe

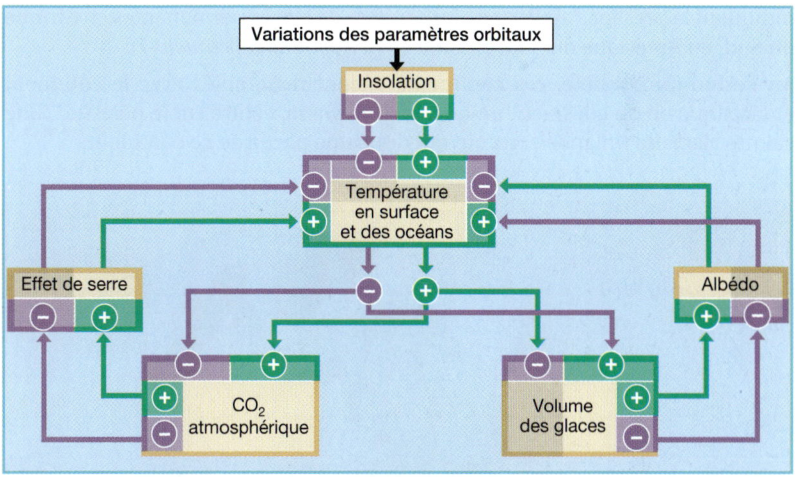

Doc. 6 – Schéma bilan. *Les variations des paramètres orbitaux sont à l'origine des variations climatiques (ce qui est relatif à une diminution est en violet ; ce qui est relatif à une augmentation est en vert). S'il y a une baisse de l'insolation (flèche violette) la température du globe terrestre diminue. Cela entraîne :*

- *une augmentation du volume des glaces et donc une augmentation (flèche verte) de l'albédo ce qui amplifie le refroidissement ;*
- *une baisse de la teneur en CO_2 atmosphérique et donc une baisse (flèche violette) de l'effet de serre ce qui amplifie le refroidissement.*

moins ce qui **amplifie son refroidissement** ; c'est le contraire en cas de réchauffement (*document 6*).

Le refroidissement d'origine astronomique entraîne un refroidissement des eaux de surface des océans et par suite une baisse de la teneur en CO_2 de l'atmosphère, la solubilité du CO_2 dans l'eau augmentant lorsque la température baisse. **L'effet de serre subit alors une baisse qui amplifie le refroidissement. Le réchauffement a des effets inverses** (*document 6*).

II Les changements climatiques à l'échelle des temps géologiques

1 Le climat du Permo-Carbonifère

a. Caractéristiques

Des tillites (moraines consolidées), des **roches striées**, datées de cette époque, indiquent la présence au Permo-Carbonifère de glaces permanentes en Afrique du Sud, en Amérique du Sud, en Inde et en Australie (*document 7*).

Au Permo-Carbonifère, ces continents étaient rassemblés avec le continent antarctique en un continent unique, le Gondwana, centré sur le pôle Sud. Une calotte glaciaire (inlandsis) recouvrait donc une partie de ce continent.

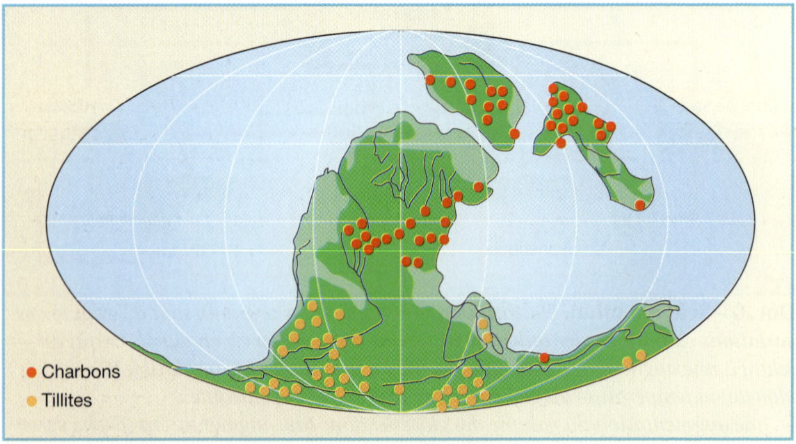

Doc. 7 – Paléogéographie à la fin du Carbonifère (– 300 millions d'années) et localisation des tillites et des charbons.

Il n'y avait pas de calotte glaciaire dans l'hémisphère nord, en rapport avec la position plus équatoriale des continents de cet hémisphère. Les charbons du Carbonifère dans les régions tropicales et de latitude tempérée indiquent, pour ces continents, des conditions climatiques voisines de celles d'aujourd'hui.

Au Dévonien, période précédant le Permo-Carbonifère, il n'y avait pas de calotte glaciaire. Comment expliquer cette glaciation ?

b. Les facteurs en cause

■ Une des caractéristiques du Carbonifère et du début du Permien (entre – 330 et – 270 Ma) est la très faible teneur en CO_2 (voisine de la teneur actuelle). Durant tout le début du Carbonifère (*document 8*) il y a eu une baisse rapide, à l'échelle des temps géologiques, de la teneur en CO_2 de l'atmosphère qui a entraîné une **diminution de l'effet de serre** à l'origine du refroidissement climatique et donc de l'entrée en période glaciaire (existence de calottes glaciaires).

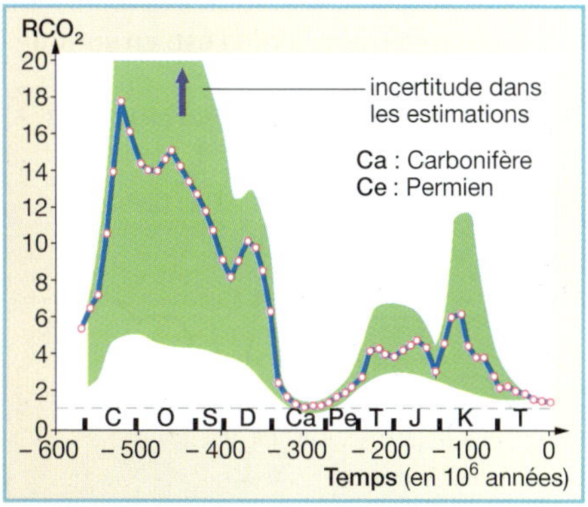

Document 8 – Les variations de la teneur en CO_2 de l'atmosphère. *RCO_2 désigne le rapport :*

$$\frac{\textit{Teneur en } CO_2 \textit{ de l'atmosphère à un moment donné}}{\textit{teneur actuelle en } CO_2}$$

■ **La chute du CO_2 atmosphérique au Carbonifère est due :**

– **Au piégeage de la matière organique** (*document 9*) sous forme de charbons. Il est favorisé par les bouleversements géologiques dus à l'orogenèse hercynienne. Les plantes vertes consomment du CO_2 pour la synthèse de leurs matières organiques (photosynthèse). L'ensemble des êtres vivants dégradent les matières organiques par la respiration qui libère du CO_2. Le piégeage de la matière organique, donc sa non-dégradation est un processus qui soutire du CO_2 à l'atmosphère.

– **À l'accroissement de l'altération des roches silicatées** favorisé par le développement des végétaux sur les continents de l'hémisphère nord (forêt houillère). Dissous dans l'eau de pluie, le CO_2 atmosphérique forme l'acide carbonique H_2CO_3, en réalité dissocié en HCO_3^- et protons H^+. Ces protons attaquent les réseaux cristallins des minéraux silicatés (feldspaths, pyroxènes, ...). Pour un feldspath calcique la réaction d'altération est la suivante (**réaction 1**) :

$$\mathbf{CaAl_2Si_2O_8 + 2\,CO_2 + 2\,H_2O \longrightarrow 2\,HCO_3^- + Ca^{2+} + Al_2Si_2O_5(OH)_4 \qquad (1)}$$

Les eaux des rivières arrivant à l'océan, les êtres vivants par leur activité directe (élaboration des coquilles) ou indirecte donnent naissance à des calcaires (**réaction 2**) :

$$2\ HCO_3^- + Ca^{2+} \longrightarrow CaCO_3 + CO_2 + H_2O \qquad (2)$$

Le bilan des équations (**1**) et (**2**) indique que l'altération d'une mole de feldspath se traduit par la consommation d'une mole de CO_2 et la formation d'une mole de calcaire. L'altération des roches silicatées participe donc à la baisse du CO_2 atmosphérique, lequel est, en somme, piégé dans les calcaires.

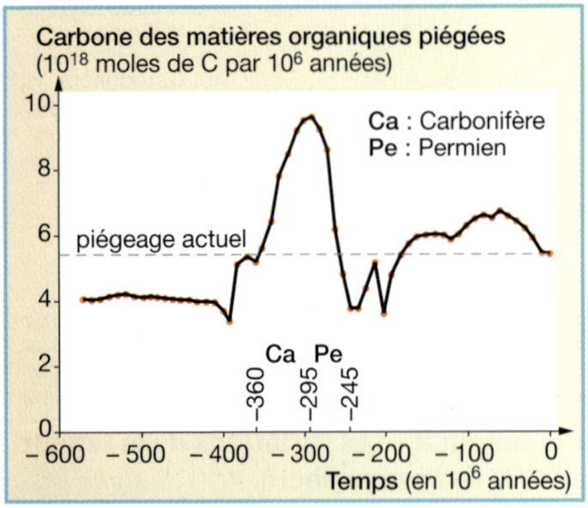

Doc. 9 – Matière organique piégée durant les 600 derniers millions d'années. *Variation de la quantité de matière organique enfouie, piégée, transformée ou non en pétrole ou en charbon durant les 600 derniers millions d'années. La valeur actuelle du carbone piégé permet d'établir des comparaisons.*

2 Le climat du Crétacé

a. Caractéristiques

Les indices fournis par les fossiles terrestres et marins, les données sur la température des eaux océaniques déduites du $\delta^{18}O$ des tests de Foraminifères témoignent de l'existence au Crétacé d'un climat chaud, assez égal sur l'ensemble de la planète.

Par rapport au climat actuel, celui du Crétacé est marqué :
– par des températures **à l'équateur** légèrement supérieures ;
– par des températures **dans les régions polaires** considérablement plus élevées (au voisinnage de 0 °C).

b. Les facteurs en cause

■ La paléogéographie (*document 10*) : les continents occupent une position nettement moins polaire qu'au Carbonifère, d'où des calottes polaires réduites. Le Crétacé est plus encore marqué par une élévation importante du niveau des mers qui, au Crétacé moyen et supérieur, est de 200 à 300 mètres supérieur au niveau actuel : la surface des terres émergées est de 30 à 40 % inférieure à celle d'aujourd'hui. **L'albédo** des mers, inférieur à celui des continents, et les glaces peu abondantes entraînent une **baisse globale** de l'albédo : la planète réfléchit moins de rayonnement solaire et donc en absorbe davantage, d'où le réchauffement général.

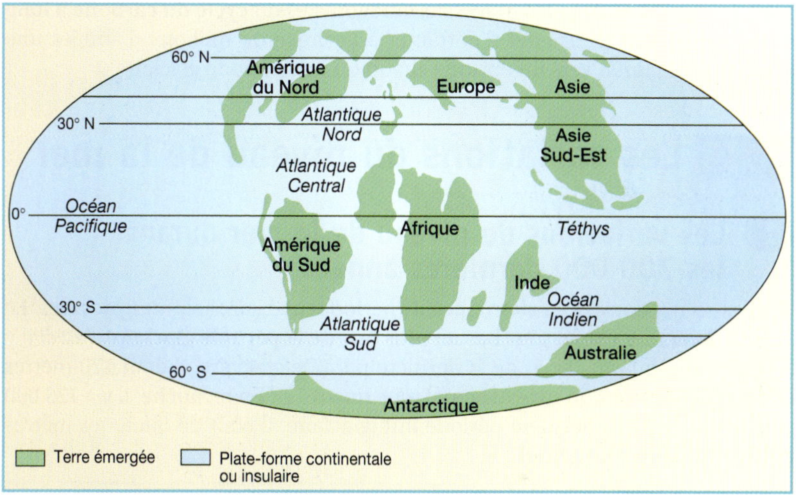

Doc. 10 – Carte paléogéographique mondiale au Crétacé supérieur.

■ **Un effet de serre élevé** est dû à une teneur en CO_2 **trois à quatre fois supérieure** à celle d'aujourd'hui (*document 8*). Cette teneur élevée en CO_2 est due à une activité volcanique intense, non seulement aux dorsales (d'où l'élévation du niveau des mers (*document 10* et paragraphe III, page 282) mais également aux zones de subduction et aux points chauds. Ainsi, à l'échelle des temps géologiques, la dynamique interne de la Terre retentit sur le climat.

3 Le cycle du carbone et l'évolution des climats à long terme à l'échelle de millions d'années

À l'échelle des temps géologiques, les variations de l'effet de serre ont joué un rôle important dans celles du climat. Ces variations de l'effet de serre sont dues à des changements de la teneur de l'atmosphère en CO_2.

Le climat froid du Permo-Carbonifère associé à une faible teneur en CO_2 de l'atmosphère, celui chaud du Crétacé lié à une teneur en CO_2 plusieurs fois supérieure à la valeur actuelle, soulignent l'importance du CO_2 atmosphérique *via* l'effet de serre sur l'évolution climatique à long terme.

Or, la teneur en CO_2 de l'atmosphère dépend de l'importance relative des processus qui enrichissent l'atmosphère en CO_2 (activité volcanique sous ses différentes formes) et des processus qui soustraient du CO_2 à l'atmosphère (piégeage des matières organiques et altération des minéraux silicatés des roches (granite, basalte, gneiss…).

Tout déséquilibre dans les processus antagonistes du **cycle du carbone à long terme** peut avoir pour effet d'entraîner à l'échelle de millions d'années une évolution du climat vers un épisode chaud ou une période glaciaire.

III Les variations du niveau de la mer

1 Les variations du niveau de la mer durant les 700 000 dernières années

■ Elles sont associées à l'alternance de périodes glaciaires et interglaciaires. **Le niveau de la mer est au plus bas au plus fort de la période glaciaire.** Ainsi, il y a 18 000 ans, au plus froid de la dernière période glaciaire, il était 120 mètres environ au-dessous du niveau actuel (*document 13*). En revanche, il y a 125 000 ans, durant l'avant-dernière période interglaciaire, il était de quelques mètres au-dessus du niveau actuel.

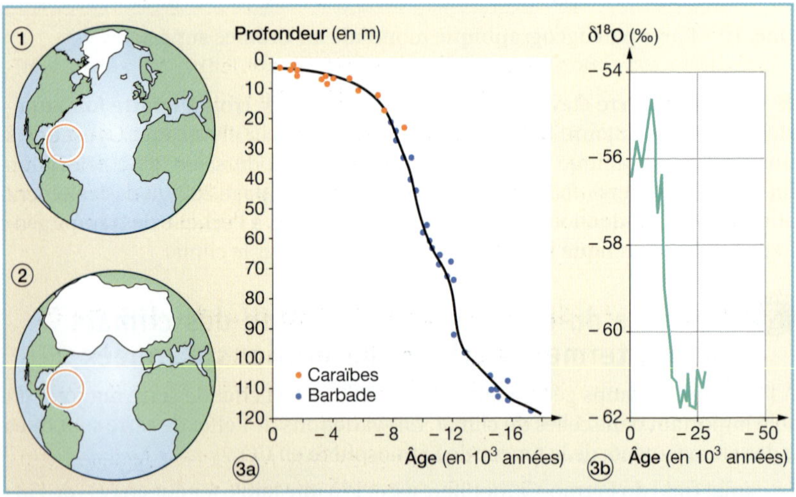

Doc. 11 – Les coraux fossiles des Caraïbes et de la Barbade. *Localisation des Caraïbes et de la Barbade et calotte glaciaire de l'hémisphère nord aujourd'hui **(1)** et il y a 18 000 ans **(2)**. Datation **(3a)** de coraux de forages de la Barbade et des Caraïbes. Variations du* $\delta^{18}O$ *des glaces de l'Antarctique au cours des 20 000 dernières années **(3b)**.*

■ Ce sont les études sur les récifs coralliens (*document 11*) qui on permis d'estimer quantitativement ces variations. Ainsi, des forages dans des récifs coralliens de La Barbade ont révélé la présence de corail à – 120 mètres, constitué par le « squelette » d'espèces ne pouvant pas vivre au-delà de quelques mètres de profondeur. On a daté de façon absolue ce corail, notamment par la méthode au carbone 14 : – 18 000 ans. Cela signifie qu'il y a – 18 000 ans, date de la mort de ces coraux, le niveau de la mer était situé 120 mètres au-dessous du niveau actuel.

Bien entendu, ces données quantitatives prennent en compte les corrections liées au soulèvement ou à l'affaissement des régions étudiées.

2 Le niveau de la mer au Crétacé

■ La dernière période de l'ère Secondaire, le Crétacé, doit son nom à une roche sédimentaire marine : **la craie**, datée du Crétacé supérieur. La craie est essentiellement constituée par l'accumulation de plaques calcaires (Coccolithes) élaborées par des algues unicellulaires (Coccolithophoridés) qui vivent actuellement dans des mers calmes et peu agitées. Elle contient aussi des fossiles d'Oursins, de Lamellibranches et d'Éponges siliceuses dont les espèces actuelles vivent en milieu marin à des profondeurs de 200 à 300 mètres.

La présence de la craie montre ainsi qu'au Crétacé tout le Bassin parisien a été recouvert par une mer d'environ 300 mètres de profondeur.

■ Les données paléogéographiques relatives aux autres régions du monde montrent qu'au Crétacé supérieur la surface des terres émergées était plus faible qu'actuellement (*document 10*). Cette transgression généralisée du Crétacé est la conséquence d'une élévation du niveau des mers estimée à 200 ou 300 mètres par rapport au niveau actuel.

3 Les mécanismes agissant sur le niveau des mers

On estime que pendant les 200 derniers millions d'années au moins, le volume d'eau total (glace, liquide, vapeur) à la surface de la terre est demeuré constant.

En conséquence, le niveau de la mer dépend :

– Du volume d'eau stocké sous forme de glace dans les calottes glaciaires : plus il est grand, plus le niveau de la mer est bas et inversement.

– Du volume des bassins océaniques : plus il est faible, plus le niveau de la mer est élevé. Cette variation du volume n'est pas liée à une variation de la superficie des bassins car, à l'échelle du globe, la **subduction compense l'expansion**. En revanche, l'activité des dorsales retentit sur la profondeur (la morphologie du fond) des bassins océaniques (*document 12*).

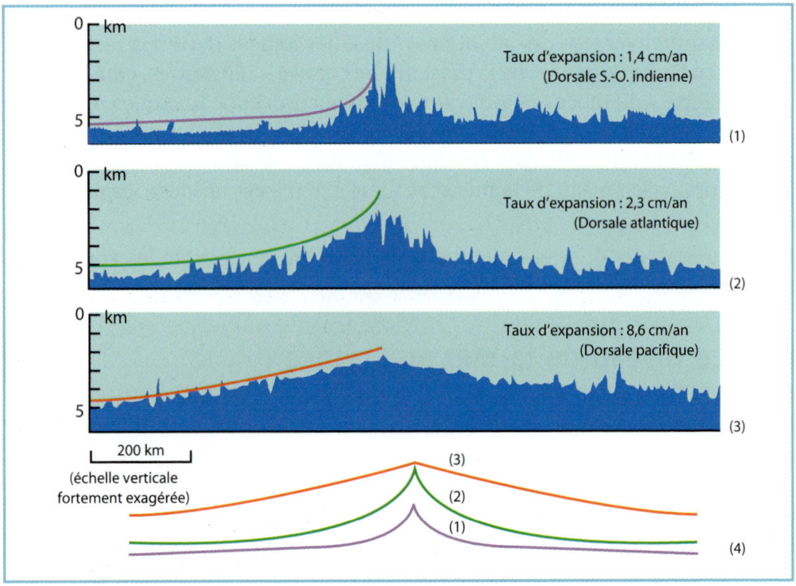

Doc. 12 – Importance de l'activité des dorsales sur la morphologie des bassins. *Sur le schéma 4, les profils simplifiés ont été superposés afin de faire ressortir les différents volumes occupés par les dorsales.*

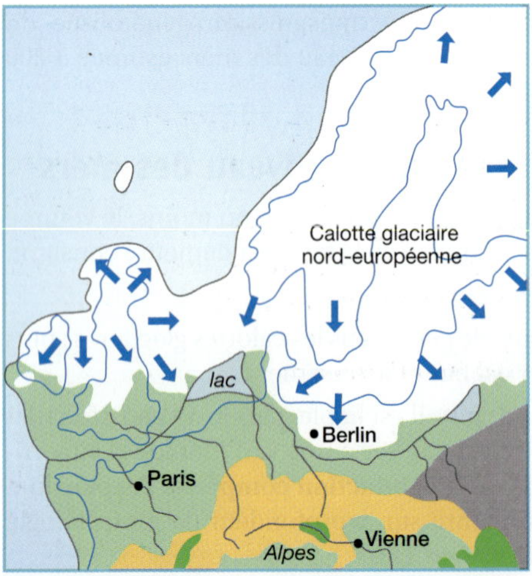

Doc. 13 – L'extension de la calotte glaciaire, maximale il y a 20 000 ans, est associée à une baisse de 120 mètres du niveau de la mer.

Lorsque l'activité des dorsales est intense, le volume des bassins océaniques diminue à l'échelle du globe terrestre et le volume disponible pour les eaux marines diminue et celles-ci « débordent » sur les continents (transgression).

– De la température moyenne des eaux océaniques, par suite de la dilatation de l'eau lorsque la température augmente.

4 Les causes de variations du niveau de la mer durant les 700 000 dernières années

- Bien entendu, c'est l'alternance entre période glaciaire et interglaciaire qui est la cause principale. Toute glaciation provoquant le piégeage d'une grande quantité d'eau sous forme de glace sur les continents abaisse le niveau de la mer.
- À cette cause principale s'ajoute une cause mineure liée à la température moyenne de l'eau, plus faible en période glaciaire qu'en période interglaciaire.
- En revanche, les variations du volume des bassins océaniques n'ont pas d'effet à cette échelle de temps.

5 Les causes du haut niveau de la mer au Crétacé supérieur (– 100 Ma à – 70 Ma)

a. La dilatation thermique de l'eau

Au Crétacé, période interglaciaire, la température moyenne des mers était supérieure d'environ 10 °C à la température actuelle. Sachant que le volume des eaux augmente avec la température, le calcul montre qu'une élévation de 10 °C n'entraîne qu'une élévation de **10 mètres** environ du niveau marin. C'est donc insuffisant pour rendre compte de la variation constatée au Crétacé (200 ou 300 mètres).

b. L'absence de calottes glaciaires due à un climat chaud

Si les calottes glaciaires actuelles fondaient entièrement, le niveau des mers augmenterait d'environ 80 mètres. L'absence de calottes glaciaires au Crétacé supérieur (*document 10*), même additionnée aux effets de la dilatation thermique de l'eau ne peut pas rendre compte, totalement, de l'élévation du niveau des mers au Crétacé (+ 200 ou + 300 m par rapport à l'actuel).

c. L'augmentation de l'activité des dorsales

Les datations de la croûte océanique montrent que la vitesse d'expansion des fonds marins a été élevée au Crétacé, ce qui indique une forte activité des dorsales d'où une diminution globale du volume des bassins océaniques et la transgression qui s'ensuit. Une diminution de l'activité des dorsales est sans doute responsable, en partie, de la régression constatée à la fin du Crétacé.

6 Bilan

Les variations de la température de l'eau et celles du volume des glaces continentales ont des conséquences qui se manifestent à très court terme et à court terme. Les variations de l'activité des dorsales ont des conséquences de plus grande ampleur, mais à plus long terme (quelques dizaines de millions d'années) sur le niveau des mers.

L'Homme, en modifiant le climat par ses activités, intervient sur les facteurs responsables de l'augmentation de l'effet de serre et par là, du réchauffement climatique qui entraîne actuellement une hausse du niveau des mers.

Ne confondez pas le delta ^{18}O de la glace avec celui des Foraminifères benthiques

■ En effet, la référence utilisée pour calculer le delta isotopique de la glace (rapport $^{18}O/^{16}O$ de l'eau de mer actuelle) est différente de celle servant à calculer le delta des Foraminifères (rapport $^{18}O/^{16}O$ d'une coquille fossile du Crétacé pris comme référence internationale).

■ Il faut bien voir que la valeur du delta ^{18}O de la glace est directement liée à la température à laquelle cette glace s'est formée. Par contre, le delta ^{18}O des Foraminifères est lié au delta ^{18}O de l'eau de mer, et donc au volume des glaces. Autrement dit, le delta isotopique des glaces renseigne sur la **température** au moment de la formation des glaces et celui des Foraminifères sur le **volume** des glaces au cours de la vie de ces organismes.

La teneur en CO_2 de l'atmosphère et les variations du climat

Il faut bien comprendre que si les variations de la teneur en CO_2 de l'atmosphère et de l'albédo sont synchrones des variations de température, ce ne sont pas elles qui déclenchent le passage d'une phase interglaciaire à une phase glaciaire et inversement.

En revanche, ces variations sont entraînées par les variations climatiques dues à celles de l'insolation (variations des paramètres de l'orbite terrestre) ; elles renforcent et amplifient par la suite ces variations du climat.

À propos du réchauffement climatique

■ Malgré tout ce qui est dit actuellement à propos du réchauffement climatique lié à l'augmentation dans l'atmosphère des gaz à effet de serre (dont le CO_2), la teneur en CO_2 au cours de l'histoire de la Terre a toujours été supérieure à la teneur actuelle sauf au Permo-Carbonifère, où elle en était proche.

■ Il faut aussi bien comprendre comment le piégeage de la matière organique sous forme de pétrole ou de charbon et l'altération des roches, accélérée par l'action des végétaux terrestres, sont des processus qui, en abaissant la teneur en CO_2 de l'atmosphère, sont à l'origine d'un refroidissement par diminution de l'effet de serre.

La variation du niveau des mers

Il faut bien retenir les trois causes de variation du niveau des mers qui, de la plus importante à la moins importante, sont :

- la variation du volume des bassins océaniques liée à l'activité des dorsales ;
- la fonte ou la formation des calottes glaciaires ;
- la dilatation thermique de l'eau de mer.

L'absence de pollen

On notera qu'une absence de pollen dans un diagramme pollinique traduit une absence de plantes productrices de pollen dans la région considérée. Cette absence peut être liée soit à la présence d'une calotte polaire, soit à celle d'un désert.

Période glaciaire et période interglaciaire

■ Il faut bien voir ce que signifient ces termes de « période glaciaire » et « période interglaciaire ». Ils n'ont de sens que pour les 700 000 dernières années, alors que pour les périodes plus lointaines, on emploie l'expression « période glaciaire » pour désigner une période où il existait une calotte de glace aux pôles.

■ Il faut aussi remarquer que « période glaciaire » ne signifie pas que le climat était froid à toutes les latitudes : les manifestations d'un refroidissement climatique sont particulièrement importantes aux latitudes élevées.

Vérifier ses connaissances

Dans les exercices 1 à 5, relevez les affirmations inexactes et corrigez-les.

1 Le delta ^{18}O des glaces…

a. est en rapport avec la richesse relative des glaces en ^{18}O et ^{16}O.
b. est indépendant de la température.
c. est d'autant plus négatif que la température est basse.
d. a considérablement varié depuis 10 000 ans.
e. présente des variations cycliques de l'ordre du million d'années.

▸ corrigé p. 294

2 La teneur en CO_2 de l'atmosphère…

a. n'a jamais été plus élevée qu'actuellement.
b. est très faible lorsque le delta isotopique des glaces est très négatif.
c. était faible il y a 20 000 ans ce qui a contribué au climat glaciaire de cette période.
d. est associée à des variations de l'albédo : albédo fort lorsque la teneur en CO_2 est élevée, albédo faible lorsque la teneur en CO_2 est basse.

▸ corrigé p. 294

3 Un diagramme pollinique…

a. ne comporte que des pollens d'herbacées lorsque le climat est chaud.
b. varie pour une époque donnée suivant les régions considérées.
c. a une interprétation qui repose sur l'application du principe d'actualisme.
d. présente des variations synchrones de celles du delta isotopique des glaces. ▸ corrigé p. 294

4 Le niveau des mers…

a. dépend de la dilatation thermique de l'eau de mer.
b. augmente lorsque le volume des glaces diminue.
c. augmente lorsque la vitesse d'expansion océanique est faible.
d. a été particulièrement élevé au Crétacé. ▸ corrigé p. 294

5 Durant les 700 000 dernières années, l'entrée en période glaciaire ou interglaciaire…

a. est déterminée par des variations de la teneur en dioxyde de carbone de l'atmosphère.
b. est renforcée par des variations des paramètres orbitaux.

c. est renforcée par des variations de l'albédo.
d. se produit environ tous les 10 000 ans. ▸ corrigé p. 294

S'entraîner

Dans les exercices 6 et 7, en exploitant les informations tirées du document proposé, relevez les affirmations exactes et corrigez celles qui sont fausses.

6 En Antarctique et au Groenland, quand il neige, les météorologistes réalisent au même moment des mesures de $\delta^{18}O$ dans les précipitations et des mesures de température des nuages. Les courbes obtenues traduisent les relations entre le $\delta^{18}O$ et la température moyenne atmosphérique.

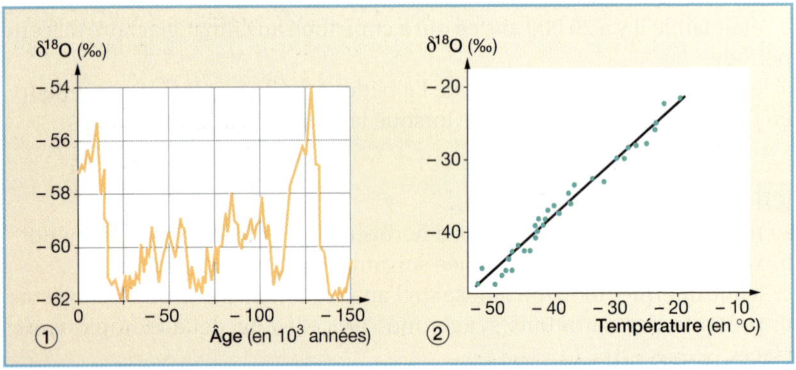

Doc. A – Relation entre le $\delta^{18}O$ et la température moyenne atmosphérique.
1. *Delta ^{18}O de la glace (Vostok).* **2.** *Variation du $\delta^{18}O$ mesuré dans la glace en fonction de la température de précipitation de la neige qui l'a formée.*

a. Un delta ^{18}O de −30 ‰ de la glace correspond à une température proche de − 30 °C.
b. Il y a 125 000 ans, la température en Antarctique était au moins égale à celle qui existe actuellement.
c. Le climat est resté très stable entre −120 000 ans et −20 000 ans.
d. Il y a eu réchauffement entre −20 000 ans et −10 000 ans.
e. L'avant-dernière période interglaciaire a duré environ 60 000 ans.

▸ corrigé p. 294

7 À partir de l'analyse de données complexes sur les paléosols, les feuilles fossiles, Berner a établi un graphe traduisant les variations du CO_2 atmosphérique durant les 600 derniers millions d'années de l'histoire de la Terre.

a. La teneur en CO_2 de l'atmosphère au Carbonifère était proche de la teneur actuelle.

b. Le climat chaud du Crétacé est, au moins en partie, lié à un effet de serre plus important qu'actuellement.

c. La glaciation du Carbonifère n'est pas du tout liée à la teneur en CO_2 de l'atmosphère.

▸ corrigé p. 295

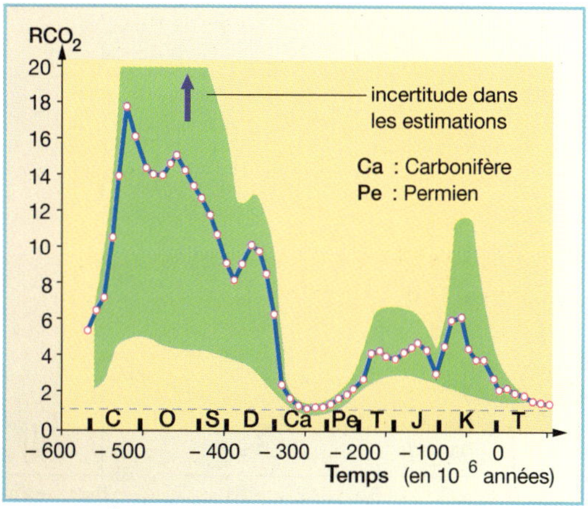

Doc. B – Évolution de la teneur en CO_2 de l'atmosphère depuis 600 millions d'années. *La bande verte représente les incertitudes sur les estimations de la teneur en CO_2 aux différentes périodes.*

RCO_2 désigne le rapport : $\dfrac{\text{Teneur en } CO_2 \text{ de l'atmosphère à un moment donné}}{\text{teneur actuelle en } CO_2}$

Dans les exercices 8 à 10, tirez des informations du document pour répondre à la question posée.

8 Les coraux sont d'excellents indicateurs du niveau des mers car leurs conditions d'existence sont des exigences écologiques strictes : mer chaude (plus de 18 °C), limpide, peu profonde (n'excédant pas 5 à 10 mètres).
On estime que pendant les 15 000 dernières années il y a eu élévation du niveau de la mer.
D'après le *document C*, indiquez qu'elle a été son importance et proposez une explication à cette élévation. ▸ corrigé p. 295

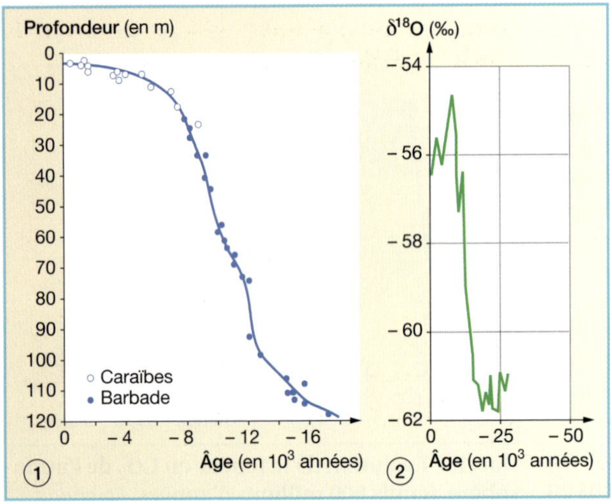

Doc. C – Les coraux fossiles des Caraïbes et de la Barbade.
1. *Profondeur actuelle et âge des récifs fossiles de l'île de la Barbade à l'est des Petites Antilles.*
2. *Variation du $\delta^{18}O$ des glaces de l'Antarctique au cours des 20 000 dernières années.*

9 Montrez qu'il y a eu un climat très froid entre – 25 000 et – 15 000 ans, et qu'il y a environ – 125 000 ans, un climat interglaciaire proche du climat actuel était installé. ▸ corrigé p. 295

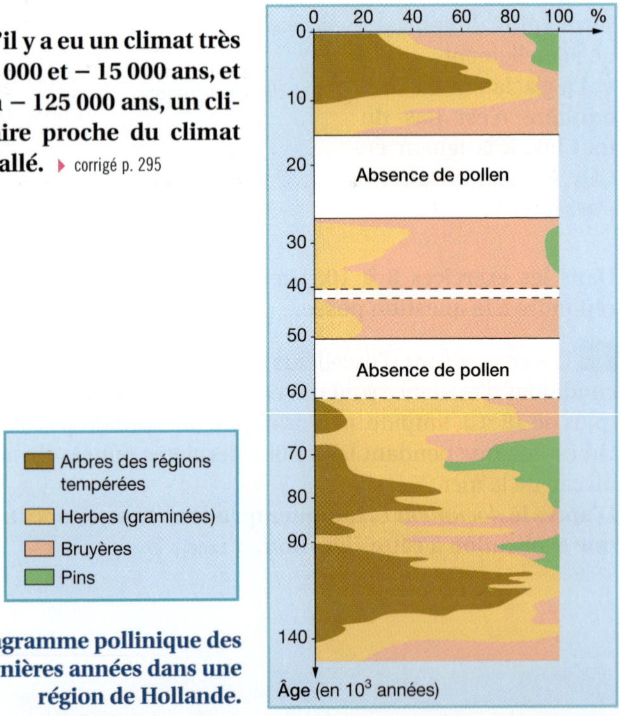

Doc. D – Diagramme pollinique des 140 000 dernières années dans une région de Hollande.

10 **Montrez en quoi ce document indique une rapide diminution du volume des calottes glaciaires à partir de – 15 000 ans environ.**

▸ corrigé p. 295

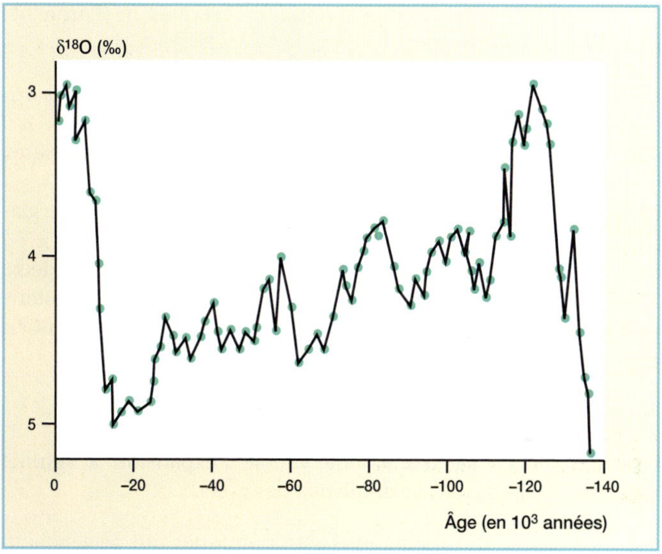

Doc. E – Delta ^{18}O de tests de Foraminifères benthiques du Pacifique équatorial.

1 **b.** Le delta ^{18}O des glaces dépend de la température puisque sa valeur permet de déterminer la température au moment de la formation de la glace.
d. Une phase interglaciaire est installée depuis 10 000 ans et le delta isotopique n'a pratiquement pas varié.
e. Le delta ^{18}O des glaces présente des variations cycliques de l'ordre de 100 000 ans pour les plus importantes.

2 **a.** Faux, elle a actuellement une valeur qui est la plus faible depuis les origines. Seule, celle du Carbonifère est du même ordre.
b. Exact, le delta isotopique très négatif signifie qu'on est en période glaciaire, période associée à une très faible teneur en CO_2.
c. Exact, 20 000 ans correspondent au maximum de la dernière période glaciaire.
d. C'est l'inverse, mais il n'y a pas de relation de cause à effet entre les deux. C'est le refroidissement engendré par les variations des paramètres orbitaux qui entraîne une augmentation de l'albédo et une baisse de la teneur en CO_2 (qui renforcent le refroidissement).

3 **a.** La présence des seules herbacées indique un climat froid.

4 **c.** C'est l'inverse : dans le cas d'une faible vitesse d'expansion, le volume des bassins augmente, d'où une baisse du niveau des mers.

5 **a.** Ce sont les variations des paramètres astronomiques qui déclenchent l'entrée en période glaciaire ou interglaciaire.
b. Ce sont les paramètres orbitaux qui les déclenchent et non qui les renforcent.
d. Cette entrée se produit environ tous les 100 000 ans.

6 **a.** Vrai, d'après le *document A2*.
b. Vrai, d'après les *documents A1* et *A2* (delta isopique il y a 125 000 ans supérieur à l'actuel).
c. Faux, entre −120 000 et −100 000 ans (forte baisse du delta isotopique) se place une phase de refroidissement puis une période globalement froide entre −100 000 ans et −20 000 ans, entrecoupée de phases de réchauffement relatif (*document A1*).
d. Vrai.
e. Faux, d'après le *document A*1, la période entre 140 000 et 110 000 ans (soit 30 000 ans) est marquée par une phase de réchauffement, une phase interglaciaire courte (10 000 ans), puis une phase de refroidissement.

7 a. Exact.
b. Exact, la teneur en CO_2, gaz à effet de serre, était plus élevée qu'actuellement.
c. Faux, la glaciation du Carbonifère est liée à une faible teneur en CO_2 de l'atmosphère. Le terme de glaciation est pris ici dans son sens large qui implique l'existence d'une calotte glaciaire pendant des millions d'années et non l'alternance de périodes glaciaires et interglaciaires à l'échelle de milliers d'années. Ainsi, nous sommes actuellement en période glaciaire. Il ne faut pas confondre les termes glaciaire ou interglaciaire à l'échelle de millions d'années et de milliers d'années.

8 Les coraux considérés, vivant il y a 17 000 ans, se trouvent actuellement à −120 mètres. Cela signifie, si on admet l'absence de mouvements tectoniques, que le niveau de la mer se trouvait il y a 17 000 ans à environ −110 mètres : l'élévation du niveau de la mer a été de l'ordre de 110 mètres.
Durant cette période, le delta isotopique des glaces a augmenté, passant de −62 à −55, ce qui témoigne d'un réchauffement climatique responsable d'une fonte des glaces qui a entraîné une élévation du niveau de la mer.

9 Entre −25 000 ans et −15 000 ans, le diagramme pollinique indique une absence de pollen donc de plantes. On peut supposer que la calotte glaciaire recouvrait la région durant cette période : cela révèle un climat très froid.
Le diagramme indique une grande richesse de pollen d'arbres de région tempérée il y a 125 000 ans. Cela révèle l'existence dans cette région, d'une forêt, indicatrice d'un climat tempéré donc d'une période interglaciaire aux caractéristiques proches de celles de la période actuelle.

10 Il y a 15 000 ans, le delta isotopique était de l'ordre de 5 ; il est aujourd'hui de l'ordre de 3 : il a diminué. Cela indique une diminution du volume des glaces, et donc une élévation du niveau des mers.

➲ Il s'agit ici du delta ^{18}O des Foraminifères benthiques et non de celui des glaces. Ce delta isotopique renseigne sur le volume des glaces : il est plus élevé en phase glaciaire qu'en phase interglaciaire.

17 Des débuts de la génétique aux enjeux des biotechnologies

POUR COMMENCER

Ce chapitre est un peu spécial, dans la mesure où il ne vise que peu à l'acquisition de nouvelles connaissances, et conduit surtout à mieux comprendre celles que vous possédez déjà en génétique.

En classe de Seconde, de Première et dans l'enseignement commun de Terminale, les démarches utilisées pour aboutir à ces connaissances n'ont pas suivi l'histoire des découvertes en génétique. Ici, vous devez avoir en tête vos connaissances en génétique, et tout le travail consiste à étudier les modalités de la recherche des scientifiques qui ont contribué à les établir, la progression des idées, les obstacles rencontrés.

Les points suivants sont abordés :

- la genèse de la notion d'hérédité particulaire et donc celle de la notion de gène à la fin du XIXe et au début du XXe siècle, notion qui s'oppose à celle d'hérédité par mélange jusqu'alors acceptée.
- les démarches qui ont conduit à localiser les gènes sur les chromosomes et à établir des cartes génétiques.

► Des aspects très importants de l'histoire de la génétique, comme la découverte de l'ADN en tant que support de l'information génétique et celle des modalités de l'expression des gènes, c'est-à-dire la synthèse des protéines (transcription, traduction, code génétique) ne sont pas à votre programme. Néanmoins, vous devez pouvoir les situer dans le temps, et donc comprendre comment la phase moléculaire de la génétique, qui vise à expliquer de quelle manière les gènes interviennent dans la réalisation des caractères et comment ils se répliquent **(génétique fonctionnelle)**, a succédé à la **génétique formelle** du début du siècle, qui avait permis de localiser les gènes sur les chromosomes.

► Le savoir scientifique ne résulte pas uniquement de l'accumulation de données, de faits résultant de la succession des travaux des chercheurs. Il repose avant tout sur l'émission de théories, de systèmes explicatifs plus ou moins vastes inventés par les chercheurs. Ces systèmes reposent, bien entendu, sur un certain nombre de données, mais vont bien au-delà : ces théories sont **scientifiques**, car on peut les tester, c'est-à-dire en déduire des implications qui peuvent être soumises à l'expérimentation. Si les résultats expérimentaux confirment les implications, la théorie est corroborée ; sinon, elle doit être abandonnée ou modifiée. En cela, l'émission de théories est un aspect fondamental du travail scientifique, car elle conduit pour les tester à de multiples recherches. C'est dans cet esprit que vous devez aborder la théorie chromosomique de l'hérédité (localisation des gènes sur les chromosomes), qui est aujourd'hui si communément admise, qu'on oublie qu'elle est une théorie. Néanmoins, aussi solide semble-t-elle, elle a dû être aménagée : on a découvert par exemple que des gènes sont aussi situés dans les mitochondries et les chloroplastes, organites cellulaires qui possèdent un ADN distinct de l'ADN nucléaire.

► Le savoir scientifique est tributaire des technologies. Pendant soixante-dix ans, le gène est resté un objet mythique, que l'on situait sur les chromosomes. Au cours des années 1970 et 1980, les techniques mises au point ont permis d'isoler de très nombreux gènes, de les séquencer, de les manipuler, en faisant, par exemple, s'exprimer un gène d'une espèce au sein d'une autre espèce comme c'est le cas avec un organisme génétiquement modifié (OGM).

► Les techniques et les connaissances ont des applications pratiques dans divers domaines, et notamment en médecine (le diagnostic génétique, la thérapie génique, etc.), où elles soulèvent des problèmes éthiques dont vous devez prendre conscience.

I De Mendel à l'avènement de la biologie moléculaire

1 L'hybridation végétale : le support expérimental de l'hérédité

■ Les premiers travaux portant sur la transmission des caractères d'une génération à la suivante ont été effectués sur les plantes à fleurs.

La fleur est l'**appareil reproducteur** des Angiospermes (plantes à fleurs). Les étamines sont les organes mâles de la fleur ; elles produisent les grains de pollen.

En germant sur le pistil (sur le stigmate), le grain de pollen donne naissance à un tube pollinique qui amène le gamète mâle au contact du gamète femelle pour la fécondation (*document 1*).

Le pistil de la fleur devient un fruit, et les ovules qu'il contient deviennent des graines.

Une graine contient une plantule, et donc un nouvel individu sous une forme embryonnaire.

■ Il y a **autopollinisation (autofécondation)** lorsque le stigmate d'une fleur est pollinisé par le pollen de la même fleur ou d'une fleur du même pied (de la même plante).

■ Il y a **pollinisation croisée (fécondation croisée)** lorsque le pollen d'une plante est transporté sur le stigmate d'une fleur appartenant à une autre plante de la même espèce.

■ Pour réaliser une **hybridation** (fécondation croisée) il faut :

– empêcher le pollen d'une plante d'arriver sur le stigmate des fleurs de la même plante ;

– déposer sur le stigmate de celles-ci du pollen d'une autre plante provenant d'une variété de la même espèce.

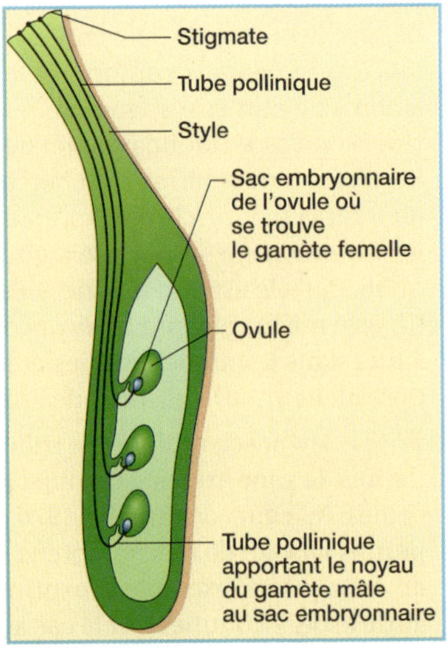

Document 1 – Germination du pollen sur le stigmate.

2 La notion de rupture : Mendel et l'hérédité particulaire (1865)

Avant Grégor Mendel, le concept dominant est celui de l'**hérédité par mélange** qui implique la fusion des facteurs héréditaires amenés par chacun des parents, facteurs qui ne restent pas indépendants les uns des autres, ne sont pas séparables et forment un tout transmissible tel quel aux descendants.

a. Croisements de lignées pures différant par un seul caractère

■ Par l'hybridation de variétés différant par un seul caractère, la couleur des graines par exemple (plantes donnant des graines jaunes croisées avec des plantes donnant des graines vertes), Mendel constate que :

– Dans la génération **F1** obtenue, 100 % des plantes donnent des graines jaunes.

– Dans la génération **F2** obtenue en croisant des individus **F1** entre eux (autofécondation), les deux caractères parentaux réapparaissent dans les proportions 75 % jaunes et 25 % verts.

– Les **individus récessifs** (verts ici), apparaissent toujours en **F2**, dans la proportion de 25 % (un quart).

– Ces individus récessifs, croisés entre eux, ne donnent que des individus verts de génération en génération : ils sont identiques aux parents de souche pure. De même, un tiers des **F2** à graines jaunes sont de lignée pure, les deux tiers restant étant des hybrides comme les **F1**.

■ Puisque l'hybride F1 ne présente pas un phénotype intermédiaire entre les phénotypes parentaux, et surtout puisque les caractères récessifs réapparaissent dans leur « pureté » en F2, l'hérédité par mélange est réfutée.

Cela introduit la notion d'**hérédité particulaire** : **les deux facteurs héréditaires (appelés aujourd'hui allèles d'un gène) associés chez l'hybride F1 coexistent tout en restant totalement distincts**. Les proportions obtenues en F2 ne s'interprètent que par la séparation des facteurs héréditaires lors de la formation des gamètes des F1 et la production de deux types de gamètes en quantités égales. Chaque gamète (cellule pollinique ou cellule ovulaire) ne possède qu'un seul facteur héréditaire.

Cette découverte illustre la **notion de rupture dans un concept scientifique** : le concept d'hérédité par mélange est remplacé par celui d'hérédité particulaire.

b. Croisements de lignées pures différant par deux caractères

■ Mendel a également réalisé des croisements entre variétés de Pois différant par deux caractères : par exemple, des Pois à graines lisses et jaunes hybridés avec des Pois à graines ridées et vertes.

Dans tous les cas étudiés, il a obtenu en F2 quatre phénotypes (par exemple, graines lisses et jaunes, lisses et vertes, ridées et jaunes, ridées et vertes), dans des proportions telles (9/16, 3/16, 3/16, 1/16), qu'elles montrent que lorsque l'hybride F1 produit ses gamètes, les deux couples de facteurs héréditaires **ségrègent de façon indépendante**. L'hybride F1 produit quatre sortes de gamètes en quantités égales (ici lisse et jaune, lisse et vert, ridé et jaune, ridé et vert).

■ **Cette ségrégation indépendante réfute encore plus l'idée d'hérédité par mélange et introduit l'idée que le patrimoine héréditaire d'un organisme est fait de facteurs héréditaires indépendants.**

■ Plus tard, on montrera que cette **règle de ségrégation est souvent mise en défaut**. Il est curieux de constater que la transmission des sept caractères étudiés par Mendel se fait conformément à cette règle. Cela illustre le fait que des conclusions, qui, par la suite, vont se révéler fausses ou trop systématiques, peuvent contribuer, au moment où elles sont formulées, à l'avancement de concepts scientifiques (ici, la réfutation de l'hérédité par mélange).

3 L'interaction entre différents domaines de la science : la naissance de la génétique

a. La redécouverte des travaux de Mendel

Au début du XXe siècle, les résultats obtenus par Mendel sont retrouvés aussi bien chez les animaux que chez les végétaux, et un certain nombre de lois sont formulées :

– loi de l'uniformité des hybrides de première génération ;

– loi de pureté des gamètes : chaque gamète ne renferme qu'un seul facteur héréditaire pour un caractère donné ;

– loi de la ségrégation indépendante des couples de facteurs.

b. L'interaction entre cytologie et génétique : la théorie chromosomique de l'hérédité

■ Les découvertes biologiques de la fin du XIXe siècle, relatives aux chromosomes, à la mitose, à la méiose et à la fécondation conduisent très vite les cytologistes à établir une **corrélation** entre le comportement observé des chromosomes et celui des facteurs héréditaires mendéliens, déduits des expériences.

La séparation des chromosomes homologues puis celle des chromatides à la deuxième division de la méiose rendent compte de la pureté des gamètes.

Le comportement indépendant des paires de chromosomes homologues à la première division de la méiose rend compte de la ségrégation indépendante des couples de facteurs héréditaires.

■ **La théorie chromosomique de l'hérédité**, exprimée par Walter Sutton en 1902, indique que les chromosomes sont le support des facteurs héréditaires.

Cette théorie, nouveau modèle explicatif, précise en le modifiant le modèle de Mendel en affirmant que, matériellement, chez un organisme diploïde, **un caractère est régi par deux facteurs héréditaires (deux allèles d'un gène)**, et qu'un gamète ne renferme qu'un seul de ces allèles.

Cette théorie, qui va bien au-delà des faits constatés, a une valeur heuristique (cela signifie qu'elle ouvre des possibilités nouvelles de recherches).

4 Hérédité liée au sexe et théorie chromosomique de l'hérédité

a. Un résultat non conforme à la 1re loi de Mendel

■ En 1910, Thomas Morgan croise des mâles à œil blanc avec des femelles à œil rouge sombre (premier croisement) :

– en **F1**, tous les descendants sont à œil rouge sombre (F1 uniforme) ;

– en **F2** (F1 × F1), 75 % des individus sont à œil rouge sombre et 25 % à œil blanc.

Ces proportions sont conformes aux lois de Mendel, mais, tous les individus à œil blanc sont uniquement des mâles, ce qui laisse à penser que la transmission du caractère œil blanc est en relation avec le sexe.

■ Lors du croisement inverse (deuxième croisement) : la F1 obtenue est hétérogène : tous les mâles ont les yeux blancs et toutes les femelles les yeux rouge sombre. Les phénotypes des F1 sont donc liés au sexe.

La transmission de ce caractère « couleur de l'œil » ne s'effectue pas (F1 hétérogène dans le 2e croisement) selon la première loi de Mendel (uniformité de la F1).

b. Un résultat expliqué par la théorie chromosomique

■ Quelques années plus tôt, il avait été établi que, au moins chez les insectes, mâle et femelle diffèrent par une paire de chromosomes notée XX pour la femelle et XY pour le mâle.

Morgan met en relation cette différence caryotypique avec les résultats expérimentaux sur la transmission de la couleur de l'œil, et postule que le gène en cause est situé sur la région propre au chromosome X, donc non présent sur le chromosome Y.

■ Les deux croisements s'interprètent alors de la manière suivante, en utilisant l'expression Xb/Xb pour traduire le génotype de la femelle à œil blanc et Xb/Y pour celui du mâle à œil blanc :

– **premier croisement** : parents Xb/Y × XR/XR → F1 : 50 % XR/Xb (femelles) et 50 % XR/Y (mâles) ; tous les individus ont les yeux rouge sombre ;

– **deuxième croisement** : parents XR/Y × Xb/Xb → FI : 50 % XR/Xb (femelles aux yeux rouge sombre) et 50 % Xb/Y (mâles aux yeux blancs).

La transmission héréditaire de ce caractère, en apparence contraire à la 1re loi de Mendel, s'interprète bien dans le cadre de la théorie chromosomique ; on assigne ainsi à un chromosome précis un gène donné intervenant dans la réalisation d'un caractère bien défini.

■ Il y a hérédité liée au sexe lorsque le gène en cause est situé sur les chromosomes sexuels ; le plus souvent sur la partie propre au chromosome X et donc, le chromosome Y ne porte pas ce gène. Cette hérédité liée au sexe est révélée par le fait que le phénotype des individus F1, contrairement à l'interprétation mendélienne, dépend du sens du croisement et est hétérogène lorsque le parent femelle a le phénotype récessif.

5 Liaison génique et théorie chromosomique de l'hérédité

a. La liaison génique

■ Pour tous les caractères qui se transmettent suivant les caractéristiques de l'hérédité liée au sexe (les phénotypes des F1 dépendent pour chaque caractère du sens du croisement et la F1 est hétérogène lorsque la mère possède le caractère récessif), on peut en conclure, comme l'a fait Morgan, que les gènes qui déterminent ces caractères sont tous portés par le chromosome X : ce sont des **gènes liés**.

■ Le fait qu'au cours d'expériences de dihybridisme concernant deux de ces caractères, les allèles des deux gènes associés chez les parents se transmettent ensemble au cours des générations successives a été pour Morgan et son équipe **une confirmation de la théorie chromosomique de l'hérédité**.

■ Expérimentalement, chez la Drosophile, Morgan a également montré que des gènes situés sur d'autres chromosomes que le chromosome X se transmettaient solidairement. **La correspondance entre le nombre de groupes de gènes liés déterminés expérimentalement et le nombre de paires de chromosomes chez la Drosophile (quatre paires) a été un test important de la théorie chromosomique.**

Cette liaison entre gènes infirme la loi de ségrégation indépendante des couples de caractères ; cela montre comment un concept vrai à un moment donné de l'avancement d'une discipline peut devenir caduc quelques années plus tard.

b. Les recombinaisons géniques

■ **Mise en évidence**. L'équipe de Morgan a constaté que la liaison entre gènes n'était pas absolue : il pouvait y avoir des recombinaisons géniques même dans ce cas. Morgan a trouvé dans le cadre de la théorie chromosomique une explication à la rupture de la liaison entre deux gènes. L'idée géniale de l'équipe a été d'imaginer que **les chiasmas visibles en prophase de première division de méiose** que les cytologistes venaient de mettre en évidence, traduisaient des **échanges entre chromatides homologues**, à l'origine de la production de gamètes recombinés par la femelle (il n'y a jamais de *crossing-over* donc de recombinaison génique chez le mâle de Drosophile, cas exceptionnel).

Ainsi, la théorie chromosomique montrait toute sa puissance explicative en rendant compte de résultats apparemment contradictoires avec cette théorie (rupture de la liaison entre gènes portés par le même chromosome).

■ **Fréquence des recombinaisons et cartes génétiques**. La fréquence des recombinaisons géniques entre gènes d'un même groupe de liaison varie suivant les gènes considérés. Morgan a proposé une explication à cette donnée expérimentale : la recombinaison génique résultant d'un *crossing-over* entre deux gènes est d'autant plus probable que les gènes sont éloignés sur le chromosome.

Inversement, le pourcentage de gamètes résultant d'une recombinaison intrachromosomique a été un moyen pour évaluer la distance entre deux gènes et finalement situer relativement les gènes d'un même groupe de liaison sur un chromosome : c'est l'établissement des premières cartes génétiques.

À l'issue des travaux de Morgan, le gène devient ainsi une unité de fonction, de recombinaison et de mutation, occupant un locus précis sur un chromosome.

II De la biologie moléculaire aux biotechnologies

■ Les travaux de Mendel et de Morgan ont d'abord conduit à distinguer génotype et phénotype : ce sont les gènes impliqués dans le déterminisme des caractères qui se transmettent de génération en génération et non les caractères. Grâce aux apports de la cytologie, ces travaux ont débouché sur les règles de transmission des gènes au cours de la reproduction sexuée : **il s'agit de génétique formelle**.

■ En revanche, à l'issue de ces travaux, la nature du gène et la façon dont il intervient dans la réalisation d'un caractère restent inconnues. Les aspects fondamentaux de la **génétique fonctionnelle** sont élucidés, grâce en particulier aux apports de la biochimie, au cours des années 1940 à 1965 : nature du gène et relations gène-protéine, structure de l'ADN et sa réplication semi-conservative, biosynthèse des protéines et code génétique.

■ Arrivée à ce stade, en 1970, la biologie moléculaire semble dans une impasse. Une nouvelle étape de son développement, le **génie génétique**, essentiellement caractérisée par une **rupture technologique**, va permettre d'isoler des régions spécifiques de l'ADN et de les obtenir en quantités quasiment illimitées, de les séquencer et donc d'identifier les allèles d'un gène (diagnostic génétique), de modifier un gène, de le transférer dans un génome étranger (transgenèse), d'ouvrir la voie à la thérapie génique.

1 L'analyse de l'ADN en vue du diagnostic génétique

a. Le découpage de l'ADN par les enzymes de restriction

■ Les molécules d'ADN sont soumises à l'action d'enzymes (le plus souvent extraites de bactéries) qui les coupent en des sites spécifiques : ces enzymes dites de restriction sont de véritables « ciseaux moléculaires ».

Une enzyme de restriction n'agit pas sur les liaisons entre les bases complémentaires des deux chaînes de la molécule mais au niveau de chacun des brins en réalisant la rupture de la liaison (sucre-phosphate) entre deux nucléotides.

■ Pour fixer les idées, considérons l'enzyme de restriction Eco R1 ; elle coupe une molécule d'ADN, quelle que soit son origine, chaque fois qu'elle rencontre la séquence GAATTC (*document 2*). Dans les molécules d'ADN constitutives des chromosomes humains, cette séquence se trouve à de très nombreuses reprises : les molécules d'ADN vont être tronçonnées en des centaines de milliers de fragments par Eco R1.

La séquence reconnue par l'enzyme se retrouve sur les deux brins de la molécule d'ADN au même site (mais en sens inverse). En conséquence la coupure s'effectue sur les deux brins au même site. Beaucoup d'enzymes de restriction ne coupent pas la séquence reconnue en son milieu mais à une de ses extrémités : entre G et A de la séquence GAATTC pour Eco R1, entre A et A de la séquence AAGCTT (*document 2*) pour Hind III.

■ On connaît actuellement plus de 500 enzymes de restriction (*document 2*). Chacune diffère de l'autre par la séquence nucléotidique reconnue. Il faut bien garder à l'esprit qu'une enzyme reconnaît une séquence de nucléotides et non un gène. Elle peut même couper à l'intérieur d'un gène pour peu que la séquence reconnue s'y trouve.

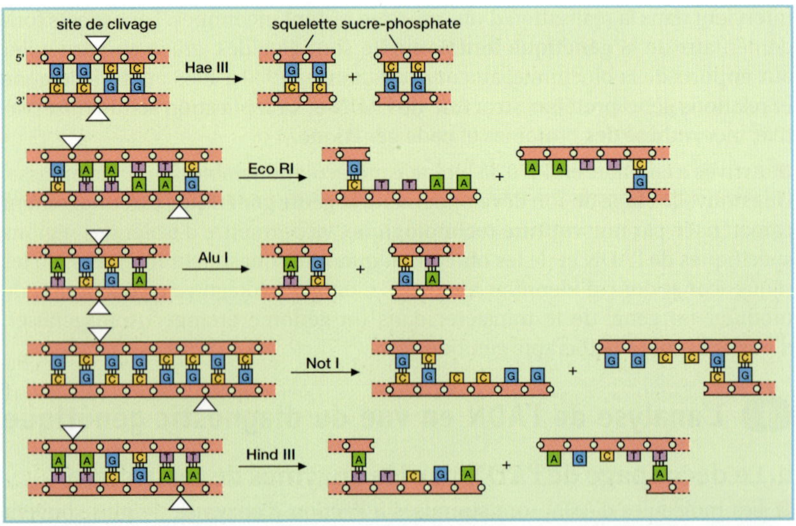

Doc. 2 – Cinq enzymes de restriction qui reconnaissent des séquences différentes.

b. La séparation des fragments d'ADN

■ L'ADN extrait des cellules d'un individu est soumis à l'action d'une ou deux enzymes de restriction et ainsi coupé en milliers de fragments. Le choix des enzymes de restriction est important et s'effectue en fonction des informations dont on dispose sur le gène recherché.

■ Ces fragments d'ADN sont séparés les uns des autres en fonction de leur taille (exprimée en milliers de paires de bases = kb) par électrophorèse sur gel d'agarose. **Ils migrent d'autant plus vite — donc plus loin du lieu du dépôt — qu'ils sont plus petits.**

■ Après arrêt de l'électrophorèse, ils sont dénaturés ; cela signifie que les deux brins complémentaires de chacun des fragments sont séparés.

■ Les fragments sont ensuite **transférés** par capillarité **sur un support solide**, un filtre de nitrocellulose qui les piège.

c. La reconnaissance des fragments d'ADN en rapport avec le gène en cause

■ On effectue ensuite une **hybridation moléculaire** : le filtre de nitrocellulose est incubé avec une **sonde** radioactive caractéristique de la région d'ADN (du gène) recherchée. Cette sonde radioactive est un brin d'ADN dont la séquence de nucléotides est capable de se lier, de s'hybrider avec le brin d'ADN du fragment recherché grâce à la complémentarité des bases.

d. Un diagnostic facilité par la PCR

La PCR (Polymerase Chain Reaction) est une technique qui permet d'amplifier (c'est-à-dire d'obtenir un très grand nombre de copies) spécifiquement une région bien délimitée d'une molécule d'ADN, la région du gène en cause dans une maladie génétique par exemple.

C'est sur cette région circonscrite de l'ADN disponible en grande quantité qu'on fait agir les enzymes de restriction adéquates.

2 Diagnostic prénatal au niveau moléculaire

Pour le diagnostic prénatal, l'ADN est obtenu à partir de cellules du fœtus recueillies dès la dixième semaine de grossesse, au niveau des villosités choriales qui sont des petites excroissances se développant sur l'enveloppe de l'embryon.

a. Diagnostic direct : l'enzyme coupe différemment les allèles

Cette technique de diagnostic prénatal est utilisable chaque fois que la différence entre l'allèle muté et l'allèle normal fait disparaître (ou apparaître) un site de reconnaissance d'une enzyme de restriction. Sous l'action de l'enzyme, il y a production, à partir des deux allèles, de deux fragments de longueurs différentes qui peuvent être révélés par la même sonde. Le cliché obtenu renseigne sur l'existence chez l'individu concerné du fragment correspondant à l'allèle muté.

b. Diagnotic indirect basé sur le polymorphisme de l'ADN à proximité du gène

■ Une molécule d'ADN comprend des séquences géniques séparées par des régions non codantes. Cet ADN non codant est d'ailleurs majoritaire. Les séquences nucléotidiques de ces régions non géniques sont aussi polymorphes. Le polymorphisme utile pour le diagnostic est celui qui touche les séquences reconnues par les enzymes de restriction appelées site de restriction.

■ Supposons qu'une enzyme reconnaisse un site de restriction d'une molécule d'ADN portant l'allèle muté, site situé au voisinage immédiat de la séquence de l'allèle. Supposons que ce site soit absent de la molécule d'ADN portant l'allèle « normal ». Dans ce cas l'enzyme de restriction spécifique du site coupera différemment les deux molécules d'ADN et l'électrophorèse révèlera des fragments de longueur différente avec une sonde adéquate. Les deux allèles pourront ainsi être repérés à partir des fragments d'ADN (voir l'exercice 15).

3 Dépistage et diagnostic génétique

■ Au bac, on peut vous proposer un arbre généalogique où sont indiqués des phénotypes des différents membres d'une famille. On vous indique en outre la localisation du gène impliqué dans la maladie génétique dont certains membres sont atteints et on vous précise la dominance ou la récessivité des allèles morbides.

■ On s'interroge sur le phénotype du fœtus qu'attend un couple de cette famille : sera-t-il ou non affecté de la maladie ? Vous êtes ainsi placé dans la situation d'émettre un **conseil génétique**, c'est-à-dire d'établir la probabilité de naissance d'un enfant malade (voir la Méthode et les exercices 9 à 12).

■ Grâce aux indications fournies vous devez établir les **génotypes des membres de la famille** et calculer la probabilité pour que les deux membres du couple possèdent tel ou tel génotype. Supposons par exemple (*document 3*) un couple (3-4) dont les membres ne sont pas atteints de mucoviscidose mais où l'homme (4) a un frère (5) atteint de cette maladie génétique (autosomale récessive). Ce frère (5) a donc pour génotype m/m (m symbolisant l'allèle à l'origine de la mucoviscidose). Les parents (1 et 2) n'étant pas atteints, ils sont donc obligatoirement hétérozygotes m+/m. Il y a donc deux chances sur trois pour que l'homme (4) soit lui aussi hétérozygote.

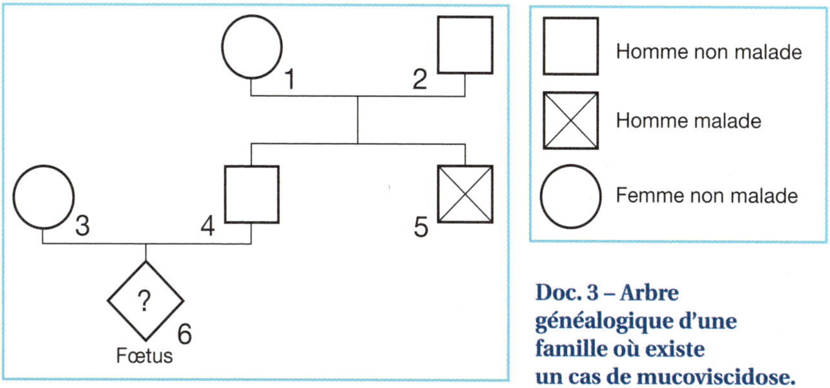

Doc. 3 – Arbre généalogique d'une famille où existe un cas de mucoviscidose.

■ Si dans la famille de la femme il n'y a pas de cas de mucoviscidose, alors la probabilité qu'elle soit hétérozygote est celle de la fréquence des hétérozygotes dans la population générale, soit 1 sur 25 pour cette maladie.

La **probabilité** d'un événement (que le fœtus soit homozygote) est le produit des probabilités des événements dont il dépend : hétérozygotie des deux parents, rencontre au hasard des gamètes qui fait qu'un couple d'hétérozygotes a une chance sur quatre d'avoir un enfant malade.

La **probabilité** dans ce cas est : $2/3 \times 1/25 \times 1/4 = 1/150$.

On vous propose ensuite des données sur l'ADN du fœtus. Ces données obtenues par les techniques indiquées précédemment doivent cette fois vous permettre d'établir un **diagnostic** et non pas une probabilité (exercice 15).

3 Transgenèse végétale et OGM

a. ADN recombinant et création de vecteurs

■ Pour introduire un fragment d'ADN dans une cellule, il faut un **vecteur**. Ce dernier est très souvent constitué d'un plasmide, une molécule d'ADN circulaire que possèdent la plupart des Bactéries en dehors du chromosome bactérien, et capable de pénétrer naturellement à l'intérieur de bactéries étrangères.

■ On réalise alors une construction génique en insérant un fragment d'ADN dans un plasmide créant ainsi un **ADN recombinant**. Pour cela, on utilise la même enzyme de restriction pour couper le plasmide et l'ADN étranger ; ainsi sont ménagées aux extrémités des régions formées d'un seul brin d'ADN et complémentaires les unes des autres. Une enzyme (une ligase) permet alors de souder les deux molécules par appariement de ces extrémités complémentaires. Le plasmide (ADN) recombinant se multiplie ensuite à l'intérieur des bactéries dans lesquelles il a pénétré.

b. La transgenèse (exemple : la transgenèse végétale)

■ Un organisme transgénique est un organisme dont toutes les cellules sont modifiées par la possession d'un gène étranger lui conférant un phénotype nouveau, en principe transmissible à sa descendance.

■ À l'origine d'un végétal transgénique existe **une cellule** transformée par l'introduction d'un gène étranger par l'intermédiaire d'un vecteur : on utilise donc les techniques de l'ADN recombinant afin de créer une construction génique qui comprend, par exemple (*document 4*) :

– un segment d'ADN du vecteur (plasmide bactérien) indispensable pour obtenir de multiples copies de cette construction après insertion dans une bactérie et multiplication de celle-ci ;

– un gène codant une protéine conférant une résistance à un antibiotique afin de sélectionner les bactéries qui ont incorporé la construction génique (les autres meurent en présence de l'antibiotique ajouté au milieu de culture ;

– un gène codant une protéine conférant une résistance à un antibiotique (antibiotique herbicide) permettant de sélectionner les seules cellules végétales transformées par la présence de la construction génique (les autres meurent) ;

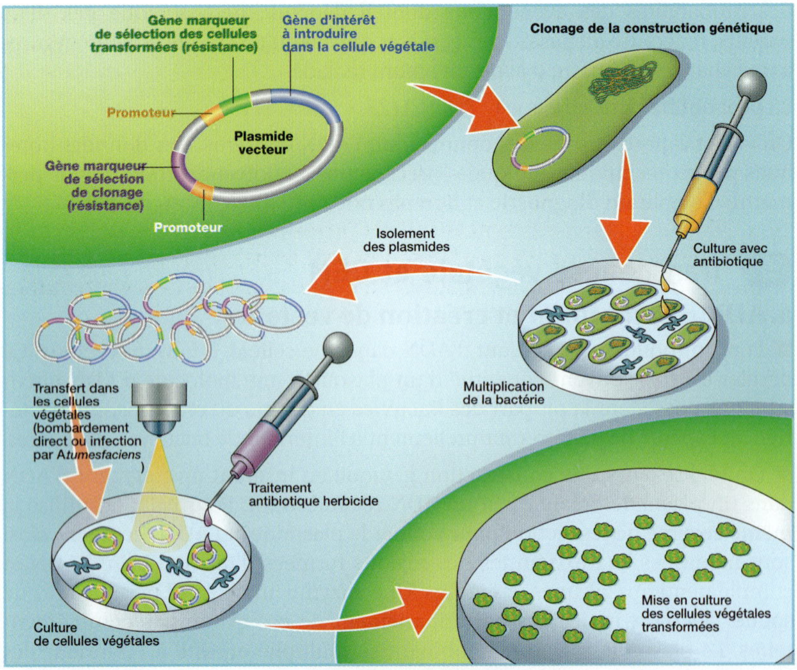

Doc. 4 – La construction génétique et son transfert.

– le **gène d'intérêt** qui confère au végétal le phénotype recherché (dans l'exemple présenté *document 4*, le gène d'intérêt code une toxine, naturellement fabriquée par une bactérie mortelle pour les chenilles d'un papillon, la Pyrale, qui attaquent les plants de Maïs).

■ La construction génique est alors introduite dans des cellules végétales par des techniques diverses. Une cellule végétale étant totipotente, on est capable d'obtenir une plante complète à partir d'une seule cellule par traitement hormonal ; la cellule de départ se multipliant par mitoses, toutes les cellules de la plante obtenue seront transgéniques.

Totipotence et **réponse au traitement hormonal** sont les propriétés qui permettent d'obtenir un végétal transgénique sans passer par le stade œuf.

4 La thérapie génique

■ Seule la thérapie génique somatique est autorisée. La thérapie génique germinale humaine, interdite en France, serait une forme de transgenèse qui reposerait sur une transformation au stade œuf.

■ La thérapie génique, comme la transgenèse, repose sur la transformation génétique d'une cellule par transfert de gène grâce à un vecteur ; la thérapie génique somatique diffère de la transgenèse car seules certaines cellules de l'organisme sont transformées et la propriété acquise n'est pas transmissible à la descendance.

■ On ne peut transformer qu'une partie de la population cellulaire visée d'un organisme. Si les cellules transformées suffisent à assurer la fonction recherchée, si leur durée de vie est longue, si elles ont conservé un fort pouvoir de division, si elles arrivent à supplanter les cellules non transformées, alors la thérapie génique peut être efficace. Le seul succès actuel est celui du traitement d'une déficience immunitaire, mais il y a eu des complications chez certains enfants traités.

À l'examen

Certains sujets peuvent se placer dans une perspective historique. Il est donc nécessaire d'avoir quelques repères historiques précis sur l'évolution des idées en génétique. Ainsi, pour traiter un tel sujet, il faut abandonner plus ou moins les connaissances modernes sur les gènes et leur transmission pour se replacer dans le cadre de pensée de l'époque à laquelle se rapporte le sujet.

L'analyse des résultats proposés doit conduire à confirmer ou à infirmer une ou des notions qui venaient d'être émises au moment considéré. Par exemple, il faut montrer en quoi les données expérimentales relatives à l'hérédité liée au sexe, en conduisant à localiser un gène sur un chromosome précis, le chromosome X, ont conforté la théorie chromosomique. Dans ce cas, il ne s'agit pas d'interpréter ces résultats expérimentaux, en disant qu'il est établi que les gènes sont effectivement portés par les chromosomes, mais bien de montrer en quoi ils confirment cette hypothèse.

L'analyse des arbres généalogiques

■ À partir de la localisation du gène, des rapports entre les allèles ainsi que de la fréquence relative de ceux-ci, vous devez être capable d'établir la probabilité qu'a un couple d'avoir un enfant présentant tel ou tel phénotype, autrement dit, d'effectuer un **dépistage**. L'analyse au niveau de l'ADN permet ensuite d'établir un **diagnostic**.

■ Dans le cas d'une maladie autosomale récessive, si un enfant d'un couple est atteint, la probabilité pour que son frère ou sa sœur **non malade** soit hétérozygote est de deux tiers, et non d'un demi. En effet, dans ce cas, un enfant non atteint peut être homozygote normal (une chance sur trois) ou hétérozygote (deux chances sur trois).

■ Dans le cas d'hérédité récessive liée au sexe, si un mâle présente le phénotype malade, sa mère non malade est obligatoirement hétérozygote. Si une fille est malade, son père est obligatoirement malade et sa mère est hétérozygote.

■ Dans le cas d'une maladie autosomale récessive, la probabilité pour qu'un couple non atteint ait un enfant malade est obtenue en multipliant entre elles les probabilités individuelles des parents d'être hétérozygotes puis par 1/4. En effet, s'ils sont tous les deux hétérozygotes, ils ont un risque sur quatre d'avoir un enfant malade.

■ Pour faire des prévisions en hérédité humaine à partir d'un arbre généalogique sur la probabilité d'apparition d'un phénotype dans la descendance d'un couple, il faut :

- répertorier les conditions nécessaires à l'apparition du phénotype ;
- évaluer la probabilité de chacune de ces conditions ;
- effectuer le produit des probabilité trouvées.

À propos des électrophorégrammes

■ Lorsqu'on fournit les résultats d'une électrophorèse, il faut regarder en premier lieu le résultat pour un individu malade, car tout individu présentant le même électrophorégramme sera évidement atteint. Mais vous ne devez pas vous contenter de cette réponse. Vous devez essayer de comprendre les résultats à partir des données fournies concernant l'enzyme de restriction utilisée et la sonde. Il suffit que la sonde puisse s'hybrider avec une partie d'un fragment d'ADN pour que celui-ci soit révélé par l'électrophorèse. Dans ce cas, vous devez déterminer les fragments de restriction caractéristiques d'un allèle « malade ».

■ Dans un cas d'hérédité autosomale, il faut bien se rendre compte que les fragments de restriction proviennent des deux chromosomes homologues porteurs des allèles.

Vérifier ses connaissances

Dans les exercices 1 à 8, relevez les affirmations inexactes et corrigez-les.

1 L'hérédité par mélange...

a. est la notion essentielle résultant des travaux de Mendel.

b. est conforté par le phénotype de l'hybride intermédiaire de ceux des parents.

c. signifie que les facteurs héréditaires des parents fusionnent chez l'hybride. ▸ corrigé p. 319

2 Par ses expériences de monohybridisme, Mendel a établi...

a. qu'en F2, les individus se répartissent en 1/4 + 1/4 de types parentaux et 1/2 de type hybride.

b. les bases de l'hérédité particulaire.

c. que les deux facteurs unis chez l'hybride, le restaient dans les gamètes.

▸ corrigé p. 319

3 Sutton et Boveri ont...

a. exprimé, les premiers, la théorie chromosomique de l'hérédité.

b. mis en parallèle le comportement des chromosomes au cours de la méiose et celui des facteurs héréditaires établi à partir d'expériences d'hybridation.

c. postulé qu'un chromosome était porteur de nombreux gènes.

d. postulé que les caractères se comportaient toujours de façon indépendante. ▸ corrigé p. 319

4 Les expériences de Morgan où la transmission des caractères est liée au sexe...

a. ont montré qu'un gène est situé sur un chromosome précis.

b. ont confirmé que plusieurs gènes se trouvent sur le même chromosome.

c. ont montré que la liaison entre deux gènes situés sur le même chromosome peut être rompue.

d. ont conduit à l'idée qu'il y avait échange entre les deux chromatides d'un chromosome au cours de la prophase de la première division de méiose. ▸ corrigé p. 319

5 **Dans un croisement entre deux individus phénotypiquement différents et de lignée pure, l'hérédité liée au sexe...**

a. se reconnaît au fait que le résultat du croisement entre deux individus de lignée pure est indépendant du sens du croisement.

b. est telle que les F1 mâles possèdent le phénotype de la mère, uniquement lorsque celui-ci est dominant.

c. est telle que les F1 mâles sont toujours de lignée pure.

d. fait que les F1 femelles présentent toujours le phénotype de leur père.

▸ corrigé p. 319

6 Considérons une maladie héréditaire rare due à un allèle d'un gène situé sur la région propre au chromosome X.

Un couple dont seule la mère, non malade, possède l'allèle responsable...

a. a des enfants qui sont tous malades.

b. a des filles malades.

c. a des garçons malades.

d. peut avoir des filles dont le risque d'avoir un garçon malade est de 1/2.

▸ corrigé p. 319

7 L'hémophilie A est une maladie récessive dont le gène en cause est situé sur la région propre au chromosome X. La fréquence des hommes atteints d'hémophilie A est de 1 sur 10 000.

On peut en conclure que :

a. La fréquence des femmes hémophiles est beaucoup plus basse.

b. La mère d'un hémophile a une chance sur deux d'être hétérozygote.

c. Le père d'un hémophile est, à coup sûr, hétérozygote.

d. La sœur d'un hémophile a une chance sur cinq mille d'avoir un garçon hémophile. ▸ corrigé p. 319

8 La fréquence d'allèles responsables de la mucoviscidose est de 1/25. Ces allèles sont récessifs et portés par un autosome.

On en conclut que :

a. La fréquence des personnes atteintes de mucoviscidose est de 1/50.

b. Le frère non malade d'un enfant atteint de mucoviscidose a 1 risque sur 25 d'être hétérozygote.

c. Le risque d'avoir un enfant malade pour la sœur non malade d'un sujet atteint est de 1 sur 150.

d. L'oncle paternel d'un enfant malade a 1 risque sur 25 d'être hétérozygote. ▸ corrigé p. 320

S'entraîner

Dans les exercices 9 à 12, en exploitant les informations tirées du document proposé, relevez les affirmations exactes et corrigez celles qui sont fausses.

9 Sachant que dans cette famille (*document A*), la maladie est due à un allèle morbide récessif d'un gène porté par la partie propre au chromosome X, on peut affirmer que :

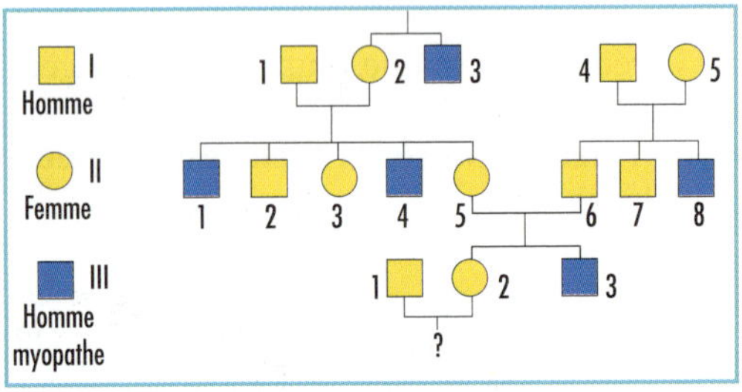

Doc. A – Arbre généalogique d'une famille où existent des cas de myopathie.

a. L'individu I-3 est homozygote.
b. L'individu I-5 est hétérozygote.
c. La probabilité pour que III-2 soit hétérozygote est de 1/2.
d. Si l'enfant du couple III-1-III-2 est une fille, elle a un risque sur deux d'être malade.

▸ corrigé p. 320

10 La mucoviscidose est une maladie héréditaire due à des allèles récessifs d'un gène situé sur le chromosome 7.
On peut affirmer à partir du *document B* que :

a. L'un des parents I-1 ou I-2 est homozygote.
b. L'individu II-1 possède un seul allèle morbide.
c. La probabilité pour que la femme II-2 soit hétérozygote est d'un tiers.
d. L'enfant à naître III-3 a une probabilité de 1/200 d'être malade (sachant que la fréquence des hétérozygotes pour l'ensemble des allèles à l'origine de la mucoviscidose est d'environ 1 personne sur 25). ▸ corrigé p. 320

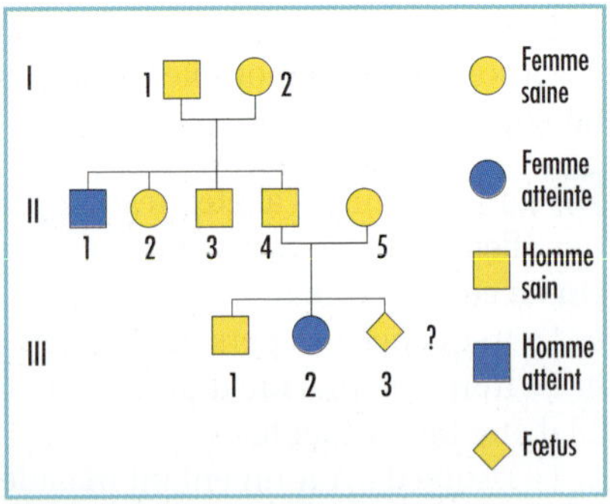

Doc. B – Arbre généalogique d'une famille où existent des cas de mucoviscidose.

11 L'hypophosphatémie, *document C*, est due aux allèles dominants morbides d'un gène situé sur le chromosome X. **On peut affirmer que :**

a. L'individu I-2 est homozygote.

b. La femme II-2 est hétérozygote.

c. La probabilité pour que l'enfant IV-7 soit malade si c'est une fille est de 1/2.

d. La probabilité pour que l'enfant IV-7 soit malade si c'est un garçon est de 1/4. ▸ corrigé p. 320

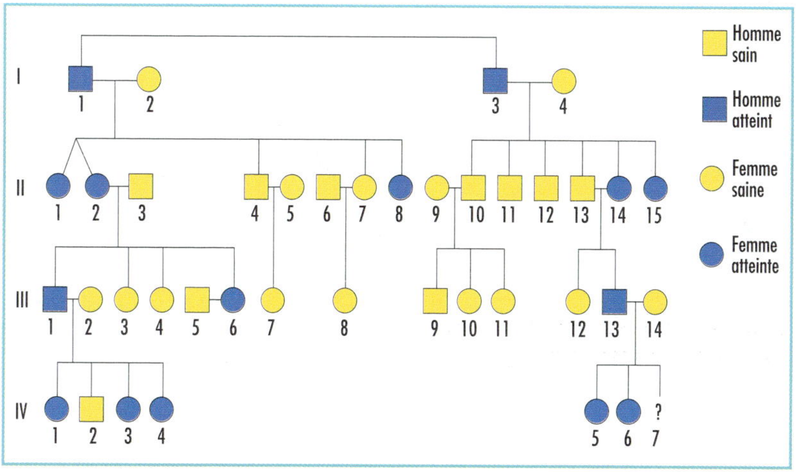

Doc. C – Arbre généalogique.

12 La chorée de Huntington est une maladie héréditaire rare due à des allèles morbides d'un gène autosomal ; ces allèles sont dominants.

On peut affirmer à partir du *document D* que :

a. L'individu I-2 est hétérozygote.

b. La probabilité pour que l'individu II-5 soit hétérozygote est de 1/2.

c. L'enfant à naître IV-9 a un risque sur deux d'être malade. ▸ corrigé p. 320

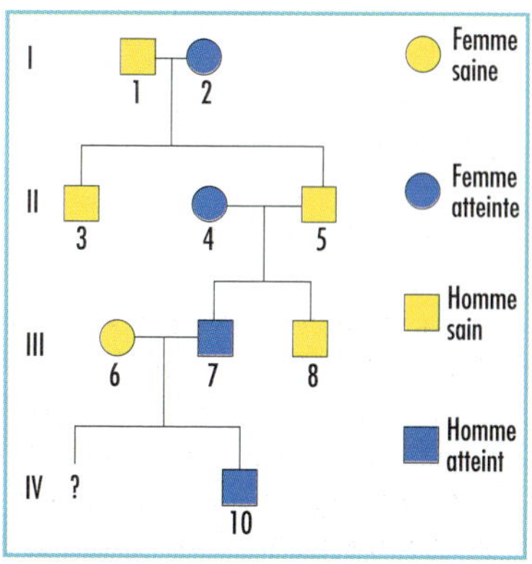

Doc. D – Arbre généalogique.

Dans les exercices 13 à 15, tirez les informations du document pour répondre à la question posée.

13 D'après les *documents E1 et E2*, indiquez les arguments en faveur de l'idée que le gène en cause est situé sur la région propre au chromosome X. ▸ corrigé p. 320

	Individus croisés	Résultats du croisement
Croisement n° 1	Femelle [+] × Mâle [z] homozygote	50 % mâles [+] 50 % femelles [+]
Croisement n° 2	Femelle [z] × Mâle [+] homozygote	50 % mâles [z] 50 % femelles [+]
Croisement n° 3	Mâle [+] irradié aux rayons X × Femelle [z] homozygote non irradié	mâles [z] : 50 % femelles [+] } 50 % rares femelles [z]

Doc. E1 – Données génétiques et résultats de trois croisements.
Les Drosophiles croisées diffèrent par le phénotype « couleur des yeux » déterminé par un couple d'allèles du gène zeste, notés + et z. Le phénotype « yeux rouges » est noté [+] ; le phénotype « yeux jaune citron » est noté [z].

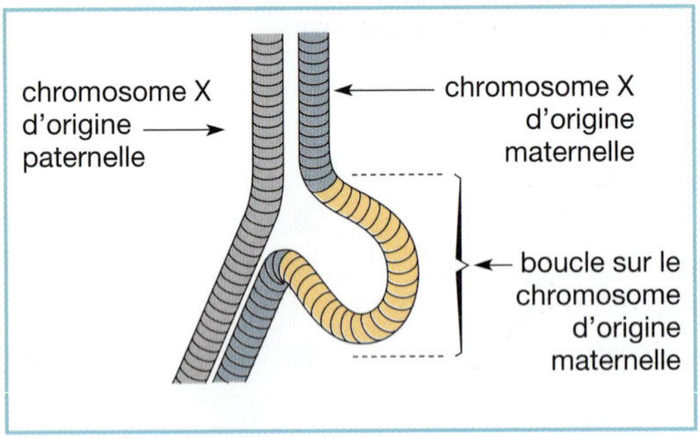

Doc. E2 – Conséquences de l'irradiation par l'observation des deux chromosomes X d'une des rares femelles [z] du croisement n° 3 au *document E1*. *L'irradiation aux rayons X peut, dans certains cas, provoquer chez la drosophile des pertes de fragments d'ADN. En cas de perte d'un fragment sur l'un des deux chromosomes, le chromosome ne présentant pas de perte forme une boucle dans la région où l'autre chromosome présente une perte.*

14 Tirez des *documents F1 et F2* des arguments :

– confortant le fait que les deux gènes en cause sont portés par le chromosome X et que les résultats ne peuvent s'interpréter que si la liaison entre les allèles des deux gènes est rompue dans certains cas lors de la formation des gamètes de l'hybride femelle F1 ;

– montrant en quoi la figure de prophase (*document F2*) a permis à Morgan de conforter la théorie chromosomique. ▸ corrigé p. 321

Drosophile mâle au corps jaune et aux ailes sans nervures transversales X Drosophile femelle au corps gris et aux ailes normalement nervurées

F1 : 100 % d'individus au corps gris et aux ailes normalement nervurées

F1 X F1

F2 :

Phénotype	Sexe	
	femelle	mâle
Corps gris, ailes normalement nervurées	3 743	1 621
Corps gris, ailes sans nervures transversales	0	254
Corps jaune, ailes sans nervures transversales	0	1 625
Corps jaune, ailes normalement nervurées	0	250

Doc. F1 – Gènes liés et comportement des chromosomes.

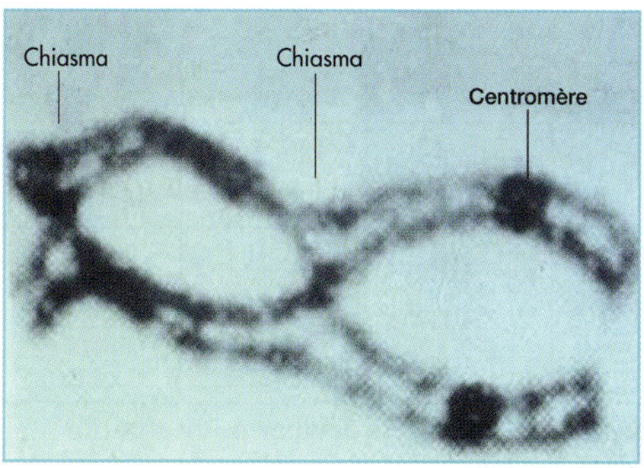

Doc. F2

15 L'origine de la mucoviscidose est une mutation qui affecte le gène CF. On désignera par N l'allèle fonctionnel du gène et par m l'allèle morbide. Il existe sur le chromosome où est localisé le gène et à proximité de celui-ci, une région non codante où se trouvent des sites de restriction (coupure) reconnus par l'enzyme Taq1. Dans cette famille, l'allèle fonctionnel est lié à quatre sites de restriction tandis que l'allèle morbide est lié à trois sites de restriction. On dispose d'une sonde XV2C radioactive capable de s'hybrider à ce locus avec les fragments de restriction (chacun d'eux est exprimé en kilobases).

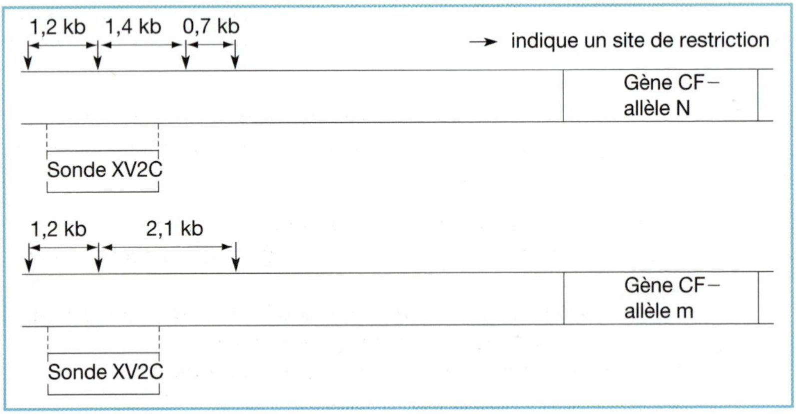

Doc. G1 – Liaison allèle du gène CF et sites de restriction.

Taille des fragments	Père (non atteint)	Mère (non atteinte)	Enfant 1 (non atteint)	Enfant 2 (atteint)	Enfant 3 (à naître)
2,1 kb	———	———	———	———	
1,4 kb	———	———	———		———
1,2 kb	———	———	———	———	———

Doc. G2 – La technique du *Southern blot* permet de révéler pour chaque individu la présence ou non de tel ou tel fragment de restriction.

Expliquez pourquoi on trouve trois fragments de restriction chez le père, la mère et l'enfant 1 et deux seulement chez l'enfant 2. Recherchez les arguments en faveur de l'idée que l'enfant 3, à naître, est homozygote normal pour le gène en cause. ▸ corrigé p. 322

1 **a.** C'est la notion d'hérédité particulaire qui résulte des travaux de Mendel (existence de « facteurs » héréditaires appelés « gènes » par la suite).
b. L'existence dans certains cas d'un phénotype intermédiaire ne signifie pas hérédité par mélange. Les générations obtenues par croisement de ces hybrides montrant le retour des types parentaux, infirment cette hérédité par mélange.

2 **c.** Les résultats obtenus impliquent qu'un gamète ne renferme qu'un seul facteur héréditaire. En 1900 cela sera appelé la « loi de pureté des gamètes ».

3 **d.** Sutton et Bovery ont imaginé qu'un chromosome était porteur de plusieurs gènes qui ne pouvaient se comporter de manière indépendante (infirmation de la loi de Mendel : « disjonction indépendante des couples de facteurs »).

4 **a.** C'est exact, il s'agit d'un gène situé sur le chromosome sexuel X.
d. Les échanges se font entre chromatides de chromosomes homologues et non entre chromatides d'un même chromosome.

5 **a.** Le résultat du croisement dépend du sens du croisement.
b. Les mâles F1 possèdent toujours le phénotype de la mère, même lorsque celui-ci est récessif.
c. Les mâles ne possèdent qu'un seul allèle situé sur leur chromosome X unique, et sont donc toujours de lignée pure pour ce gène.
d. C'est uniquement vrai lorsque le père a le phénotype dominant.

6 **a.** Faux.
b. L'allèle morbide est obligatoirement récessif, et la mère ne peut pas avoir de filles malades, car ces dernières recevront toutes l'allèle non morbide dominant de leur père.
c. C'est possible mais pas obligatoire (probabilité de 1/2).

7 **b.** La mère d'un hémophile est obligatoirement hétérozygote (le fils ne peut recevoir un chromosome X que de sa mère)
c. Le père d'un hémophile est homozygote : il ne possède qu'un seul allèle du gène.
d. La sœur d'un hémophile a un risque sur deux d'être hétérozygote puisque sa mère est elle-même hétérozygote ; si elle est effectivement hétérozygote, il y une chance sur deux, qu'elle transmette l'allèle morbide à son garçon. Il y a donc une chance sur quatre ($1/2 \times 1/2 = 1/4$) pour que ce dernier soit hémophile.

8 a. Faux, car le risque pour que l'enfant d'un couple de hasard soit atteint est de $1/25 \times 1/25 \times 1/4 = 1/2\,500$.
b. Faux, les deux parents étant hétérozygotes, il y a donc deux chances sur trois pour que le frère non atteint soit hétérozygote.
c. Exact, en effet le risque d'avoir un enfant malade est de $1/25 \times 2/3 \times 1/4$, soit 1/150.
d. Faux, le frère de cet oncle paternel est obligatoirement hétérozygote puisqu'il a un enfant malade ; un de leurs parents au moins était porteur de l'allèle morbide : il y a donc une chance sur deux qu'il ait donné l'allèle morbide à ses enfants donc à l'oncle concerné.

9 a. Exact, il ne possède qu'un seul allèle.
b. Exact, elle a un garçon myopathe et n'est pas atteinte.
c. Exact, sa mère étant hétérozygote.
d. Faux, elle reçoit obligatoirement l'allèle dominant non morbide de son père.

10 a. Les parents, ayant un enfant malade, sont obligatoirement hétérozygotes.
b. L'individu II-1 est malade puisque l'allèle morbide est récessif, il possède deux allèles morbides.
c. Les deux parents étant hétérozygotes, la probabilité pour que la femme II-2 soit hétérozygote est de deux tiers.
d. Les deux parents étant hétérozygotes (III-2 est malade), la probabilité pour III-3 d'être malade est de 1/4.

11 a. Exact, la femme I-2 a le phénotype récessif.
b. Exact, sa mère étant homozygote récessive.
c. Faux, cette fille recevra toujours le chromosome X de son père et sera donc toujours malade.
d. Faux, recevant son unique chromosome X de sa mère, ce garçon ne sera jamais malade.

12 a. Exact, si II-3 n'est pas malade c'est qu'il a reçu l'allèle non morbide de sa mère I-2 qui est donc hétérozygote.
b. Faux, II-5 est obligatoirement homozygote récessif.
c. Exact, il y a une chance sur deux que le père transmette son allèle morbide.

13 Le résultat F1 dépend du sens du croisement (*document E1*). La F1 est hétérogène dans le croisement n° 2. Dans le croisement n° 3 apparaissent des femelles Z de phénotype récessif bien que le mâle de race pure, soit de phénotype dominant ; cela signifie que le père n'a pas transmis l'allèle morbide à ses filles. L'observation des chromosomes X des femelles Z indique que le chromosome d'origine paternelle est délété d'une région (privé d'un fragment).
Ces arguments permettent de penser que le locus du gène considéré est situé sur cette région du chromosome X.

14 La F1 étant homogène, on ne peut rien en conclure sinon que les caractères corps gris, ailes nervurées sont dominants. Par contre, dans la F2, tant pour le caractère couleur que pour la nervation des ailes, on reconnaît deux phénotypes chez les mâles : corps gris ou corps jaune, ailes sans nervure ou avec nervures. Par contre les femelles F2 ne présentent qu'un seul phénotype pour la couleur du corps (corps gris) et un seul phénotype pour la nervation des ailes (ailes avec nervures).

Dans un cas d'hérédité autosomale, la population F2 femelle devrait présenter les deux phénotypes pour chacun des caractères et, en F2, mâles comme femelles devraient être dans les proportions 3/4 dominant et 1/4 récessif, pour chaque caractère.

La composition de la F2 est donc en désaccord avec ces prédictions, ce qui infirme l'hypothèse de gènes portés par des autosomes.
Si ces gènes sont portés par la région propre au chromosome X, les F1 pour le caractère couleur du corps doivent avoir pour génotypes : XjXg pour les femelles et XgY pour les mâles (g étant dominant). La descendance F1 × F1 sera :

	Xg	Y
Xj	XgXj	XjY
Xg	XgXg	XgY

Soit pour les femelles 100 % de phénotype corps gris, et pour les mâles 50 % corps gris et 50% corps jaune, ce qui correspond aux résultats obtenus. Le même raisonnement peut être fait pour la nervation de l'aile.

En considérant les deux caractères à la fois, les génotypes des F1 sont XgnXjs pour les femelles et XgnY pour les mâles. Sans rupture de la liaison entre gènes couleur du corps et nervation, on devrait obtenir à la suite du croisement F1 × F1, 100 % de femelles au corps gris et aux ailes nervurées et 50% de mâles à corps gris ailes nervurées et 50 % de mâles à corps jaune et ailes sans nervure.

La présence dans la descendance mâle de phénotypes « corps gris, ailes sans nervures » et « corps jaune, ailes nervurées » ne peut s'interpréter que si la femelle F1 a produit des gamètes Xgs et Xjn ce qui implique la rupture de la liaison entre gènes.

En mettant en relation l'existence de gamètes recombinés et l'observation des chiasmas lors de la prophase de la première division de méiose, Morgan en déduit que ce sont les échanges entre les chromatides de chromosomes homologues qui rendent compte de l'existence de gamètes recombinés.

La théorie chromosomique de l'hérédité, expliquant des résultats inattendus, a ainsi été confortée.

15 Pour un allèle fonctionnel N, l'enzyme de restriction Taq1 découpe trois fragments dans la région considérée, respectivement 1,2, 1,4 et 0,7. La sonde ne révèle que les fragments 1,2 et 1,4.
Dans la même région, au voisinage d'un allèle morbide m, l'enzyme découpe 2 fragments, 1,2 et 2,1, tous deux révélés par la sonde.
Pour chaque individu, on étudie les résultats de l'action de Taq1 sur les deux chromosomes homologues. Le père, la mère et l'enfant 1 présentent trois fragments : 1,2, 1,4 et 2,1. La présence du fragment 2,1 indique un chromosome portant l'allèle m et la présence d'un fragment 1,4 celle d'un chromosome possédant l'allèle N. Le père, la mère et l'enfant 1 sont donc hétérozygotes Nm.
L'enfant 2 possède le fragment 2,1 mais ne possède pas le fragment 1,4 ; il ne possède donc pas l'allèle N : il est homozygote mm ce qui est en accord avec son phénotype mucoviscidique.
L'enfant à naître ne possède pas le fragment 2,1 et donc l'allèle m : il est par conséquent homozygote NN et ne sera pas malade.

18 Diversité et complémentarité des métabolismes

POUR COMMENCER

► Tous les êtres vivants, animaux et végétaux, sont des producteurs de matières organiques, c'est-à-dire qu'ils sont le siège de réactions chimiques aboutissant à la synthèse de matières organiques à partir de nutriments prélevés dans le milieu extérieur. Plus précisément, ce sont les cellules constitutives de ces organismes qui, en fonction des informations de leur programme génétique, synthétisent ces matières organiques.

En classe de **Seconde**, vous avez vu que, d'après les caractéristiques de leur métabolisme, ont reconnaît deux grands types de cellules : les **cellules autotrophes** et les **cellules hétérotrophes.** Les cellules autotrophes, notamment les cellules chlorophylliennes des plantes, synthétisent leurs molécules organiques à partir de matières minérales (CO_2, H_2O, ions minéraux) ; les cellules hétérotrophes synthétisent leurs matières organiques à partir de nutriments organiques.

En classe de **Terminale**, on étudie les mécanismes photosynthétiques qui contribuent à l'autotrophie des cellules chlorophylliennes.

► Les cellules utilisent également les matières organiques comme source d'énergie assurant ainsi leur travail mécanique, leurs synthèses, le maintien d'un milieu intracellulaire de composition différente du milieu extracellulaire. Cette énergie des molécules organiques des nutriments (glucose, acides gras, acides aminés) n'est pas directement utilisable ; elle ne le devient qu'à la suite de leur oxydation au sein des cellules par la respiration.

L'équation globale traduisant l'oxydation du glucose est :

$C_6H_{12}O_6 + 6\ O_2 \rightarrow 6\ CO_2 + 6\ H_2O$ + Chaleur + Énergie utilisable pour la vie cellulaire.

La chaleur n'est pas une forme d'énergie utilisable pour la vie cellulaire : les cellules ne sont pas des machines thermiques. En classe Terminale, on étudie sous quelle forme se trouve l'énergie nécessaire à la vie cellulaire, comment elle est produite et utilisée.

I La photo-autotrophie pour le carbone

1 Autotrophie et hétérotrophie

a. Au niveau de l'écosystème

- **Les végétaux** sont des êtres vivants **autotrophes**, capables de fabriquer leurs propres molécules organiques à partir de molécules strictement minérales (eau, ions minéraux, dioxyde de carbone). Ce sont les premiers producteurs de molécules organiques : ce sont des **producteurs primaires**.

- **Les animaux et les champignons** fabriquent leurs molécules organiques à partir de molécules organiques préexistantes : ce sont des **hétérotrophes**. Ils produisent donc leurs molécules organiques en utilisant celles produites par un autre être vivant animal ou végétal : ce sont des producteurs secondaires ou consommateurs.

- Dans les chaînes alimentaires des producteurs primaires vers les producteurs secondaires, il y a transfert des molécules organiques. La matière organique **ingérée** n'est pas entièrement assimilée et seule une partie de la matière assimilée sert à la production secondaire ; le reste est **oxydé** lors de la respiration, et les atomes de carbone se retrouvent dans l'atmosphère sous forme de CO_2.

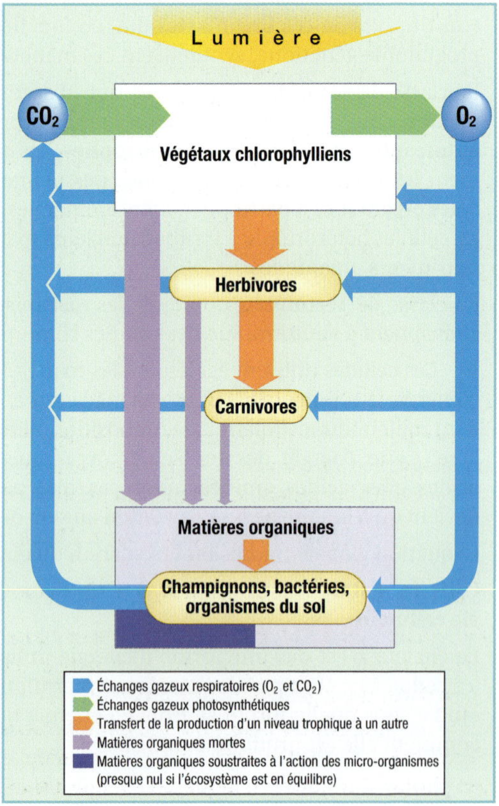

Doc. 1

■ Dans un écosystème en équilibre **la consommation de CO_2 associée à la production d'O_2 lors de la photosynthèse des végétaux chlorophylliens est égale à la production de CO_2 associée à la consommation d'O_2 lors de la respiration de l'ensemble des êtres vivants** (***document 1***) : les écosystèmes forestiers à maturité ne peuvent donc pas être considérés comme les poumons de la planète.

b. Au niveau du végétal

■ Seuls les **organes chlorophylliens** du végétal, et plus particulièrement les feuilles, sont **autotrophes** : ils sont le siège dans les chloroplastes de la synthèse de matières organiques à partir de **dioxyde de carbone, d'eau et d'ions minéraux**. Les organes **non chlorophylliens** sont **hétérotrophes**.

■ Le CO_2 diffuse de l'atmosphère vers l'intérieur des feuilles par les stomates. Il pénètre ensuite dans les cellules foliaires où il se trouve sous forme dissoute et atteint les chloroplastes (*voir document I page 344*) où a lieu la photosynthèse. L'eau et les ions minéraux sont transférés sous la forme de **sève brute** des racines vers les cellules chlorophylliennes des feuilles grâce à des vaisseaux.

■ Les molécules organiques synthétisées dans les chloroplastes des cellules chlorophylliennes sont utilisées sur place pour le fonctionnement de ces cellules ou exportées sous forme de **sève élaborée** par l'intermédiaire d'autres vaisseaux jusqu'aux organes non chlorophylliens hétérotrophes, pour permettre leur fonctionnement et leur croissance.

■ Les organes chlorophylliens et non chlorophylliens, à la lumière comme à l'obscurité, **respirent**, donc oxydent une partie des matières organiques résultant de la photosynthèse.

2 La photosynthèse

■ Les chloroplastes (*document 2*) sont le siège de la photosynthèse : synthèse de matière organique à partir de CO_2 et de l'hydrogène provenant de l'oxydation de l'eau et ceci, à la lumière. Le bilan de la photosynthèse peut s'écrire :

$$6\,CO_2 + 12\,H_2{}^*O \longrightarrow C_6H_{12}O_6 + 6\,{}^*O_2 + 6\,H_2O$$

➲ *met en évidence que les atomes du dioxygène proviennent des molécules d'eau.

Globalement, la photosynthèse est une oxydoréduction au cours de laquelle l'eau est oxydée et le CO_2 réduit. L'intensité de la photosynthèse peut être évaluée à partir du dégagement de dioxygène.

■ On reconnaît deux phases dans la photosynthèse : une **phase photochimique** au cours de laquelle l'énergie solaire (la lumière) est indispensable et une **phase non photochimique** pour laquelle l'énergie lumineuse n'est pas nécessaire et qui utilise les produits de la phase photochimique.

■ Il existe deux compartiments fonctionnels dans le chloroplaste (*document 2*) celui des **thylakoïdes** dont les membranes contiennent les pigments chlorophylliens où a lieu la phase photochimique et celui du **stroma** où se déroule la phase non photochimique.

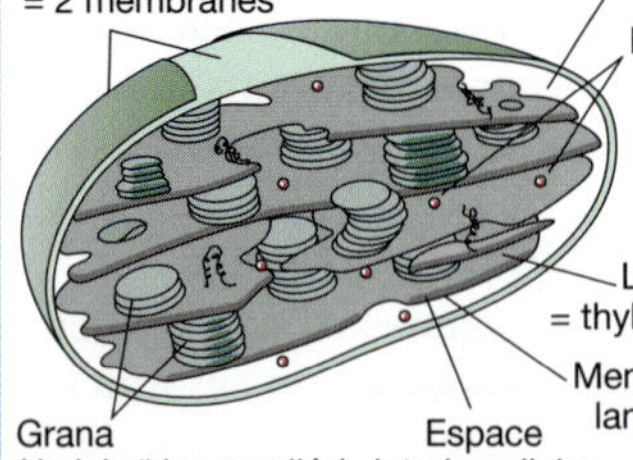

Doc. 2 – Le chloroplaste.

a. La phase photochimique de la photosynthèse

■ Au cours de cette phase, les pigments chlorophylliens absorbent certaines radiations essentiellement dans le bleu-violet et le rouge, radiations dont l'énergie est utilisée lors de la photosynthèse.

■ L'énergie captée par les pigments chlorophylliens est utilisée pour réaliser globalement une réaction d'oxydoréduction (*document 3*) où l'eau est oxydée et des transporteurs (R) sont réduits :

$$\mathbf{2\,H_2O + 2\,R \longrightarrow O_2 + 2\,RH_2}$$

Au cours de cette réaction, il y a également synthèse d'ATP à partir d'ADP et de phosphate (Pi). Cette synthèse d'ATP exige des enzymes (ATPases = ATPsynthétases) situées dans la membranes des thylakoïdes.

■ L'ATP (adénosine triphosphate) est une molécule constituée d'une molécule d'adénine (base azotée), d'une molécule de ribose (sucre en C_5) et de trois groupement phosphate en série, attachés au sucre.

L'hydrolyse enzymatique de la liaison entre le phosphate terminal et celui qui le précède donne naissance à l'adénosine diphosphate (ADP) et à du phosphate inorganique (Pi) avec libération d'énergie :

$$\mathbf{ATP + H_2O \xrightarrow{\text{enzymes}} ADP + Pi + énergie}$$

Inversement, la synthèse d'ATP nécessite un apport énergétique :

$$\mathbf{ADP + Pi \xrightarrow[\text{énergie}]{\text{enzymes}} ATP + H_2O}$$

■ La phase photochimique peut se dérouler dans des chloroplastes ou même dans des thylakoïdes isolés, à condition d'enrichir le milieu en un oxydant (souvent désigné sous le nom de « réactif de Hill »), équivalent des transporteurs R présents normalement dans le chloroplaste.

Cette phase photochimique ne nécessite pas directement la présence de CO_2.

■ Les produits issus de la **phase photochimique** (ATP et RH_2) sont utilisés lors de l'incorporation du CO_2 dans les molécules organiques. Cette incorporation a lieu dans le stroma des chloroplastes et constitue la **phase non photochimique** de la photosynthèse.

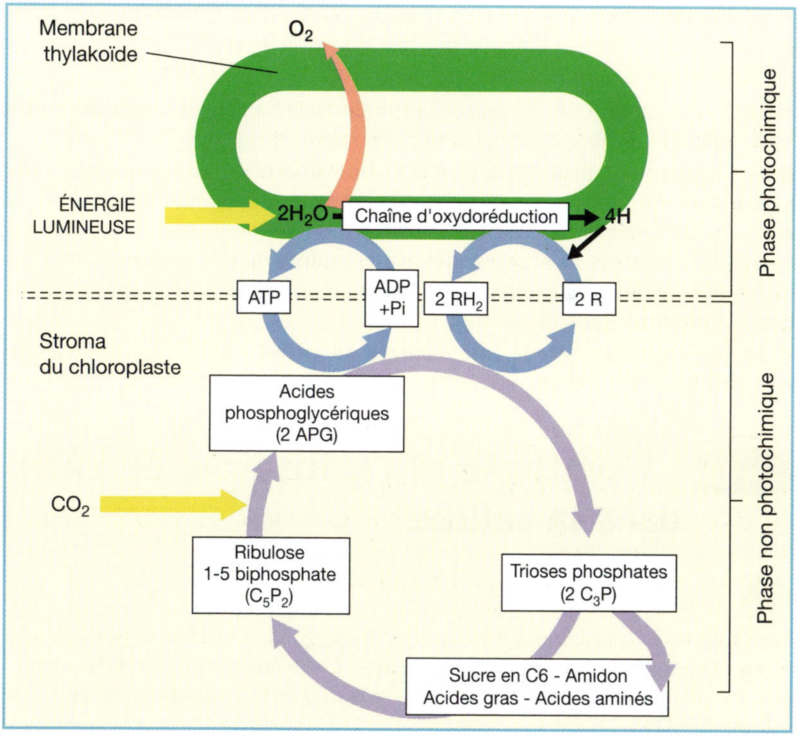

Doc. 3 – Phases photochimique et non photochimique de la photosynthèse (cycle de Calcin).

b. La phase non photochimique de la photosynthèse

■ Lors de la phase non photochimique (*document 3*), le CO_2 se fixe sur une molécule en C_5, **le ribulose 1-5 biphosphate (C_5P_2)**, donnant deux molécules d'**APG (acide phosphoglycérique)**, premières molécules formées.

■ Ces molécules d'APG sont ensuite réduites en molécules de **triose phosphate (C_3P)** par les transporteurs **RH_2** ; cette réaction nécessite la consommation d'ATP. Dans les chloroplastes éclairés, les transporteurs RH_2 et l'ATP utilisés dans la phase non photochimique sont constamment régénérés par les mécanismes de la phase photochimique.

■ Les molécules de triose phosphate servent :
– à la régénération du ribulose 1-5 biphosphate,
– à la synthèse de molécules glucidiques (glucose, fructose, amidon), d'acides aminés et d'acides gras.

Si la phase photochimique est interrompue (obscurité), la réduction de l'APG en triose phosphate est bloquée par manque de RH_2 et d'ATP ; par contre, la synthèse d'APG se poursuit tant qu'il reste du C_5P_2.

Si l'on arrête l'apport de CO_2 aux chloroplastes, à la lumière, la formation d'APG à partir de C_5P_2 est bloquée, mais sa transformation en C_3P puis en C_5P_2 continue.

■ Les molécules glucidiques formées sont stockées temporairement sous forme d'amidon dans le chloroplaste ou sont exportées dans le cytoplasme, où elles servent à la synthèse de saccharose, forme de transport vers les organes non chlorophylliens. La synthèse des acides aminés dans le stroma à partir des molécules de triose phosphate nécessite un apport d'ions minéraux (en particulier azotés) transportés par la sève brute.

■ **La photosynthèse est la voie d'entrée du carbone oxydé et de l'énergie solaire dans la biosphère.**

II La synthèse et l'utilisation de l'ATP dans la cellule

1 Production d'ATP

■ Les activités cellulaires nécessitent de l'énergie. Pour toutes les cellules, les molécules organiques sont source d'énergie. Cette énergie des molécules organiques **n'est pas directement utilisable** : elle doit être convertie en **énergie chimique de l'ATP**.

■ Dans les cellules, les molécules organiques sont dégradées et l'énergie libérée par cette dégradation sert à la synthèse d'ATP à partir d'ADP et de Pi.

■ L'ATP est utilisé pour les activités cellulaires (réactions de synthèse, mouvements, division cellulaire) au fur et à mesure qu'il est fabriqué. **L'ATP est donc un intermédiaire métabolique fondamental constamment utilisé et régénéré, mais non stocké.**

2 Les réactions du catabolisme productrices d'ATP (exemple de la dégradation du glucose)

■ **Le renouvellement de l'ATP** se fait toujours à partir de la dégradation d'une molécule organique (par exemple le glucose). Selon le type de cellule et donc son programme génétique dont dépend son équipement enzymatique, cette dégradation sera complète (respiration cellulaire) ou incomplète (fermentation).

■ **La dégradation du glucose** débute toujours dans le cytoplasme par la glycolyse, ensemble de réactions qui permettent la synthèse d'une faible quantité d'ATP (deux molécules par molécule de glucose dégradée), nécessitant des transporteurs à l'état oxydé (R) et qui aboutissent à la formation de deux molécules de pyruvate par molécule de glucose consommée.

$$C_6H_{12}O_6 + 2\,R \xrightarrow[2\,ADP + 2\,Pi \;\to\; 2\,ATP]{} 2\,CH_3-\underset{\underset{O}{\|}}{C}-COOH + 2\,RH_2$$

(acide pyruvique - pyruvate)

(Pi = phosphate inorganique)

■ Le pyruvate issu de la glycolyse est utilisé ensuite :

– Soit au cours de la **fermentation** réalisée par certains types cellulaires. La fermentation a lieu dans le **cytoplasme** et permet de réoxyder les transporteurs afin que la glycolyse se poursuive : par exemple, la fermentation lactique (Pyruvate + $RH_2 \longrightarrow$ Lactate (acide lactique) + R) dans la cellule musculaire (où le pyruvate est réduit en lactate) ou la fermentation alcoolique (Pyruvate + $RH_2 \longrightarrow$ éthanol + R + CO_2) dans les cellules de levure (où le pyruvate est réduit en alcool avec production de CO_2).

– Soit au cours de la **respiration** qui a lieu dans les **mitochondries** (*document 4*). Au cours de la respiration, qui consomme du dioxygène, le pyruvate est complètement dégradé en CO_2 et H_2O. La respiration permet la production, à partir des molécules de pyruvate, d'un grand nombre de molécules d'ATP.

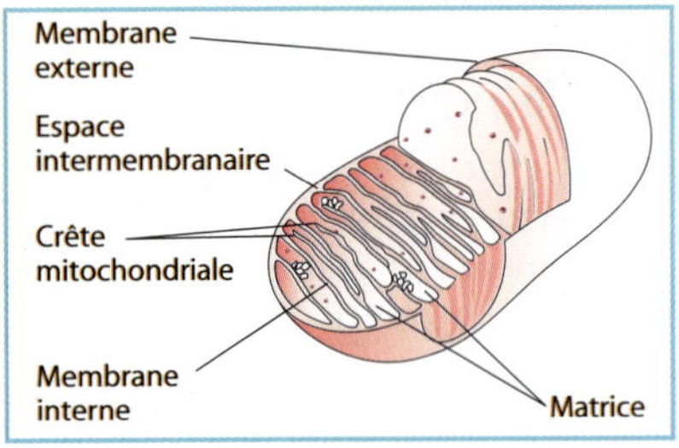

Doc. 4 – La mitochondrie.

Dans un premier temps, le pyruvate est dégradé dans la matrice mitochondriale avec production de CO_2 et de composés réduits RH_2.

$$2\,CH_3-\underset{\underset{O}{\|}}{C}-COOH + 10\,R + 6\,H_2O \xrightarrow[2\,ADP + 2\,Pi \;\rightarrow\; 2\,ATP]{} 6\,CO_2 + 10\,RH_2$$

Dans une deuxième phase, qui a lieu au niveau des crêtes mitochondriales, l'**oxydation par le dioxygène** des composés réduits RH_2 est couplée à la production d'une importante quantité d'ATP

$$12\,RH_2 + 6\,O_2 \xrightarrow[32\,ADP + 32\,Pi \;\rightarrow\; 32\,ATP]{} 12\,R + 12\,H_2O$$

■ Toutes les réactions chimiques impliquées dans la glycolyse, la fermentation et la respiration étant catalysées par des enzymes spécifiques, protéines codées par des gènes, **elles dépendent toutes du programme génétique de la cellule**.

3 Un exemple de l'utilisation de l'ATP : la contraction musculaire

a. Les besoins des cellules musculaires au cours de la contraction

■ Les myofibrilles sont les éléments contractiles de la cellule musculaire. Isolée, une myofibrille garde sa capacité à se contracter à condition de lui fournir de l'ATP et des ions Ca^{++} ; en empêchant uniquement l'utilisation de l'ATP, on inhibe la contraction : **l'ATP (adénosine triphosphate) est indispensable à la contraction des myofibrilles.**

Dans la cellule musculaire en activité, la concentration d'ATP reste à peu près constante car l'ATP consommé est sans cesse renouvelé. Les mécanismes cellulaires consommateurs de glucose et de dioxygène assurent le renouvellement de l'ATP utilisé lors de la contraction.

b. Contraction musculaire et utilisation de l'ATP

■ **La contraction musculaire des myofibrilles.** Chaque myofibrille (*document 5*) est constituée d'une succession de sarcomères délimités par les stries Z, et chaque sarcomère est constitué de myofilaments épais de myosine et de myofilaments fins d'actine. Les disques sombres sont formés de filaments d'actine et de myosine, sauf dans la région centrale (H) où seule la myosine est présente. Les disques clairs ne sont constitués que de filaments d'actine.

■ Les observations au microscope électronique à transmission (MET) montrent que la contraction se traduit par un raccourcissement des sarcomères, donc un raccourcissement des myofibrilles, et donc de l'ensemble de la cellule.

Lors de la contraction de la myofibrille :
- les disques sombres ne changent pas de longueur ;
- les disques clairs diminuent de longueur ;
- la région H tend à disparaître.

Ces transformations montrent que les filaments d'actine et de myosine ne se raccourcissent pas donc ne se contractent pas, mais glissent les uns par rapport aux autres. Les filaments d'actine en pénétrant de plus en plus profondément dans les disques sombres sont à l'origine du raccourcissement des sarcomères, donc des myofibrilles et de la fibre musculaire (*document 5*).

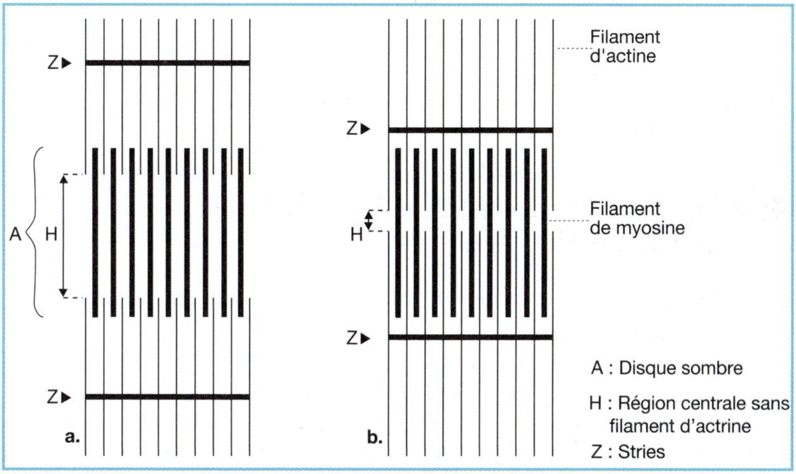

Doc. 5 – Myofibrilles du muscle strié humain.
a. *Sarcomère d'une myofibrille au repos.* **b.** *Sarcomère d'une myofibrille contractée. Ce sont les glissements des filaments fins d'actine par rapport aux filaments épais de myosine qui nécessitent de l'ATP pour avoir lieu.*

Respiration et photosynthèse

Les bilans de la photosynthèse et de la respiration apparaissent opposés l'un à l'autre : il ne faut pas imaginer que l'une a lieu dans les cellules animales et l'autre dans les cellules chlorophylliennes.

Toutes les cellules chlorophylliennes possèdent des mitochondries en plus des chloroplastes et respirent comme toutes les cellules. Elles peuvent donc, **à la lumière**, être simultanément le siège de la photosynthèse et de la respiration, l'intensité de la photosynthèse étant nettement supérieure à celle de la respiration. À l'obscurité, ne persiste que la respiration mitochondriale.

À propos de l'ATP

Ne pas croire que seules les mitochondries sont capables de synthétiser de l'ATP. Les chloroplastes produisent aussi de l'ATP au cours de la phase photochimique de la photosynthèse.

L'ATP des chloroplastes est utilisé sur place pour la synthèse des matières organiques.

L'ATP des mitochondries est utilisé en leur sein mais également dans le reste de la cellule.

Phase lumineuse et phase obscure de la photosynthèse

Les expressions « phase lumineuse » et « phase obscure » peuvent induire en erreur…

Une phase lumineuse est une phase au cours de laquelle l'énergie lumineuse est convertie en énergie chimique de l'ATP ; en conséquence, elle exige de la lumière.

Phase obscure signifie simplement que la lumière n'est pas directement indispensable à l'incorporation du CO_2 dans les molécules organiques ; elle peut donc se dérouler aussi bien à la lumière qu'à l'obscurité mais, dans les conditions naturelles, elle n'a lieu qu'à la lumière car elle nécessite ATP et RH_2 qui sont fabriqués au cours de la phase photochimique.

Fermentation et respiration

■ Ne pas croire que fermentation et respiration sont incompatibles : certaines cellules peuvent aussi bien fermenter que respirer en fonction de leurs conditions de fonctionnement et de leur équipement enzymatique.

Ainsi, durant les dix à vingt premières secondes d'un exercice physique intense, les cellules musculaires se procurent l'ATP nécessaire à leur contraction essentiellement par fermentation lactique (mécanisme anaérobie qui ne nécessite pas de dioxygène).

Ensuite, quand les systèmes circulaire et respiratoire se sont adaptés de sorte à approvisionner davantage en dioxygène les cellules musculaires, ce sont les mécanismes de la respiration mitochondriale qui fournissent l'ATP nécessaire à la poursuite de l'activité.
Les levures fermentent dans un milieu privé de dioxygène ou très pauvre en dioxygène ; elles respirent lorsque le milieu est bien oxygéné.

■ Fermentation comme respiration utilisent le glucose par l'intermédiaire de la glycolyse ; celle-ci aboutissant toujours au pyruvate. Fermentation, au sens strict, et respiration, au sens strict, utilisent ce pyruvate comme substrat.

Contraction musculaire

La contraction des sarcomères, visualisée par un raccourcissement, ne signifie pas contraction des filaments d'actine et de myosine. Les protéines ne se contractent pas : les filaments d'actine coulissent entre ceux de myosine, et c'est l'énergie de l'ATP qui permet ce coulissage.

Vérifier ses connaissances

Dans les exercices 1 à 10, relevez les affirmations inexactes et corrigez-les.

1 Les organismes autotrophes...

a. ont la capacité de synthétiser des matières organiques sans prélever d'autres matières organiques dans leur milieu de vie.
b. ont des cellules possédant toutes la possibilité d'autotrophie.
c. ne dégradent pas des molécules organiques par respiration.
d. ont des chloroplastes dans leurs cellules et non des mitochondries comme les autres organismes.
e. sont dits photo-autotrophes s'ils ont besoin de lumière pour réaliser la synthèse de matières organiques. ▸ corrigé p. 342

2 Une forêt non exploitée arrivée à maturité...

a. enrichit considérablement l'atmosphère en dioxygène.
b. appauvrit considérablement l'atmosphère en CO_2.
c. est un écosystème où les micro-organismes jouent un rôle majeur dans le recyclage de la matière.
d. est un écosystème où il n'y a plus de production de matières organiques par les êtres vivants. ▸ corrigé p. 342

3 La photosynthèse est un processus...

a. ayant lieu dans le hyaloplasme des cellules chlorophylliennes.
b. dont l'intensité est supérieure, le jour, à celle de la respiration.
c. dont chaque étape exige de la lumière pour se réaliser.
d. dont le dioxygène constitue l'un des produits.
e. au cours duquel l'eau est oxydée et le CO_2 réduit. ▸ corrigé p. 342

4 La production de O_2 durant la photosynthèse...

a. a pour origine les atomes d'oxygène du CO_2.
b. ne se produit naturellement dans les cellules chlorophylliennes que si elles sont éclairées et alimentées en CO_2.
c. peut se produire dans les chloroplastes isolés même en l'absence de CO_2, si on ajoute un réducteur puissant (réactif de Hill) au milieu.
d. est associée à la production d'ATP et de transporteur réduit dans les chloroplastes.
e. a lieu à la suite de réactions se déroulant dans le stroma des chloroplastes. ▸ corrigé p. 342

5 L'incorporation de CO_2 dans les molécules organiques…

a. a lieu au cours de réactions chimiques s'effectuant dans le stroma des chloroplastes.
b. est un phénomène cyclique.
c. nécessite des enzymes.
d. ne peut avoir lieu en présence de lumière.
e. utilise le dioxygène formé au cours de la phase photochimique de la photosynthèse.
f. peut avoir lieu à l'obscurité dans un extrait du stroma si l'on ajoute de l'ATP et du RH_2. ▸ corrigé p. 342

6 Les mitochondries…

a. existent uniquement dans les cellules animales.
b. sont situées dans le noyau des cellules.
c. sont le siège des réactions chimiques de la glycolyse qui assurent la conversion du glucose en pyruvate.
d. sont les organites cellulaires pourvoyeurs d'ATP pour l'ensemble des activités de la cellule.
e. sont le lieu où le dioxygène est consommé. ▸ corrigé p. 342

7 Les mitochondries…

a. sont délimitées par une double membrane et la membrane interne présente de nombreux replis appelées crêtes.
b. sont des organites où les molécules servant à la synthèse d'ATP sont des transporteurs oxydés.
c. sont des organites où le glucose est dégradé au cours de réactions aboutissant à la synthèse d'ATP. ▸ corrigé p. 342

8 La fermentation est un processus…

a. de dégradation de molécules organiques.
b. qui conduit à une production d'ATP supérieure à celle de la respiration pour toute molécule dégradée.
c. qui laisse toujours le même résidu organique.
d. qui exige toujours du dioxygène pour avoir lieu.
e. qui dépend du programme génétique de la cellule.
f. qu'aucune cellule capable de respirer ne peut effectuer. ▸ corrigé p. 342

9 La contraction des myofibrilles musculaires…

a. se traduit visuellement par un raccourcissement des sarcomères et des demi-disques clairs de chaque sarcomère.

b. se traduit par un raccourcissement du disque sombre de chaque sarcomère.

c. est dû à la contraction des filaments d'actine et de myosine.

d. produit de l'ATP. ▸ corrigé p. 342

10 La myosine…

a. est une protéine constituant les filaments épais des myofibrilles.

b. est une enzyme utilisant l'ATP comme substrat.

c. est une enzyme qui change de conformation après avoir catalysé l'hydrolyse de l'ATP.

d. dont le caractère moteur est lié aux changements de conformation.

▸ corrigé p. 343

S'entraîner

Dans les exercices 11 à 16, relevez les affirmations exactes et corrigez celles qui sont inexactes.

11 Les seules données du graphe…

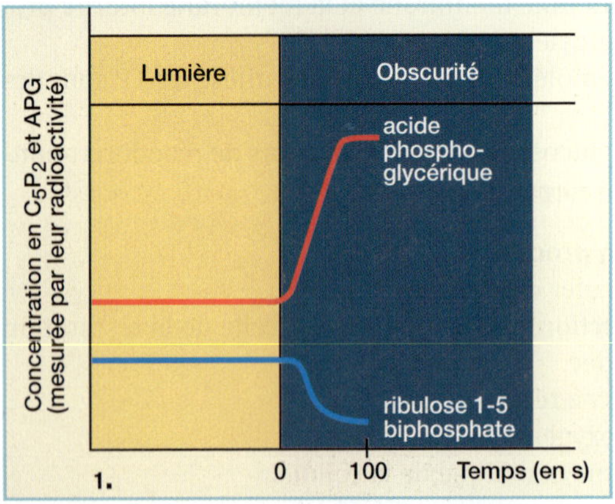

Doc. A

a. indiquent qu'il n'y a à la lumière ni consommation ni production d'APG.

b. indiquent qu'il n'y a à la lumière ni consommation ni production de C_5P_2.

c. indiquent que l'APG ne se forme qu'à l'obscurité.

d. sont en accord avec l'idée que l'APG peut se former à partir du C_5P_2.

▸ corrigé p. 343

12 Les seules données du graphe indiquent que :

a. Il n'y a, en présence de CO_2, ni consommation ni production d'APG.
b. Il n'y a, en présence de CO_2, ni consommation ni production de C_5P_2.
c. La synthèse de C_5P_2 n'a lieu qu'en l'absence de CO_2.
d. Le C_5P_2 est formé à partir de l'APG. ▸ corrigé p. 343

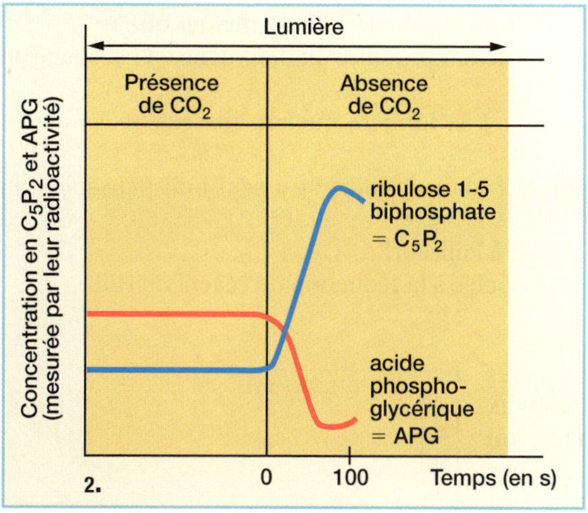

Doc. B

13 À partir d'un broyat de feuilles d'épinard mis en suspension dans un milieu approprié, puis soumis à centrifugation, on a obtenu un extrait

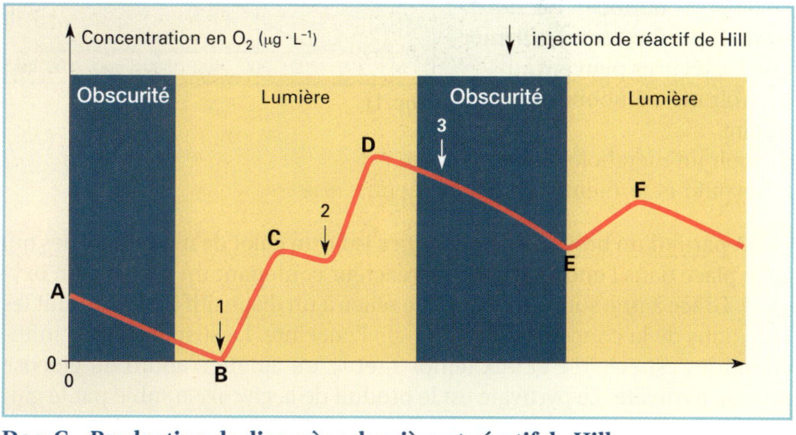

Doc. C – Production de dioxygène, lumière et réactif de Hill.

cellulaire riche en chloroplastes, mais contenant aussi des mitochondries. Cet extrait est placé dans l'enceinte d'un bioréacteur. Le milieu est dépourvu de dioxyde de carbone (absence d'ions HCO_3^-) ; le réactif de Hill (ici du DCPIP, un oxydant puissant) est ajouté au milieu, à divers moments.
Le DCPIP, bleu à l'état oxydé, est incolore à l'état réduit : coloré en 1, 2, 3 et E, il est incolore en C, D et F.

Les seules données du *document C* permettent d'affirmer que :

a. Des chloroplastes isolés peuvent produire du dioxygène en l'absence de CO_2.
b. La production d'O_2 a lieu à la lumière quelles que soient les autres conditions du milieu.
c. Un oxydant (réactif de Hill) dans le milieu est seul indispensable à la production d'O_2.
d. Le réactif de Hill est réduit à l'obscurité.
e. La production d'O_2 est associée à la réduction du réactif de Hill.

▶ corrigé p. 343

14 Une suspension de levures est placée dans un bioréacteur. À l'aide de trois sondes, on enregistre au cours du temps les variations d'O_2, de CO_2 et d'éthanol. Le milieu dans lequel sont placées les levures est riche en glucose.

Les seules données du *document D* permettent d'affirmer que les levures peuvent…

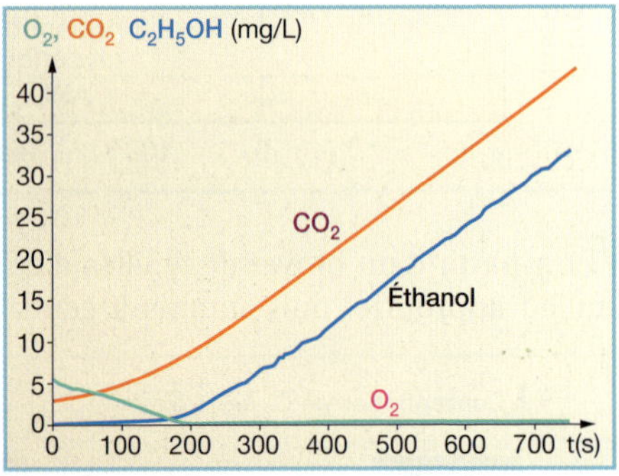

Doc. D

a. avoir un métabolisme respiratoire.
b. avoir un métabolisme fermentaire.
c. respirer et fermenter simultanément. ▶ corrigé p. 343

15 À partir d'un broyat de levures, on a isolé un culot de mitochondries qui a été placé dans l'enceinte d'un bioréacteur contenant un milieu bien oxygéné. Grâce à une sonde à dioxygène reliée à un dispositif EXAO, on suit les variations de la concentration en O_2 de l'enceinte. La suspension de mitochondries est éclairée et aux temps t_1 et t_2, on ajoute d'abord du glucose puis du pyruvate. Le pyruvate est le produit de la glycolyse subie par le glucose dans le hyaloplasme d'une cellule.

Les seules données du *document E* permettent d'affirmer que :

a. Le glucose est un métabolite utilisé par les mitochondries.

b. Les mitochondries isolées peuvent consommer du dioxygène.

c. Le pyruvate déclenche la respiration mitochondriale.

d. Le pyruvate est utilisé au cours de la respiration mitochondriale.

▸ corrigé p. 343

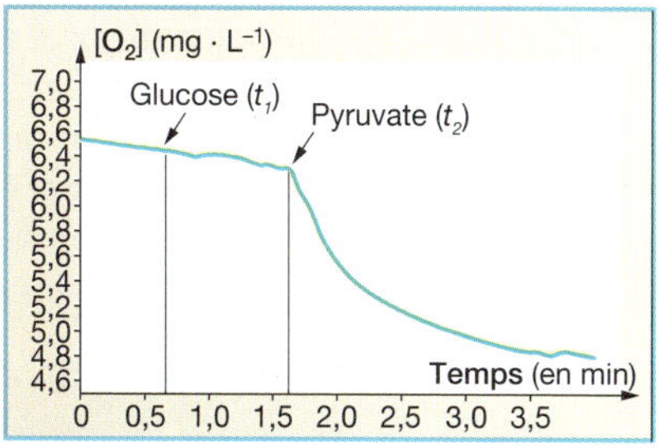

Doc. E

16 Sur le *document F* (coupe de feuille), localisez et nommez :

a. L'endroit par lequel entre le CO_2.

b. L'endroit où a lieu la synthèse des molécules organiques.

c. L'endroit où est produit le dioxygène.

d. Un endroit où le CO_2 est à l'état gazeux.

e. Un endroit où le CO_2 est à l'état dissous. ▸ corrigé p. 344

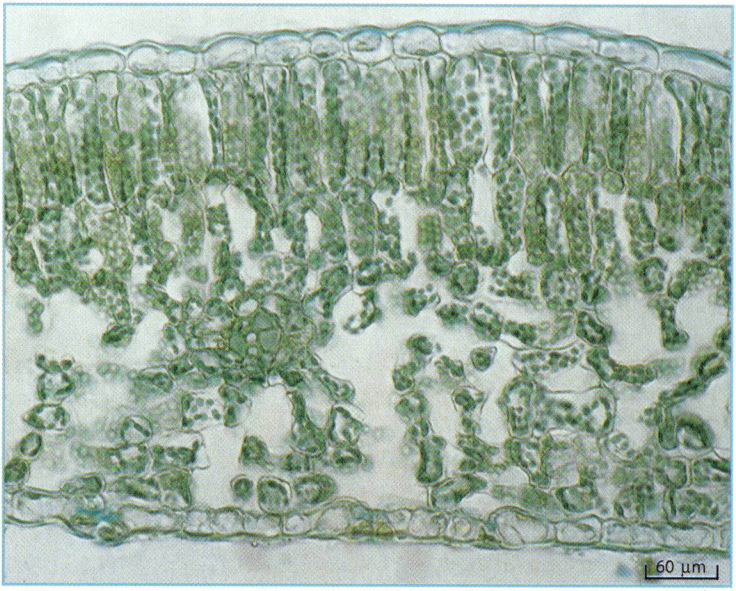

Doc. F – Observation microscopique d'une coupe de feuille.

17 Sur le *document G*, localisez et nommez :

a. Un produit de la photosynthèse.
b. L'endroit où se trouvent les pigments chlorophylliens.
c. L'endroit où le CO_2 est incorporé dans des molécules organiques.
d. L'endroit où l'énergie lumineuse est captée. ▸ corrigé p. 344

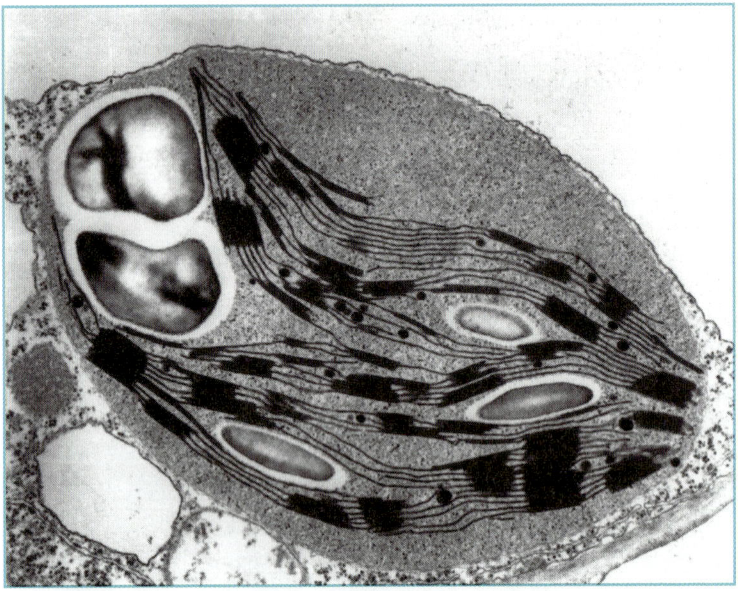

Doc. G – Électronographie d'un chloroplaste.

18 Sur le *document H*, localisez et nommez l'endroit où :

a. Les transporteurs réduits sont oxydés.
b. Le dioxygène est réduit.
c. Du CO_2 est produit.
d. Des transporteurs oxydés sont réduits.
e. Le pyruvate est métabolisé.
f. Les réactions productrices de la plus grande partie de l'ATP ont lieu.

▸ corrigé p. 345

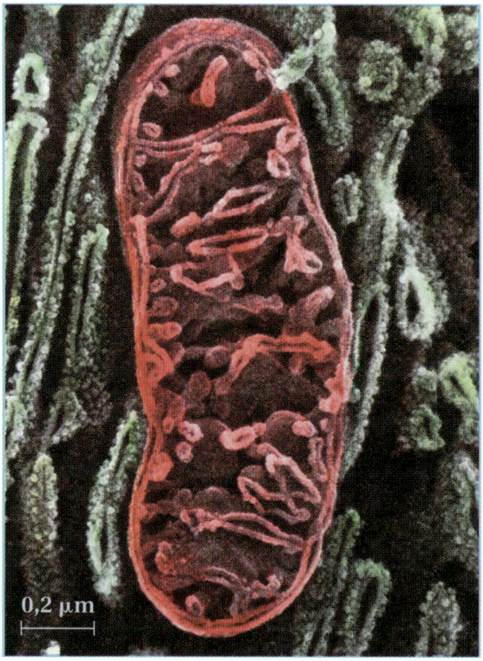

Doc. H – Électronographie d'une mitochondrie.

1 b. Les cellules de la racine, par exemple, sont hétérotrophes.
c. Les cellules autotrophes comme les cellules hétérotrophes dégradent des molécules organiques par respiration ce qui leur permet de renouveler l'ATP.
d. Les mitochondries existent dans toutes les cellules eucaryotes.

2 a. La consommation de dioxygène par l'ensemble des organismes animaux et végétaux de la forêt compense la production de dioxygène par les végétaux chlorophylliens.
b. Même raisonnement qu'à la question **a**, mais en sens inverse.
d. Tous les organismes sont des producteurs de matière organique.

3 a. La photosynthèse a lieu au sein des chloroplastes.
c. Seule la première phase dite photochimique nécessite de la lumière.

4 a. Les atomes de dioxygène proviennent des molécules d'eau.
e. C'est dans la membrane des thylakoïdes que se produisent les réactions conduisant à la production de dioxygène.

5 d. L'incorporation de CO_2 dans les molécules organiques a lieu aussi bien à l'obscurité qu'à la lumière.
e. Faux, car le dioxygène est un déchet de la phase photochimique et non un produit réutilisé dans la synthèse des molécules organiques.

6 a. Les mitochondries existent dans toutes les cellules eucaryotes.
b. Les mitochondries sont situées dans le hyaloplasme.
c. La glycolyse a lieu dans le hyaloplasme et non dans les mitochondries.

7 b. Ce sont des transporteurs réduits dont l'oxydation est liée à la synthèse d'ATP.
c. Le glucose ne pénètre pas dans les mitochondries. C'est le pyruvate résultant de la glycolyse qui est dégradé dans les mitochondries.

8 a. Exact.
b. Faux, la dégradation est toujours incomplète et en conséquence, la production d'ATP est très inférieure à celle obtenue par la respiration.
c. Faux, il existe plusieurs types de fermentation (lactique, alcoolique, etc.) qui diffèrent par le résidu organique formé (acide lactique, alcool, etc.).
d. Faux.
e. Exact, car elle dépend des enzymes présentes.
f. Les cellules musculaires, les levures peuvent respirer ou fermenter.

9 b. Faux.
c. Les filaments d'actine coulissent entre les filaments de myosine.
d. Faux, elle consomme de l'ATP.

10 Toutes les affirmations sont exactes.

11 a. Le maintien d'une concentration peut indiquer soit un équilibre dynamique entre production et consommation soit que cette substance n'est pas métabolisée. Il s'agit ici, d'un équilibre dynamique.

b. Faux, pour la même raison qu'à la question **a**.

c. L'augmentation de la concentration d'APG à l'obscurité ne signifie pas que cet APG n'est synthétisé qu'à l'obscurité (voir la question **a**).

d. Exact, l'un augmente quand l'autre diminue

12 a. Faux, voir la correction de la question **11a**.

b. Faux, voir la correction de la question **11b**.

c. L'augmentation de la concentration de C_5P_2 en l'absence de CO_2 ne signifie pas que cette synthèse n'a lieu qu'en l'absence de CO_2.

d. Exact, car le C_5P_2 augmente quand l'APG diminue.

13 a. Exact, la concentration de dioxygène augmente par exemple de B à C ou de E à F.

b. Faux, la présence d'un oxydant dans le milieu est nécessaire (comparaison de la partie de la courbe AB, à la lumière, et BC)

c. Faux, la lumière est également nécessaire (comparaison de BC, DE et EF).

d. Faux, voir E.

e. Exact, voir BC par exemple.

14 a. Exact, la consommation de dioxygène est associé à la production de CO_2 durant la première phase (200 s).

b. Exact, il y a une fermentation alcoolique qui se traduit par une apparition et une augmentation de l'éthanol associées au rejet de CO_2.

c. Faux, la production d'éthanol débute lorsque le dioxygène du milieu a disparu : la fermentation succède à la respiration.

15 a. Faux, l'ajout de glucose n'entraîne pas une consommation de dioxygène : les mitochondries sont incapables d'utiliser le glucose.

b. Exact, il y a baisse de la concentration en dioxygène lorsqu'on ajoute le pyruvate.

c. Exact.

d. On ne peut répondre car on ne possède aucune donnée sur la concentration en pyruvate.

16 Voir le *document I*.

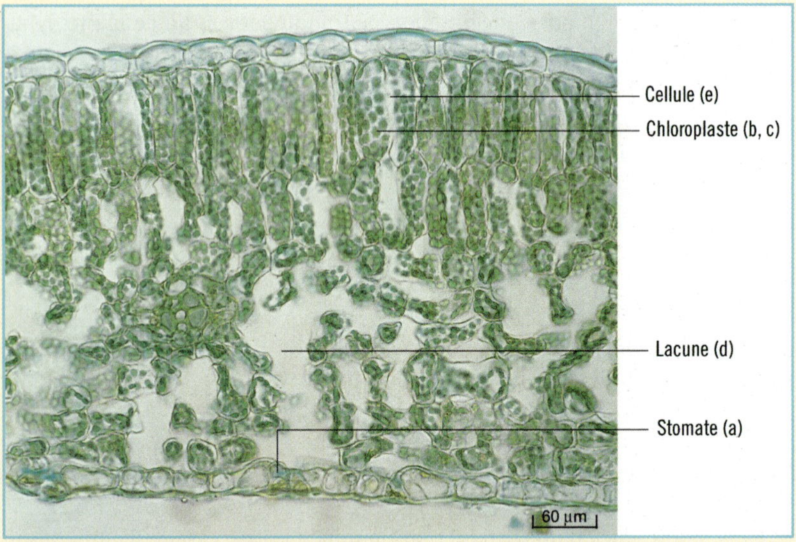

Doc. I – Observation microscopique d'une coupe de feuille.

17 Voir le *document J*.

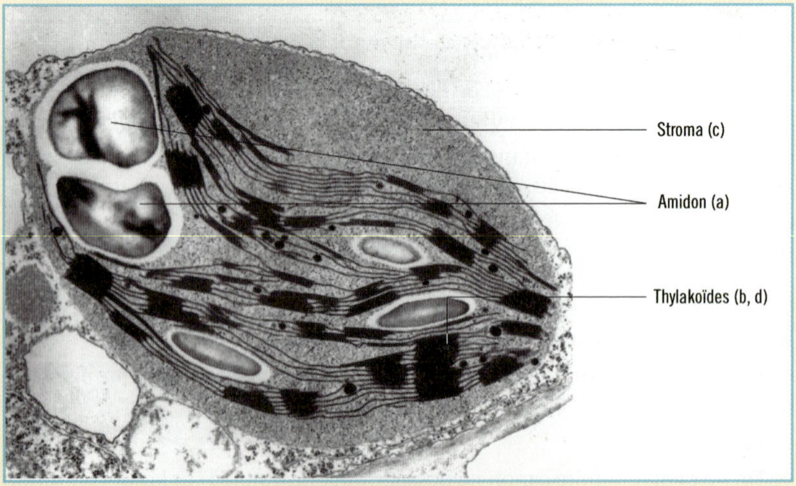

Doc. J – Électronographie d'un chloroplaste.

18 Voir le *document K*.

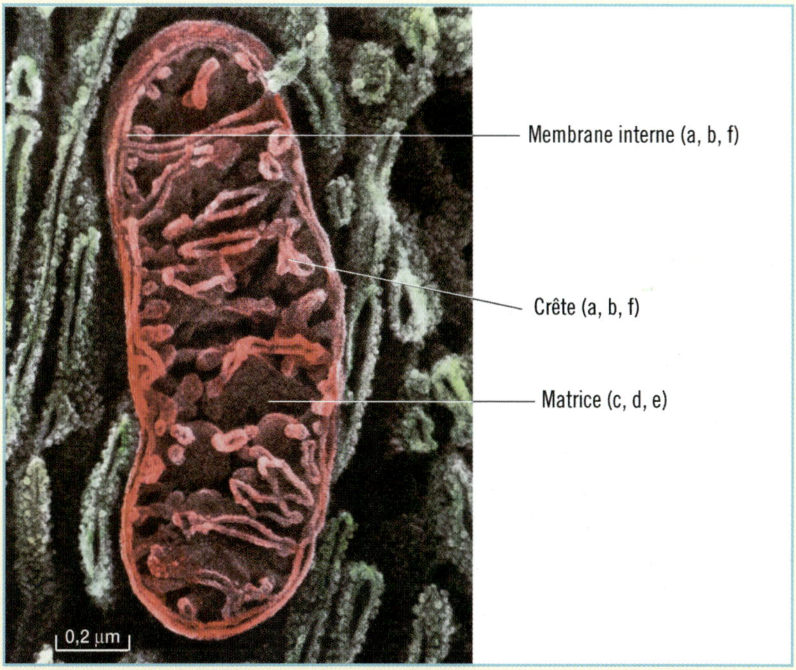

Doc. K – Électronographie d'une mitochondrie.

Les nombres en caractères gras renvoient aux chapitres. Les nombres entre parenthèses renvoient à la première page où le mot apparaît dans le chapitre.

A

B

C

D

E

F

P

R

S

T

U

V

TABLE DES ILLUSTRATIONS

Pages
35 ph © John Kappelman
36 ph © P. PLailly/Eurelios
97-1 ph © J.-C. Révy/ISM
97-2 ph © CNRI/SPL/Cosmos
114-2a ph © Sovereign/ISM
114-2b ph © Sovereign/ISM
121-A ph © D.R.
126 ph © M. Kage/SPL/Cosmos
127-2a ph © Archives Hatier
127-2b ph © Archives Hatier
130-b ph © Burbidge/SPL/Cosmos
130-h ph © Pr. A. Gougeon/INSERM-Lyon
132-a ph © J.-C. Révy/A.Gougeon/ISM
132-b ph © Archives Hatier
133-c ph © J.-C. Révy/A.Gougeon/ISM
134-6a ph © Pr. Fr. Chrétien
134-6b ph © Pr. Fr. Chrétien
134-7a ph © Hervé Conge
134-7b ph © Hervé Conge
139-A ph © J.-C. Révy/A.Gougeon/ISM
139-B ph © J.-C. Révy/A.Gougeon/ISM
139-C ph © Pr. A. Gougeon/INSERM-Lyon
140-D ph © Pr. Fr. Chrétien
150 ph © Hervé Conge
168-C ph © J.-C. Révy/A.Gougeon/ISM
218-6a ph © S. Blais/Géosciences Rennes
218-6b ph © Hervé Conge
223 ph © http://christian.nicollet.free.fr
230 ph © U.S. Geological Survey/NEIC
339-F ph © Hervé Conge
340-G ph © Biophoto Associates
341-H ph © Pr. P. Motta & P. Naguro/SPL/Cosmos
344-I ph © Hervé Conge
344-J ph © Biophoto Associates
345-K ph © Pr. P. Motta & P. Naguro/SPL/Cosmos

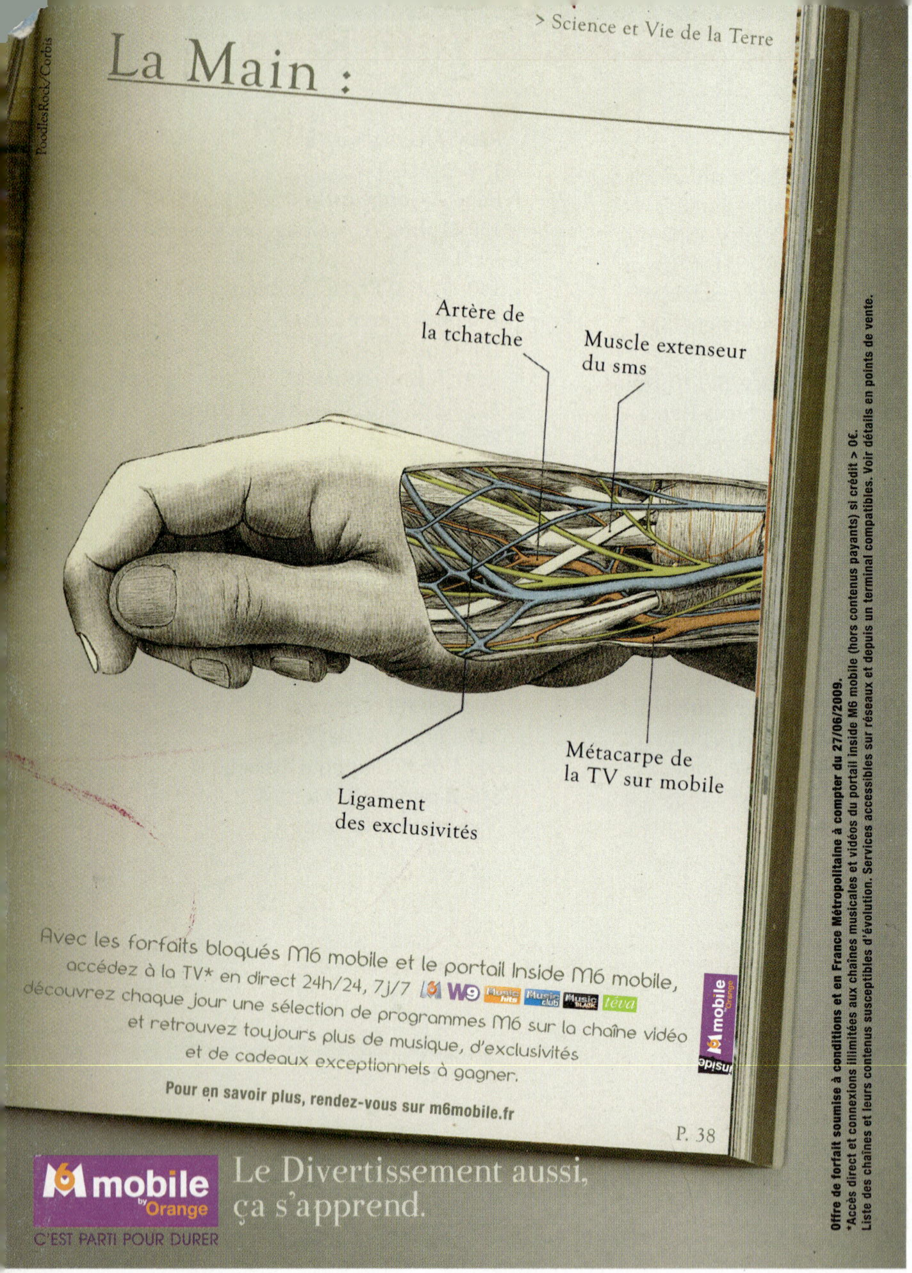

Achevé d'imprimer par IME à Baume-les-Dames - France
Dépôt légal : 93583 - 1 / 02 - Mars 2010